现代草莓健康栽培

刘 林 张荣俊 主编

天津出版传媒集团

天津科学技术出版社

图书在版编目（CIP）数据

现代草莓健康栽培 / 刘林, 张荣俊主编. -- 天津：
天津科学技术出版，2023.9

ISBN 978-7-5742-1599-3

Ⅰ.①现… Ⅱ.①刘… ②张… Ⅲ.①草莓—果树园
艺 Ⅳ.①S668.4

中国国家版本馆CIP数据核字（2023）第174912号

现代草莓健康栽培

XIANDAI CAOMEI JIANKANG ZAIPEI

责任编辑：陈震维

责任印制：王品乾

出　　版：	天津出版传媒集团 天津科学技术出版社
地　　址：	天津市和平区西康路 35 号
邮　　编：	300051
电　　话：	（022）23332369
网　　址：	www.tjkjcbs.com.cn
发　　行：	新华书店经销
印　　刷：	山东联志智能印刷有限公司

开本 710×1000 1/16 印张 20 字数 250 000
2023 年 9 月第 1 版第 1 次印刷
定价：65.00元

主　编　刘　林　张荣俊

副主编　穆清泉　彭景美　芮文利

　　　　曹德强　李　彦　王志远

　　　　张　煜　博录吉

前　言

　　早在 14 世纪，欧洲人就开始在庭院种植草莓，我国栽培草莓始于 1915 年，直到 20 世纪 80 年代，才逐步拉开了草莓栽培快速发展的序曲，吹响了草莓产业大反攻的号角。目前我国的草莓栽培面积和产量均居世界首位，总产量占全球总产量的 40% 以上。在食用量方面，我国也是全球草莓食用量最大的国家，占全球的 70% 以上。我国在河北、辽宁、山东、江苏、上海、浙江、四川、吉林等地都建立了较大规模的草莓生产基地，是我国大、中城市的草莓鲜果供应主产区，在草莓品种更新方面也明显加快，栽培方式也由单一的露地栽培，向多形式的保护地栽培转变，草莓鲜果的市场供应期不断延长，栽培的经济效益大大提高。

　　但是，我国在草莓栽培生产过程中，农民管理技术水平仍然处于较低水平，栽培重要节点关键技术的应用水平不高，环境调控助力草莓高产优产能力还需提升；盲目施肥和病虫草害防控失当现象普遍存在，生产效率低下，造成土壤酸化与盐渍化加剧，更重要的是造成农田环境的面源污染，导致草莓抗性下降、草莓病虫害的发生和危害程度呈上升趋势，特别是草莓的品质不高，出口外销受到限制，这些都严重影响着我国草莓产业的健康发展和经济效益的提高。因此，作者针对目前我国草莓生产的现状，结合多年的研究与实践，编写了本书。书中作者对草莓生育特性、草莓对环境条件的要求、常见病虫草害的诊断与防治、土壤连坐障碍与改良修复、优质高效育苗技术、不同生育时期的环境调控等进行了典型描述，尤其是创新性地提出了5W施药法、生产地土壤改良修复技术六部曲、育苗地土壤改良修复技术五部曲等技术，对假植与断根技术、各生长阶段环境调控进行了优化和提升，力求体现我国现代草莓栽培的安全性、科学性、系统性、先进性和实用性。另外，书中附有图片，图片清晰、典型，便于学习和应用。实践证明，书中所述技术方案具有安全可靠、修复和保护土壤生态环境、病虫草害防治高效及时、劳动强度小、成本低和功效高等优点。

由于时间紧迫，水平有限，经验不足，书中错误和疏漏之处在所难免，恳请专家、同人和广大读者批评指正，以便再版时修正，本书在编写过程中得到了山东省蔬菜产业技术体系创新团队（SDAIT-05）的大力支持，在此表示感谢。

著　者

2023 年 8 月

目　录

第一章

概　述

第一节　草莓植物学史

野生草莓在世界范围内分布较广，欧洲、美洲和亚洲是其三个起源及分布中心。欧洲是野生草莓资源广泛分布及最早种植野生草莓的地区。早在 14 世纪，欧洲人就开始在庭院种植草莓，由于其果实较小，多以观赏为主要目的，兼作食用。16 世纪，欧洲的野生草莓实现了规模化种植，出现关于草莓分类、形态和栽培管理等方面的文献记载。由于当时还没有通过杂交选育大果草莓新品种的意识，到 17 世纪末，主要种植的还是森林草莓（F.vesca）和麝香草莓（F. moschata）。

现代大果型栽培草莓（八倍体的凤梨草莓，F.ananassa）起源于法国，源自两个八倍体野生草莓弗州草莓（F.virginiana）和智利草莓（F.chiloensis）的杂交后代。弗州草莓于 17 世纪初自北美引入欧洲，而智利草莓则由法国人于 1714 年自智利引入法国。智利草莓果大，但当时最初引入的智利草莓全为雌株，不能正常结果，且果实味道不佳。1750 年前后，法国人从二者杂交后代中筛选出了大果凤梨草（F.ananassa），即现代

栽培种，遗传了智利草莓的大果性状，以及弗州草莓的抗寒性强、香味浓郁等优良性状，很快便引种到英国、荷兰等地栽培，并逐渐传播到世界各地。

中国的现代大果型栽培草莓于20世纪初自国外引入。中国最早的现代草莓引种时间为1915年，是俄罗斯侨民自莫斯科引入黑龙江亮子坡种植的"维多利亚"品种。同时，在上海、河北、青岛等地也由传教士陆续引入一些现代栽培品种种植。中华人民共和国成立前，中国草莓仅在大城市市郊零星栽培，未形成规模。中华人民共和国成立后，中国的草莓栽培陆续发展起来，并选育或培育出一些综合性状的优良品种。

第二节　草莓的分布范围

自20世纪80年代起，中国草莓生产快速发展，栽培形式出现多样化，经济效益大大提高。在全国范围内，北至黑龙江，南至海南，东自江浙鲁，西至新疆、西藏均有草莓商业化生产。改革开放以来，随着经济的迅速发展和消费水平的不断提高，我国草莓产业发展迅速，栽培面积不断扩大，经济效益大幅提高，从而刺激我国草莓产业的快速兴起和蓬勃发展，至1999年我国草莓产量超越美国，成为世界草莓第一生产大国。2015年我国草莓产量为331.9万t，占全球产量的39%，居世界第一位，2016年我国草莓产量达到380万t，占全球总产量的42%。2017年，我国草莓的产量400多万t，总产值达600多亿人民币。从2007年至2016年，我国草莓产量的年平均增长率为8.1%，居世界第二位。我国草莓产业在逐步壮大的同时，草莓新品种、新技术、新产品、新模式的推广应用得到普及，种植布局也趋于优化，国内涌现出一批知名产区，如北京昌平、辽宁东港、河北满城、山东临沂、江苏溧水、安徽长丰、四川双流和浙江建德等，它们已成为国内一线城市草莓鲜果供应的主要来源。国内草莓主产区主要分布在河北、山东、辽宁、江苏、上海、浙江、四川和安徽等地，主栽品种有果形大、外观美、口感好的"章姬""红颜"等品种，以及抗病性好、产量高的"甜查理"等品种。大部分主栽品种都是从国外引进的，虽然近年来国内培育出不少新优品种，但其知名度和市场占有率不高。

第三节　草莓的成分与价值

草莓不仅鲜美多汁、营养丰富，富含膳食纤维和果胶，可以促进胃肠蠕动，有利于消化，还可以降低血脂和血糖，适合高血脂和糖尿病人食用。此外，草莓还含有苹果酸、柠檬酸、水杨酸等多种有机酸，具有健胃润肺功效。具有很强的营养价值、药用价值和经济价值，在全球经济作物中处于非常重要的地位。

一、草莓的营养价值

草莓营养价值丰富，被誉为"水果皇后"，每100 g果实含热量30大卡、蛋白质1 g、脂肪0.2 g、碳水化合物71 g、维生素C（抗坏血酸）47 mg、维生素A（胡萝卜素）30 mg、维生素E 0.71 mg、维生素B_1（硫胺素）0.02 mg、维生素B_2（核黄素）0.03 mg、纤维素1.1 g、烟酸0.3 mg、铁（Fe）1.8 mg、钙（Ca）18 mg、镁（mg）12 mg、锌（Zn）0.14 mg、锰（mn）0.49 mg、铜（Cu）0.04 mg、磷（P）27 mg、钾（K）131 mg、钠（Na）4.2 mg、硒0.7 mg。其中维生素C含量比苹果、葡萄高出7～10倍。而所含的苹果酸、柠檬酸、维生素B_1、维生素B_2，以及胡萝卜素、钙、磷、铁的含量也比苹果、梨、葡萄高3～4倍。

二、草莓的食用价值

草莓鲜果无皮无核，色泽鲜艳，外形美观，柔嫩多汁，酸甜可口，芳香味浓，可食部分占整个果实98%左右，是深受人们欢迎的时令水果。同时，草莓病虫害较少，很容易生产无公害水果和达到绿色食品质量标准要求。

草莓除鲜食外，还可以加工制成草莓酱、草莓汁、草莓干、草莓酒、草莓蜜饯、草莓脯、糖水草莓、糖浆草莓及多种食品，在各种水果酱中，草莓酱风味最佳，草莓系列饮料也以其独特的浓郁芳香味受到人们的青睐。新鲜草莓经速冻处理，可保持果实色泽鲜艳和原风味，便于贮藏运输，延长市场供应和加工期。

三、草莓的药用价值

草莓味甘酸、性凉、无毒，具有润肺、生津、利痰、健脾、解酒、补血和化脂之功效，对肠胃病和心血管病有一定防治作用。草莓果实中所含维生素、纤维素及果胶物质，对缓解便秘和治疗痔疮、高血压、高胆固醇及结肠癌等均有疗效。经常服用鲜草莓汁可治咽喉肿痛、声音嘶哑病。经常食用草莓，对积食胀痛、胃口不佳、营养不良和病后体弱消瘦有一定调治作用。草莓汁还有滋润营养皮肤的作用，用它制成各种高级营养美容霜，对减缓皮肤出现皱纹有显著效果。

据研究，从草莓浆果、叶、茎、根中提取一种叫"草莓胺"的物质，临床试验，对治疗白血病、障碍性贫血等血液病有良好的疗效。近年发现草莓对防治动脉粥样硬化、冠心病及脑溢血也有较好疗效。广东一带分布的一种野生草莓，当地人将其茎叶捣烂后用来敷疔疮有特效，用其敷蛇伤、烫伤、烧伤等均有显著的功效。

四、草莓的经济价值

草莓是当今世界十大水果之一，在世界各国的小浆果生产中，产量与栽培面积一直居于首位，在果品生产中占有重要的地位。草莓较其他的果树生长周期短，是露地栽培最早成熟的水果，果实成熟早，鲜果在春末夏初时成熟，正值水果市场淡季，作为应时鲜果，可以有效地填补鲜果市场的缺档。同其他果树相比，草莓很适宜保护地设施栽培，通过保护地促成栽培、半促成栽培、植株的冷藏延迟及异地的早熟栽培，基本上可以达到周年生产和市场供应。而且草莓的保护地栽培对设施要求不是很高，可以进行地膜覆盖、小拱棚、塑料大棚和日光温室等多种形式栽培，可以拉开鲜果上市时间，从而大大缓解草莓集中上市的突出矛盾。同时，草莓的适应性强，在我国可以栽培的区域很广，东起山东半岛，西至新疆的石河子地区，南至海南岛，北到佳木斯，都能进行草莓生产。另外，草莓较其他果树相比，植株矮小，耐阴性强，还可以和很多作物进行间作套种，在北方地区与大葱、果树（桃、葡萄）、玉米、生姜等套种，可以达到双丰收的目的。因此，草莓生产具有投资少、周期短、见效快、效益高的特点，既能满足人们的高端消费需求，又能带动休闲观光采摘的"三产融合"，从而实现农民增收的愿望，发展前景十分广阔。

第二章
草莓的形态特征与生物学习性

第一节　草莓的形态特征

　　草莓是蔷薇科草莓属多年生草本植物，植株矮小，被园艺学划分为浆果类，位居世界小浆果生产首位。草莓呈半匍匐或直立丛生生长，高20～30 cm不等，不同品种、环境、栽培手段株高存在明显差异，但一般不超过35 cm。在短缩茎上密生着叶片，顶端开花结果，下部生根。草莓盛果年龄一般为2～3年。

　　一株完整的草莓分为地上部分和地下部分，由根、茎、叶、花、种子、果实六部分组成（图2-1）。其中，根、茎、叶属于营养器官，是营养生长阶段主要生长发育的器官；花、种子、果实属于生殖器官，是生殖生长阶段主要生长发育的器官。在实际生产中，经常通过温度、湿度、光照、水分等环境因素的调控，来调节营养生长与生殖生长的供需矛盾，协调各方因素，促使草莓实现产量增加、品质提升。

图 2-1　草莓完整植株

第二节　草莓的根系

一、草莓的根系种类

根据繁殖方法的不同，草莓形成的根系有两种类型。一种是用种子繁殖形成的根系，称为实生根系。实生根系由发达的主根、各级侧根和须根组成，属于直根系，生产上一般不采用种子繁殖。另一种是由茎生根形成的根系，称为茎源根系（图 2-2），即由新茎和根状茎上发生的粗细相近的不定根组成的根系，十分发达，属于旋状须根系，生产上栽培的草莓为此类根系，由初生根、侧根、根毛组成。茎上产生的不定根，直径 1～1.5 mm，因为是由茎上第一次发根，称为初

图 2-2　草莓根系

生根。每一植株一般具初生根 30 ~ 50 条，多者达 100 条左右。初生根上产生侧根，形成输导根和吸收根，侧根上密生无数条根毛。侧根和根毛的是吸收养分和水分的重要器官，还能合成营养，而初生根的作用主要为固定植株，输导养分和水分，贮藏养分。

二、草莓的根系分布与数量

草莓根系主要分布在距地表 20 cm 内浅土层中，20 cm 以下的土层，根系明显减少。根系分布深度与品种、栽植密度、土壤质地、耕作层、温度和湿度等有关。在密植、耕作层深、土壤疏松时分布较深。砂土地分布较深，黏土地分布较浅。土壤水肥供应充足，根系分布则较浅。所以，草莓栽种、施肥等不需像木本果树那么深。

根系数量反映根系的营养特性，通常用单位面积土壤中根的总长表示，总面积越大，根与养分接触的概率越高，占土壤容积率 1% ~ 3%，平均达 3% 以上，吸收能力变强。

三、草莓的根系生长发育特性

在草莓整个生长发育周期，只要环境条件适宜，草莓根系会持续地生长，冬季休眠期生长缓慢或停止。草莓根系的生长属于营养生长阶段，生长速度与根系质量主要受土壤温度、土壤 pH、土壤 EC 值、透气性、不同生育时期等因素的影响。根系的生长比地上部早 10 d 左右，南方比北方约早 1 个月。

表 2-1 草莓根系生长影响因素

影响因素	水	肥	气	温	pH	EC 值
根系最适宜生长环境	土壤湿度 70%	17 种必须元素合理搭配	25%	12 ~ 28℃	5.6 ~ 6.6	不同生育期耐受程度不同

（一）温度对草莓根系生长的影响

草莓根系生长的最低温度为2℃左右，最高温度为36℃，根系在–8℃时会受冻害，–12℃时会冻死全株。10℃以下时，根系不仅生长不良，且不利于吸收养分，特别是磷的吸收。草莓根系一年内一般情况下有二次生长高峰，当春季土壤温度回升到18～22℃或秋季土壤温度回落至22～18℃时，根系数量、长度会发生快速明显的变化，称之为草莓根系的旺盛生长时期。

（二）不同生育时期对草莓根系生长的影响

开花期以前，根以加长生长为主，少有侧根产生。开花期的到来，标志着白色越冬根加长生长的停止与新不定根从根状茎萌生的开始。由于根的形成层极不发达，次生生长不明显，因此根的加粗生长较少，达到一定粗度后就不再加粗。不定根寿命约2～3年。发生新根的新茎第二年成为根状茎，其上根系继续生长，同时根状茎上长出的新茎又产生新根。一般到第三年，着生在衰老根状茎上的根开始衰老死亡，而由上部茎上发出的新的根系来代替。草莓根系的生长状况，可以通过地上部生长的形态来判断。如果早春萌动至花期，叶片只能展开3～4片，叶片较小，叶柄短，多呈水平状态，则这样的植株无白色新根。如果地上部生长良好，早晨叶缘具有吐水现象，则这样的植株白色吸收根或浅黄色根就多。

四、草莓的根系质量

健壮发达的根系的草莓正常生长发育和高产优产的基础。根系颜色、根盘大小、合理根冠比是衡量根系质量的关键指标。毛细根寿命在12 d作用左右，再生能力强，激素类生根药物谨慎使用，使用不当容易造成根系早衰和生长能力减弱。

（一）根系颜色

白色有劲，生命力、呼吸、吸收能力强；黄根保命，根系开始早衰、老化，吸收水分养分能力下降；黑根有病，水淹、肥害、温度障碍、盐害、pH 不适等造成，吸收水分养分能力极低；灰根要命，通常因缺铁、有害气体（硫化氢）抑制根系呼吸作用、根系中毒或病菌侵染造成，吸收水分养分能力极低。

（二）根盘大小

主根和毛细根的数量决定后期根系动力，毛细根稀少多是苗床管理不当造成，或已经发生病变，此类草莓苗在高温、干旱等不利环境下。

（三）根冠比

根冠比≥1 为最优，合理控旺，调整养分再分配，避免出现茎秆细瘦、高，根系短小的高脚苗出现。合理的根冠比，是丰产的保障。（图 2-3）

图 2-3　合理根冠比

五、草莓养根技巧

不同生长阶段、不同季节养根目的也不同，春季目的为长根、夏季为提高抗性逆、秋季养根促进花芽分化、冬季提高抗逆性和促进安全休眠。养根主要有温控、水控、肥控、化控等四种方式，可分为6个具体措施。

（一）划锄

划锄可提高土壤中的含氧量，增加土壤疏松度，改善土壤团粒结构。时期，次数，2～3次、结合着控水一次。（图2-4）

图2-4 划锄

（二）缓苗水

随水冲施氨基酸液、矿源黄腐酸钾、木醋液、植物酵素养根产品。

（三）控制顶端优势

整体遵循控上促下，谨防徒长的方针，通过控制地上部生长来促进地下部根系生长方法来进行。

（四）整理老弱病残叶等寄生叶

老弱病残叶不仅影响通风透光性，还是病原菌的着生区域，及时摘除老弱病残叶。

（五）控水

控水前一定要适量叶面喷施硼肥，冲施钙、磷、钾肥，促进草莓生根速度，草莓在晴天中午，温度最高时，如出现短时间轻度萎蔫现象，地下 20 cm 的根系比较发达，控水养根结束。

（六）其他

恶霉灵除有杀灭土传病菌外还有一定的生根作用，噻虫嗪除了具有杀虫效果外也具有一定的促进根系生长作用。

六、草莓生根

促进草莓根系生长的产品有很多，大体可分为植物生长调节剂、海洋生物营养、矿源营养、植物源营养和水 5 种。

（一）调节剂生根

吲哚乙酸、萘乙酸钠、吲哚丁酸钾、复硝酚钠、芸苔素都具有生根作用，但草莓不同品种、不同生长阶段施用的浓度、温度、次数有严格要求，使用不当，会对根系造成抑制作用。大量使用激素，也可能造前期生长良好，后期长势受影响，甚至出现植株各器官早衰。

（二）海洋生物营养

鱼蛋白、甲壳素（壳聚糖）。鱼蛋白多肽是近年来兴起的一种新型高效有机肥料，主要以罗非鱼、草鱼和鳕鱼等海洋生物为原料，利用生物酶解技术制备得到的高分子化合物，富含小分子多肽、氨基酸、牛磺酸、维生素等多种活性物质及丰富的钙、镁等中微量元素，对植物种子萌发、根系生长、抗逆性、产量和果实品质等多个方面具有调控作用。甲壳素及其衍生物壳聚糖由于其良好的生物相容性和广谱抗菌性，以及无色无味、安全无毒等特性，可作为土壤改良剂、植物生长调节剂、生根剂和抗寒剂等，可用于促进草莓生长、提高产量和改善品质。

（三）矿源营养

氨基酸液、矿源黄腐酸钾等是一种新型高科技绿色生物工程产品，含有十几种单质氨基酸和植物生长必需的大量、中量、微量元素及其他有益元素，营养全面，易于植物吸收利用，具有改良土壤、提高地温促进生根作用，同时也可有效提高草莓产量，改善品质，促进早熟，增强抗逆性等功效。

（四）植物源营养

木醋液是森林采伐、木材加工的剩余物，在烧炭过程中从排放的废烟气中提取的液体。木醋液是近年来新发现的一种植物生长调节剂，含有多种有机酸和多种成分的有机混合物，经试验发现，它能提高林木、蔬菜、果树种子的发芽率和生根率，促进植物生长，提高植物机体免疫能力，促进作物新陈代谢，增强植物对营养的吸收等。植物酵素（Plant Fermented Extract，PFE），是以新鲜植物经加工加入碳源，再添加酵母菌、乳酸菌等发酵菌株进行发酵或天然发酵而形成含有丰富的糖类、有机酸、矿物质成分的混合发酵液。根据研究可知植物酵素在农业生产上，可以增加土壤营养物质，改善土壤结构，降低栽培作物病虫危害，促进作物生长等[4]。

第三节　草莓的茎

根状茎储存养分的重要器官，对温度敏感的器官，不断生长上升，根状茎的粗细是反映苗子健壮程度的重要指标之一，其粗细程度对花蕾数量、初果期、采收期及产量产生显著影响。

一、茎的分类

（一）按年龄分

草莓的茎分为新茎、根状茎和匍匐茎三种类型。

1. 新茎

芽萌发后抽生的当年生茎叫新茎，相当于木本果树的新梢和一年生枝。新茎呈弓背形，粗而短。（图2-5）

图2-5　新茎

2. 根状茎

草莓二年生及二年生以上的茎叫根状茎。新茎在第二年其上芽萌发抽生新茎，其上叶片全部枯死脱落后，形成外形似根的根状茎。相当于木本果树的二年生枝和多年生枝。因此，根状茎是一种具有节和年轮的地下茎，是贮藏营养物质的地方。（图2-6）

图2-6　根状茎

3. 匍匐茎

由新茎叶腋间的芽当年萌发形成的一种特殊地上茎，也是草莓营养繁殖的器官。（图 2-7）

图 2-7　匍匐茎

（二）按性质分

草莓的茎按性质分为营养茎、结果茎和结果母茎。

1. 营养茎

指只着生叶片，没有花序的新茎。营养茎由叶芽发育而成，匍匐茎及匍匐茎苗的新茎为营养茎。

2. 结果茎

指能够形成花序结果的新茎。结果茎由混合花芽发育而成。结果茎是当年产量的保证。

3. 结果母茎

指能够形成混合花芽的新茎。混合花芽分化质量影响来年开花结果，所以结果母茎是来年产量的基础。草莓的新茎，不管是营养茎，还是结果茎，一般都能成为结果母茎，结果母茎可以连续结果。据研究，10 月初各类植株的花芽分化株率达 100%。只要扎下根的匍匐茎苗，虽仅有 3 片功能叶，也能开始分化花芽。

二、草莓的新茎

草莓不同类型的茎，其形态和生长发育有其各自的特点。

草莓芽萌发后，加长生长速度缓慢，年生长量 0.5 ～ 2 cm。加粗生长比较旺盛，节间极短，使新茎呈短缩状态。新茎上密生具有长叶柄的叶片，叶腋部位着生腋芽，秋季在顶端产生 1 ～ 2 个混合花芽，下部周围产生叶芽，成为结果母茎。第二年这些芽又产生新茎，呈假轴分枝。由混合花芽萌发长成的茎，当长出 3 ～ 4 个叶片时，花序则从下一片未伸展开的叶片的托叶芽鞘内微露。新茎在生长后期下部产生不定根，第二年新茎就成为根状茎。

新茎腋芽具有当年形成当年萌发为新茎分枝的特性，称为早熟性。有的萌发为匍匐茎，相当于木本果树的副梢。栽植当年发生新茎分枝的多少与草莓品种、栽植时期、种苗质量有关，当地上部受损时，隐芽易萌发形成新茎分枝或匍匐茎。有的品种混合花芽有早熟性，当年形成后，萌发并开花结果，这是草莓一年内多次结果的根据。

根状茎发生新茎的多少，因品种、年龄等而异，一年生苗每年产生 1 ～ 3 个新茎，二年生 2 ～ 5 个，三年生 5 ～ 9 个，四至五年生可增加到 10 个以上，总高度达 10 ～ 15 cm，新茎数量最多达 25 ～ 30 个。

三、根状茎

根状茎是一种具有节和年轮的地下茎，是贮藏营养物质的器官。新茎生长后期，基部发生不定根，第二年抽生新茎分枝，其上叶片全部枯死而脱落，成为外形似根的根状茎。二年生根状茎，尚能起到树干的作用，下部根系继续生长发育，吸收水分和营养，供给上部着生的新茎所需。根状茎从第三年开始，一般不发生新根，并从下部老的根状茎开始逐渐向上死亡。三年生以上的根状茎，分生组织不发达，极少发生不定根。其内部衰老过程，是由中心部逐渐向外衰老。从外观形态上看，先变褐色，再转变为黑色，其上着生的根系随之死亡。因此，根状茎越老，其地上部分及根系生长越差。

新茎上部分未萌发的腋芽，成为根状茎的隐芽，当地上部分受损伤时，隐芽能发出新茎，新茎基部形成新的不定根，很快恢复生长。根状茎与新茎的结构不同，根状茎木质化程度高，而新茎内皮层中维管束的结构较发达，生命力较强。

四、匍匐茎

（一）匍匐茎的发生

草莓匍匐茎由新茎的腋芽当年萌发形成，是草莓主要的营养繁殖器官。匍匐茎细长柔软，节间长。腋芽萌发产生一次匍匐茎，生长初期匍匐茎向上生长，长到约超过叶面高度后，便垂向株丛空间日照充足的地方，沿着地面匍匐生长。匍匐茎是一种单轴—合轴分枝。大多数品种，第一节的腋芽保持休眠状态，第二节的生长点分化出叶原基，转化为缩短茎，向上形成芽和密集叶片，向下产生不定根，不定根在有 3 片叶显露之前形成，扎入土中，形成一次匍匐茎苗。在匍匐茎苗分化叶原基的同时，第一叶原基的叶腋间侧芽又萌发，继续抽生二次匍匐茎，形成合轴分枝。又发出的匍匐茎仍然是第一节保持休眠，第二节分化叶原基形成二次匍匐茎苗。以此类推，匍匐茎可在第四、第六、第八节等偶数节上形成匍匐茎苗，外形近乎为一条连续线。一根先期抽生的匍匐茎在营养正常的情况下，能连续向前延伸形成 3 ~ 5 株匍匐茎苗。

匍匐茎奇数节上为不发育的小型叶，有些品种，如宝交早生、春香等，除偶数节能形成匍匐茎苗外，其奇数节上的芽还能抽生一条匍匐茎分枝，此分枝也能在偶数节形成匍匐茎苗。而且当年形成的健壮匍匐茎苗，其新茎腋间当年还能抽生二次匍匐茎，二次匍匐茎上形成的健壮匍匐茎苗，有的当年还能抽生三次匍匐茎。

匍匐茎的发生时间较早，但果实采收前发生量较少，多由未开花的株上发生。大量发生的时间，一般在果实采收之后。一般早熟品种发生早，在5月上旬，晚熟品种在6月上旬。总之，采收后6至9月都易产生匍匐茎苗。据观察，产生匍匐茎早的植株，一次匍匐茎数量少，但能发生大量多次匍匐茎，后期大量发生一次匍匐茎的，发生分枝少，但发生快且多。

匍匐茎的寿命较短，当匍匐茎苗产生不定根，扎入土中形成独立苗后，它便与母株逐渐中断联系。一般2～3周，匍匐茎苗即可独立生活。

正常情况下，在一年中，一般品种都具有产生匍匐茎的能力，每株可生长10余条一次匍匐茎，每一母株一般产生30～100株左右匍匐茎苗。但由于匍匐茎苗发生早晚不一，因此大小不一样，先发生的形成大苗，靠近母株。而后发生的形成的苗较小，远离母株。离母株越近，形成越早的匍匐茎苗生长发育越好，定植后当年可形成大量花芽，第二年开花结果。

（二）草莓匍匐茎发生的影响因素

匍匐茎过长、过短都对培育健康壮苗有影响。匍匐茎的生长与不同品种、日照长度、温度、田间持水量有关。一般情况下，健壮匍匐茎长度在25 cm左右。匍匐茎是重要的无性生殖器官，在压苗时，要拱起压苗，使匍匐茎与地膜、土壤隔离开来，避免高温烫伤和传播病菌。

1. 草莓匍匐茎的发生数量与品种有关

植株发生匍匐茎的数量因品种类型、苗龄、代数、营养状况、栽培技术和环境条件等有很大差异，品种方面除以上讲的发生规律外，一般低温需求量多的寒地品种，如全明星、哈尼等，匍匐茎发生较少；要求低温期短的暖地品种，如宝交早生、丰香、女峰等，发生匍匐茎较多。一般地下茎多的品种发生匍匐茎少。四季草莓匍匐茎发生数量少，一季结果品种发生数量多。一季结果品种中，花期长，结果开花多的品种，发生数量少。二到三年生植株抽生匍匐茎能力最强，一年生植株利用匍匐茎的繁殖系数在 20 以上，每条匍匐茎至少能形成 2 株匍匐茎苗。凡生长健壮、营养充足的母株发生匍匐茎多，反之则发生少。

2. 草莓匍匐茎需要在长日照和较高温度条件下发生

适宜的日照时数在 12 ~ 16 h，气温在 14℃以上。当气温低于 10℃时，即使给以长日照条件，也不能再抽生匍匐茎。

3. 草莓匍匐茎的发生量与母株经受的低温时间长短有关

如宝交早生需要在 5℃以下低温积累时间达到 400 ~ 500 h，如果低温感受不足，会影响匍匐茎的发生。如果把低温积累量较高的寒地品种引入暖地种植或进行促成栽培，就会因其感受的低温不足而影响匍匐茎的发生。如果把适于促成栽培的暖地品种或浅休眠的品种，经历较长时间的低温处理，则可增加匍匐茎的发生数量。促成栽培的植株同露地栽培相比，未遭受低温影响，春季以后匍匐茎发生很少，这种母株不宜用作繁殖匍匐茎苗。

4. 草莓匍匐茎的发生数量与土壤水分关系也较密切

匍匐茎发生草莓生长旺盛期，小水勤浇保持土壤水分充足，有利于匍匐茎苗根系下扎，但也不宜地面积水，维持在以田间持水量 80% 左右最好。

5. 植物生长调节剂影响匍匐茎的发生数量

赤霉素有与长日照类似的生理作用，可明显促进匍匐茎的发生。经过低温处理之后的四季草莓植株，在 6 月或 7 月 2 次喷洒浓度为 30 ~ 50 mg/kg 的赤霉素，可有效抑制开花，促进匍匐茎的抽生，在疏花后喷施效果更好。相反，喷施多效唑、矮壮素等植物生长抑制剂可抑制匍匐茎的发生。

五、根状茎粗细对各项指标的影响

根状茎的粗细是反映苗子健壮程度的指标之一，草莓种苗茎粗直接影响以及根系数量、粗度、缓苗期及成活率等多项指标。

表2-2　不同茎粗草莓种苗质量分析

茎粗 / cm	叶柄长 /cm	叶柄粗 / cm	叶面积 /cm²	根数	根粗 /cm	植株鲜重 /g
≤ 0.6	15.02 ± 0.10[d]	0.19[c]	30.05 ± 1.00[b]	8.08 ± 0.60[c]	0.09 ± 0.00[b]	14.38 ± 0.30[d]
0.6 ~ 0.8	16.32 ± 0.10[c]	0.21[c]	36.08 ± 2.00[a]	8.34 ± 1.00[c]	0.09 ± 0.00[b]	18.67 ± 1.20[c]
0.8 ~ 1.0	18.06 ± 0.20[b]	0.26[b]	36.62 ± 2.00[a]	11.41 ± 1.00[b]	0.11 ± 0.00[ab]	22.72 ± 1.40[b]
>1.0	20.15 ± 0.10[a]	0.31[a]	37.68 ± 2.50[a]	15.32 ± 1.00[a]	0.13 ± 0.00[a]	26.71 ± 1.30[a]

从表2-2可以看出：茎粗 > 1.0 cm的植株叶柄长、叶柄粗、根数及植株鲜重均显著高于其他3种茎粗的植株。茎粗 ≤ 0.6 cm的种苗，各项指标均显著低于茎粗 > 1.0 cm种苗，苗体质量较差。

表2-3　种苗茎粗对草莓缓苗率与成活率的影响

茎粗 /cm	缓苗率 /%	成活率 /%
≤ 0.6	69.6 ± 5.4[b]	90.9 ± 7.0[b]
0.6 ~ 0.8	73.9 ± 5.4[ab]	92.6 ± 2.0[ab]
0.8 ~ 1.0	75.2 ± 4.8[ab]	95.0 ± 2.1[ab]
>1.0	76.3 ± 5.5[a]	97.7 ± 1.7[a]

由表2-3可见，随着种苗茎粗的增加，种苗的缓苗率与成活率逐渐上升。茎粗 > 1.0 cm的缓苗率与成活率分别比茎粗 ≤ 0.6 cm增加了13.9% 和7.4%，达到显著差异水平；而茎粗 > 1.0 cm、0.8 ~ 1.0 cm与

0.6 ～ 0.8 cm 的植株缓苗率和成活率差异不显著。

表2-4　种苗茎粗对草莓果实品质的影响

茎粗 / cm	可溶性固形物 /%	可滴定酸 /%	可溶性糖 /%	维生素 C/ (mg·g⁻¹)	蛋白质 / (g·100 g⁻¹)
≤ 0.6	9.32 ± 0.10^c	0.64^a	6.23 ± 0.20^a	0.78 ± 0.20^a	0.07^c
0.6 ~ 0.8	10.52 ± 0.20^b	0.64^a	6.36 ± 0.10^a	0.82 ± 0.10^a	0.09^b
0.8 ~ 1.0	10.73 ± 0.20^b	0.64^a	6.09 ± 0.20^a	0.98 ± 0.10^a	0.09^b
>1.0	12.20 ± 0.10^a	0.65^a	6.38 ± 0.10^a	1.04 ± 0.10^a	0.11^a

表2-5　种苗茎粗对草莓产量的影响

茎粗 / cm	单株 产果数	单果质量 /g	单株产量 / g	早期产量 /（t·h m⁻²）	总产量 / (t·hm⁻²)	早期产量 / 总产量 （%）
≤ 0.6	16.35 ± 1.80^b	11.24 ± 0.70^c	184.29 ± 7.10^c	17.61 ± 2.10^d	24.46 ± 2.90^d	71.97 ± 0.10^a
0.6 ~ 0.8	16.40 ± 2.30^b	12.27 ± 0.80^b	200.68 ± 17.60^c	18.30 ± 2.40^c	26.15 ± 2.90^c	68.29 ± 1.80^b
0.8 ~ 1.0	17.44 ± 0.40^b	12.54 ± 0.50^b	218.72 ± 20.00^b	19.20 ± 2.60^b	28.87 ± 2.50^b	66.30 ± 3.50^b
>1.0	19.45 ± 1.60^a	13.24 ± 0.90^a	257.48 ± 19.10^a	22.36 ± 2.80^a	33.99 ± 2.60^a	65.63 ± 3.30^b

由表 2-4、2-5 可见，茎粗＞1.0 cm 的种苗所生产果实的平均可溶性固形物、滴定酸、可溶性糖、维生素 C 含量等品质指标以及单株产量和总产量指标均优于其他茎粗表现。因此在培育壮苗时，茎粗作为一项关键指标需重点关注。

第四节 草莓的叶

一、叶的基本结构

草莓的叶属于基生三出复叶（图 2-8），叶片表面密布细小茸毛，小叶多为椭圆形，也有圆形、卵圆形、菱形等。下有 2 片托叶合成鞘状包于新茎上，称为"托叶鞘"，托叶鞘的色泽是辨别不同品种的手段之一。叶的长度（含叶柄）为 25 ~ 35 cm，宽 5 ~ 12 cm，苗期 4 ~ 5 片，盛果期可达 8 ~ 12 片。当种苗脱毒过程操作不当或种苗变异时，会出现基生四出复叶（图 2-8），需及时更换种苗。

图 2-8 复叶

草莓叶缘有三角形大锯齿，草莓叶片有的边缘上卷，呈匙形。有的平展，也有的两边上卷，叶尖部分平展等形状，均与品种有关。

二、叶的功能

草莓的叶是光合作用、呼吸作用、蒸腾、吸收和贮藏等生理活动的主要器官。

（一）光合作用

叶是进行光合作用制造有机营养的主要器官，在光照条件下，以水和二氧化碳为原料，制造碳水化合物，植物体内 90% 左右的干物质是由叶片合成的，以此为草莓的生长发育形成产量奠定物质基础。

（二）吸收作用

叶片正面由一层排列紧密、无色透明的细胞构成。表皮细胞的外壁上有一层透明的、不易透水的角质层。表皮主要起保护作用，属于保护组织。叶片背部布满气孔，不仅是植物蒸腾作用的"门户"，也是叶片与外界进行气体交换的"窗口"，同时也是吸收营养物质的主要"场所"，其吸收利用率远远高于叶片正面的吸收利用率，是叶面喷肥的依据。

（三）蒸腾作用

水分以气体状态从植物体表散失到大气中的过程。可促进水分和无机盐在植物体内的运输。叶片里的水分蒸腾散失后，叶肉细胞相对缺水，就要吸收叶脉导管里的水分，这样促使水分上升到叶里，从而促进根吸水。在水分向上输送的同时，无机盐也随水分被运输到植物体的各个部分。这就是吸收养分的过程。蒸腾作用也可以降低叶片表面的温度，避免植物因气温过高而被灼伤，这是因为水分的汽化可带走叶片的一部分热量。

（四）呼吸作用

呼吸作用是细胞内的有机物在氧的参与下被分解成二氧化碳和水，释放能量的过程。这个过程为草莓生命活动提供能量，为合成有机物质提供原料；植物受伤或感染病菌时，呼吸速率会上升，通过旺盛的呼吸作用加速木质化或栓质化，提高作物的抗病性和免疫力，促进伤口愈合，减少病菌感染。

三、叶的生长发育特点

（一）叶片的生长

草莓在 20 ～ 25℃时，5 ～ 7 d 可长出一片叶，草莓新叶由新茎长出后，逐渐展开，叶面积不断增大，光合作用随之增强，新叶展开 17 d 达到成龄功能叶，每株草莓一年能生出约 20 ～ 30 片叶，在生长季节里，从新茎上不断产生的叶片，然后枯黄死亡。由于环境条件和植株营养状况的变化，不同时期发生的叶片，其形态、寿命长短、大小也不一致，从坐果到采果前的叶片比较典型，能反映该品种的特征。

（二）叶片的光合能力

1. 叶龄大小

叶片在展叶后约 30 d 达最大面积，30 ～ 60 d 光合能力最强，所以最有效的叶龄为展叶后 30 ～ 60 d 的成龄叶。60 d 以后开始衰老，光合能力下降，叶片寿命通常在 80 ～ 120 d，很少有叶片能达到 200 d。

2. 叶的部位

从整个植株叶片分布看，从顶部向下 3 ～ 5 片叶光合作用能力最强。在整个生长期保护顶部向下 3 ～ 5 叶，保持其叶片光合能力十分重要。

（三）叶片的越冬更新

在秋季发生的部分叶片，在适宜的环境与保护下，能保持绿叶过冬，来年春季生长一个阶段以后，才枯死脱落，被早春发出的新叶所代替。因此，草莓植株具有常绿性。越冬的绿叶保留越多，对提高产量越有明显的效果。所以做好越冬的覆盖防寒工作非常重要。

（四）控制叶片数量

根据叶片的功能和特点，在草莓生产中，可通过调节控制叶片的数量与叶面积来达到不同的目的。

1. 育苗期

保留 4 ~ 6 片叶，摘叶处理时只掐叶，保留叶柄让其自然脱落，叶柄养分回流养根。掐叶时选在晴天操作，可促进伤口愈合，避免感染病原菌。（图 2-9）

图 2-9　五叶一心

2. 开花结果期

花芽分化过后，促进叶片生长有利于花芽的发育。开花结果期应维持一定数量的功能叶，以提高光合性能，调整好地上部和地下部的关系。生产过程中，定期去除病叶、老叶和黄化叶，以减少呼吸消耗和传播病害的机会。

五、吐水现象

生长在土壤水分充足、潮湿环境中的草莓，叶片圆缺（锯齿状）的水孔向外溢出液滴的现象称之为吐水。吐水现象通常在草莓蒸腾作用较弱、棚内空气湿度较大的情况下的清晨或者夜晚出现。

吐水现象是草莓独特的生理现象。吐水量的大小与草莓根压、土壤墒情、根系长度、分布及活性相关，是判断土壤墒情好坏、植株长势强弱、适时浇水的重要指标。（图 2-10）

图 2-10 吐水现象

（一）根压

所谓根压，是指由于植物根系生理活动而促使液流从根部上升的压力，属于植物的主动吸水。根压是蒸腾作用之外第二个为水分逆重力流动提供动力的过程。

（二）土壤墒情

田间持水量的达到 60% ~ 80% 时，健康的草莓苗腾发量小或无风环境下，会出现吐水现象，吐水量的大小是判断土壤水分含量的重要指标，是指导我们是否需要浇水的重要依据。棚内多数草莓苗出现吐水情况下，个别不吐水的草莓苗根系极有可能出现了问题，应及时找到原因，对症下药，减少损失。

（三）草莓根系

在满足草莓吐水的外部条件下，根系发达、健壮的草莓，吐水现象强，反之则弱。功能退化的根系、水量过大引起的沤根，或者感染了根腐病原菌的根系都会影响吐水现象。是否正常吐水也是判断根系健康与否的重要指标。

第五节　草莓的芽

一、芽的分类

（一）按照着生部位分

1. 顶芽

着生在新茎尖端的芽为顶芽。

2. 侧芽

着生在新茎叶腋间的芽叫侧芽，也叫腋芽。

（二）按性质分

1. 叶芽

具有茎雏形，萌发后形成茎的芽叫叶芽。

2. 花芽

包含有花器官，萌发后开花的芽叫花芽。草莓的花芽内不仅有花器官，还具有新茎雏形，萌发后在新茎上抽生花序，开花结果，称为混合花芽。顶芽是花芽的称顶花芽，侧芽是花芽的称为腋花芽。

（三）按萌发时间分

1. 早熟性芽

当年形成当年萌发的芽叫早熟性芽。

2. 隐芽或潜伏芽

芽形成的第二年不萌发的芽，成为根状茎上的隐芽或潜伏芽。

草莓的芽具有早熟性。新茎上的腋芽，在开花结果期可以萌发成新茎分枝，夏季新茎上的腋芽萌发抽生匍匐茎，混合花芽当年萌发开花结果是多次结果的基础。

二、草莓花芽分化

花芽是在叶芽的基础上形成的，由叶芽的生理状态和形态转为花芽的生理状态和形态的过程叫花芽分化。草莓的花芽分化可分为分化初期、花序分化期和花器分化期。草莓只有形成花芽，才能开花结果。花芽分化的时间、数量、质量是影响翌年草莓经济产量的主要因素之一。

花芽开始分化的时间称为花芽分化期。草莓真正能够形成产量的关键因素主要是顶花芽及其以下第一侧花芽，至越冬前，二者形态分化已经完成，其余部分侧芽分化开始较晚，进程较慢，参差不齐，这些侧花芽到翌春，一般抽不出花序，最后随着新茎的老化而变褐枯死。所以，就整个草莓植株或草莓园而言，花芽分化期比较长，但就生产上的有效分化而言，花芽分化期主要指顶芽及其以下第一侧芽开始分化的时间。据观察研究，在山东、河北、辽宁草莓分化期为 7 月下旬到 10 月下旬，集中期在 9 月中旬到 10 月下旬。

（一）花芽分化过程

花芽分化过程经过生理分化、形态分化和性细胞形成三个时期。形态分化的过程是先出现花序，然后每朵花由外到内依次分化花的各个器官。根据各个器官形成的时期可分为以下八个时期。

1. 叶芽期

形态分化前与叶芽相似，其生长点被刚分化的雏叶叶鞘所包括，叶原基体基部平坦，顶部为锥形突起。其内部进行着生理分化，为形成花芽做物质准备。

2. 花序分化期

进入花芽形态分化期，生长点变大、变圆，肥厚而隆起，从而与叶芽区别开来，从组织形态上改变了发育方向。

3. 花蕾分化期

生长点迅速膨大，并发生分离，出现明显的突起，为花蕾分化期。中心的突起为中心花蕾原基，两边为侧花花蕾原基。

4. 萼片分化期

在花蕾原基中央突起的周边出现突起，为萼片原始体。

5. 花瓣分化期

萼片原基内层出现新的突起，为花瓣原始体。

6. 雄蕊分化期

花瓣原始体内缘出现二层密集的小突起，为雄蕊原始体。

7. 雌蕊分化期

由于萼片、花瓣、雄蕊原始体的不断生长，花器中心相对下陷。下陷的花托上出现多数突起，即为雌蕊原始体。

8. 萼片收拢期

萼片将花瓣、雄蕊、雌蕊等原始体包被，并有大量绒毛长出，此期为萼片的收拢期。该期标志着一朵花各器官原基的分化完成。现蕾期为花粉四分子形成期到开花前雄蕊雌蕊的性细胞形成。

（二）花芽分化各时期特性

草莓的花芽分化可分为分化初期、花序分化期和花器分化期。

花芽有效分化时间较短，分化初期仅需 5 ~ 6 d，随即开始花序原基分化，生长点变圆、肥厚、隆起，花原始体形成；花序分化期约需 11 d，是顶生花序及侧花芽不断分生、发育至第二花序原始体形成的过程；花器分化期约需 16 d，是顶生花序萼片、花冠、雄雌蕊形成至第三花序原始体形成的过程。先是顶生花序上的雄蕊和雌蕊的分化，然后陆续及于其下的第二及第三花序。在一般条件下，从第一花序原基出现到雌蕊发生，持续约一个月左右。

（三）影响草莓花芽分化的因素

草莓花芽分化是草莓的花芽形成、开花、结果、确定栽培形式、延长结果期及取得产量的重要生理生态基础。草莓花芽分化受内部因素和外部因素两个方面的影响。

1. 内部因素

（1）品种特性。不同成熟期的品种，花芽分化迟早不同。同时，不同品种分化的花数和花芽数亦有差异。

（2）营养物质。植株营养状况与花芽形成密切相关。营养物质包括碳水化合物、蛋白质、氨基酸、有机磷及各种矿质营养等，是花芽形成的物质基础。营养物质的种类、含量、相互比例以及物质的代谢方向，都影响花芽分化。到花芽分化期，充足的碳水化合物（C）积累，丰富的氮、磷、钙、锌、硼等无机营养，适当的氮素营养（N）和 C/N 比增加，都有利于花芽分化；相反，氮素过多，营养生长旺盛，C/N 比小，不利于花芽分化，花芽分化就晚。所以，一般认为，3 叶一心具有花芽分化的能力，有 5 片以上功能叶的植株为壮苗，3 片功能叶以下的植株为弱苗。壮苗比弱苗花芽分化期早，且随着幼苗叶数增多，其小花数量也相应有所增加。

诱导花芽分化需低水平氮。幼苗若定植早，植株氮吸收增加，体内氮水平上升早，会增加花数。即使小苗过早定植，花数也会增加。同时，早期植株氮水平提高，易产生畸形果。定植晚，则植株体内氮水平上升晚，花数减少，而果形良好。

新茎顶端生长点的大小，大致和新茎粗度成正比。新茎粗壮，则生长点大，花芽分化良好。但新茎太粗壮的苗，由于花芽分化期营养过剩，容易造成过多的一级果梗互相聚合，从而产生聚合果。匍匐茎苗发生早，采苗也早，多形成大苗，根茎粗，第一花序花数多。定植后不摘叶，会增加花数。

（3）生长调节物质。生长调节物质主要是内源激素。花芽分化是促进花芽分化的激素和抑制花芽分化的激素相互作用的结果。花芽分化需要激素的启动和促进，成花作用的激素直接参与花芽分化。一般促进生长的激素，主要指产生于种子、幼叶的赤霉素和产生于茎尖的生长素，不利于花芽分化。抑制生长的激素，主要指成叶中产生的脱落酸和根尖中产生的细胞分裂素，有促进花芽分化的作用。草莓自身产生的脱落酸成分对赤霉素具有拮抗作用，如果赤霉素使用不当，会对花芽的形成产生影响。

（4）遗传物质。遗传物质核糖核酸（RNA）和脱氧核糖核酸（DNA）控制花芽的形成。研究认为，多种果树 RNA/DNA 的比例增加，核酸核酶的活性降低，有利于促进花芽分化。

2. 外部因素

（1）温度和光照。温度与光照影响草莓的光合、呼吸等生理过程，关系到碳素营养的生产积累，影响花芽的形成，是最为重要的外部因素。低温和短日照诱导花芽的形成。草莓的大多数品种花芽分化的温度范围为 5 ~ 27℃，最适宜花芽分化温度为 10 ~ 20℃，日照长度要求小于 12 h，在这样的低温、短日照条件诱导下，开始花芽分化。

每日经 8 小时光照和 10 ~ 16℃低温处理，经 13 天即可形成花芽，并随处理时间的适当延长，花芽发育充实和分化数量增加。

以 10 ~ 17℃温度和 10 h 短日照分化快。对于花芽形成，低温比短日照更重要，在 5 ~ 10℃的条件下，花芽分化与日照长度无关。

在 10 ~ 15℃范围内，日照长度左右着花芽分化，即短日照条件下进行花芽分化。

在 27℃以上时，不管日照长短都不会导致花芽分化。利用下棉被方

式降低棚内温度，减少光照时长来促进草莓花芽分化的一项简单有效的方式。

我国北方分化早，南方晚，四季草莓在高温和长日照条件下仍能进行花芽分化，故在一年中能多次开花结果。

（2）施肥和浇水。同一品种由于氮肥过多，浇水、降水多，植株营养生长势强，表现徒长和植株叶片过多，或者叶片不足都会使花芽分化延迟甚至不花芽分化。在8月份，尽量不要大量灌水和施入过多氮肥，以免使植株贪青徒长，营养积累少，从而影响花芽分化的质量。合理营养，减少氮肥、补充硼肥、磷肥、钾肥、钙肥、锌肥是促进花芽分化的关键肥水管理措施。

（3）植物生长调节剂。在花芽分化期，喷施适宜浓度的芸苔素内酯和羟烯腺嘌呤可促进花芽分化。在施用过程中施用浓度和施用时机十分关键。

（4）摘叶。试验证明，对草莓苗摘叶，即使给予长日照，同样能诱导成花，摘除老叶比摘除新叶效果更明显。分析表明，老叶中含有较多的成花抑制物质，摘除后减少其含量。摘除老叶可减少营养物质的消耗，增加积累，从而促进花芽分化。生产上应掌握摘叶要适度。

第六节　草莓的花

一、草莓的花

草莓完全花由花柄、花托、萼片、花瓣、雄蕊和雌蕊组成。花托为花柄顶端膨大部分，呈圆锥形，肉质，其上着生主、副萼片5枚，椭圆形白色花瓣5～8枚。雄蕊数目不等，多为25～35枚。雄蕊数目为30～40个，顶端为黄色的花药，花药为纵裂。雌蕊离生，螺旋状整齐排列在花托上，数目多为200～400枚，花小则雌蕊数目少，花大则雌蕊数目多。雌蕊由柱头、花柱和子房三部分组成。雄蕊由花丝和花药组成。基部有蜜腺，能吸引昆虫授粉，为虫媒花。

草莓绝大多数品种为完全花，雌雄性器官发育正常，雌雄同体，能自花结实。少数品种为不完全花，一是雌能花，只有雌蕊，雄蕊发育不完全；二是雄能花，雌蕊发育不完全，雄蕊正常。这类不完全花品种，必须以两性花品种授粉，与两性花品种种植在一起，最多不超过20～30 m的距离，这样经过昆虫给雌能花品种传粉，产量也不低于两性花品种。（图2-11）

图2-11　花

二、草莓的花序

草莓的花序在植物学上称为"聚伞花序"。品种间花序分枝变化较大，形式比较复杂，通常典型的草莓花序为二歧聚伞花序。花轴顶端发育为一花后，停止生长，然后在下面同时生出两等长的分枝，每分枝顶端各发育出一花，然后又以同样方式再产生分枝，这种花序叫作"二歧聚伞花序"，为复合花序。形成的花依次称为第一级序花、第二级序花、

第三级序花等。由于受品种遗传特性、环境条件、营养状况等影响，在花芽形成过程中，在应该形成花的部位未形成花，造成多种花序分歧形成，有的花序着花多，有的花序着花少。一个花序着生 3～60 朵花不等，一般为 10～20 朵。草莓花序的高度有高于叶面、等于叶面和低于叶面三种类型，因品种而异。花序低于叶面的品种，由于受到叶面的遮盖，受晚霜危害的可能性较小。

三、草莓开花与授粉

（一）草莓开花顺序

在春季一般新茎展出 3 片叶，而第 4 片叶未完全伸出时，花序就在第四片叶的托叶鞘露出。在一个花序中，第一级序花首先开放，然后是第二级序花开放，依此类推。由于花序上花级次不同，开花先后不同，因而，同一花序上颗粒大小和成熟期也不相同。级序越高，开花越晚，果实越小，成熟期越晚。高级序花有开花不结果，形成无效花的现象。无效花的多少因品种而不同，通过对 15 个草莓品种调查表明，大部分品种无效花占 15%～20%，最低为 4%，最高达 54%。同一品种在不同年份，无效花的多少变化很大，在适宜的气候和良好的栽培管理条件下，无效花数量可大大减少。

（二）草莓授粉过程

开花时，花冠将萼片向外推挤展开，雄蕊的花药内飞散出成熟的花粉粒。花粉落到雌蕊柱头上，称为授粉，授粉后，花粉发芽，产生花粉管，生长至胚囊，释放出精子与胚囊中的卵细胞结合，形成种子，子房发育为果实。草莓单花开放期 3～4 d，待花药中的花粉散完，花瓣开始脱落。整个植株花期一般持续 20 d 左右，在一个花序上，有时第一朵花所结果实已经成熟，而最末的花还正开着。花粉的发芽力以开花后一天最高，生活力可持续 3～4 d。雌蕊柱头在开花后 8～10 d 内具有接受花粉的

能力，授粉后 24 ~ 48 h 受精。（图 2-12）

图 2-12　授粉

（三）授粉过程温湿度的调控

花药的开裂和花粉的萌发是授粉过程的两个关键阶段。授粉过程中对温湿度的控制及农事操作具有严格的要求。

1. 温度

草莓花药开裂时间一般在上午 9 点开始，上午 11 点至 12 点左右达到高峰，并持续到下午 5 点左右。授粉过程中注意两个温度临界期。花药中花粉存活时间一般为 3 天左右，开花后 2 ~ 3 天内花粉萌发力最强适宜花药开裂的温度为，15 ~ 21℃。雌蕊存活时间一般为 7 ~ 8 天，最适宜花粉萌发的温度为 25 ~ 30℃（11 点至 16 点钟）。

当温度≤ 12℃或，花药不开裂，花芽分化不完全，无法正常授粉，导致畸形果；当温度高于 30℃时，花粉发育不良，授粉率下降导致畸形果；1 ~ 5℃柱头不发黑，但坐不住果；0℃以下柱头受损变黑花粉死亡，夜间温度低于 5℃时，花而不实、稔性不好、花小、弱。

因此在生产过程中保证草莓花药开裂授粉的最合理温度为：白天温

室内温度要控制在 15 ～ 25℃，夜温控制在 8 ～ 12℃之间。（图 2-13）

图 2-13　低温冻害

2. 湿度。 当花期空气湿度 ≥ 60% 时，影响花粉的散开，使花粉吸水破裂，失去生活力，极易造成败育。因此，开花期遇连阴雨天气或冬季阴雨雾霾天气，保护地栽培中，通过地膜覆盖、铺设稻糠、延长草莓浇水间隔期、控制浇水量、合理放风等措施把湿度控制在 60% 以下。

（四）花粉稔性（发芽能力）下降的原因

花粉活力大小很大程度上受到花粉萌发率高低的制约，花粉萌发率越高，花粉活力越好，授粉后果实的坐果率、果实品质及杂交授粉成功率越高。

1. 光照强度弱

草莓光饱和点相对于其他作物较低，绝大多数草莓品种的光饱和点在 2 ～ 3 万勒克斯。草莓花芽分化后，较长的日照时间，反而可以促进开花，可以提高花粉发芽能力，如花期出现连续阴雨雪天造成光照不足，花粉发芽率开始下降，授粉会造成极大影响，容易引起坐不住果及出现大量畸形果。

2. 低温

在 16 ～ 22℃时，花粉正常发芽，当低于 15℃时花粉发芽能力下降。

3. 氮素多

随着植株体内氮素水平的上升，明显缩小植株体内的 C/N 比，不利于成花，并使花芽分化不整齐。

4. 坐果疲劳

坐果疲劳是发生断档期的主要原因。坚持"疏花不如疏蕾，疏果不如疏花，早疏优于晚疏"原则，合理负载，尽早疏除无商品价值的小花小果。

5. 营养物质不均衡

适量补充硼、磷、钾、钙肥是提高花粉活力，提高坐果率的有效措施。硼不仅是植物生长所需元素，也是花粉萌发不可或缺的元素，培养基如果缺少硼元素会导致花粉萌发过缓、花粉管生长缓慢甚至抑制其生长。Ca^{2+} 是花粉管极性生长不可缺少的物质，外源给予一定浓度的钙源能促进花粉管伸长。

第七节　草莓的果实与种子

一、果实

草莓果实由花托和子房愈合在一起发育而成。食用的果肉为花托部分，植物学上称为"假果"。许多小果聚生在花托上，亦称"聚合果"。果实柔软多汁，栽培学上称为"浆果"。草莓果实由果柄、萼片、花托、瘦果组成。从解剖结构看，果实的中心部分为花托的髓，髓部的充实或空洞及其大小，因品种而异，向外是花托的皮层，中间以主柱为界相隔，髓部有许多维管束与嵌在皮层内的瘦果相连。

图 2-14　果

草莓果实的形状和颜色因品种不同有很大的差异（图 2-14、2-15、2-16），果实的形状有短圆锥形、圆锥形、长圆锥形、扁圆形、圆形、长圆形、扇形、短楔形、楔形、长楔形等。果实的颜色有红色、深红色、橙红色，少数为白色。果肉颜色多为红色、浅红色、橘红色、深红色，亦有白色微带红色。果实的大小，以第一级序果大小为准，果重 3 ～ 60 g 不等，一般为 10 ～ 25 g。

图 2-15　果　　　　　　　　　　　　　图 2-16　果

草莓开花授粉受精后，花托膨大，形成果实的食用部分果肉。大量着生在花托上的离生雌蕊形成一个个小瘦果。果实开始为绿色，较硬，味酸，果实成熟前 10 d，体积和重量的增加达到高峰，成熟时变为红色、深红色等果实应有的颜色，风味酸甜，有香气，变软。由开花到果实成熟约需 1 个月左右，品种间有差别。一般情况下，早开花的品种是早熟品种。由于花期长，果实成熟期也相应延续比较长，因品种不同，在 12 ～ 25 d，一般为 20 d 左右。第一级序花发育为第一级序果，第二级序花发育成第二级序果，其余类推。第一级序果最大，其次为第二级序果，级序越高，果实越小。由于草莓花序分歧复杂，花序上级次高的果小，有的已无经济价值，称为无效果，采收费工，生产上一般不采收，或及时采取疏花疏果措施，以便于集中营养，提高果实品质。果实发育大小与品种及营养有关，也受其他因素的影响，尤其水分不足时，大果品种也会相对变小，因草莓鲜果中约 90% 是水分。

二、种子

草莓的种子为瘦果（图 2-17），黄色或黄绿色，通常叫"种子"，实际上是果实包裹着种子，果皮很薄，种皮坚硬而不开裂，内有一粒种子，小而干燥，其嵌于浆果表面，深度因品种而异，有与果面平、凸出果面和凹入果面三种情况，种子凸出果面的品种较耐贮运，而凹入果面的品种，表面易损伤，不耐贮运。

图 2-17　种子

三、果实的外形差异

（一）大小果：品种、花序、养分供应。

（二）畸形果：湿度、温度、蜜蜂出勤率、养分供应。

（三）僵果：药害、病害、低温、养分供应。

（四）断茬：苗子的健壮程度、养分供应。

（五）软果：病害、肥料配比、使用量。

（六）着色：肥料、光照、温度、养分供应。

四、畸形果

畸形果是正常的（品种本来的形态）的果实，分授精不良果和发育不良果。果托上瘦果发育不良引起的果托发育异常称之为授精不良果。

瘦果发育正常，而果托的膨大和着色异常引起地称之为发育不良果。畸形果的发生与温度、光照、施肥以及外部环境的变化有关。

（一）温度：温度高于35℃、低于0℃，容易导致畸形果。

（二）施肥：偏施氮肥或缺硼肥，造成生长点中生长素含量过高，花芽分化前呈袋状扩大，花芽分化时两朵或两朵以上同时分化，形成鸡冠果或双子果。

（三）光照：光照不足，温度过低，容易出现软果。

（四）外部环境：浆果发育过程中，遇有高温干旱，发生发育受阻抑制，果形变小，从青果期至着色前，由于土壤缺水，浆果不能充分膨大；花期喷药、湿度过大、蜜蜂出勤率低等因素。

第八节 草莓的休眠特性

一、草莓的休眠现象

休眠是草莓适应冬季低温的一种自我保护性生理现象。在露地栽培的自然条件下，草莓经过旺盛生长，进入温度变低、日照变短的深秋后，新出叶逐渐变小，叶柄变短，整个植株矮化，新茎和匍匐茎停止生长，即使开花花序也不伸长，转变为一种耐寒的生理状态，表示草莓在形态上已进入休眠。

二、草莓休眠的条件

当日平均气温降到5℃以下及短日照条件时，草莓植株便进入休眠期。露地草莓一般在10月下旬至11月上旬进入休眠期。

三、草莓休眠的分类

草莓的休眠可分为"自然休眠"和"被迫休眠"。

通过最深休眠期要求一定量的低温积累，这种低温量同时也是打破休眠所需的条件。如不经历一段时间的低温，即使处在合适的生长发育条件下，也不能正常发育，仍表现出休眠状态，只有当冬季满足低温要求后，在外界条件适合的情况下，才会开始生长发育，这种特性称为"自然休眠"。

在满足低温积累要求后，如外界条件仍不适于草莓的生长发育，草莓会继续保持休眠状态，这种特性称为"被迫休眠"。在保护地栽培中，只要创造条件，满足其对低温的要求，打破自然休眠，再通过保温或加温，创造其生长发育条件，草莓即可提早生长、开花结果，达到提早采收的目的。

不同品种对低温累积量的要求不同。一般把草莓植株在5℃以下所经历的小时数累加起来即得出低温累积量。低温累积量100小时以下的浅休眠品种，如春香、丽红、丰香等，适合促成栽培；低温累积量300～400小时的中等休眠品种，如宝交早生、戈雷拉等，适合半促成或促成栽培。

四、草莓休眠的影响因素

草莓休眠是外界环境条件和植株自身生理状况的变化共同作用的结果。花芽分化之后，即进入低温、短日照的秋季，有研究表明，相对于低温而言，秋季短日照是诱发休眠更重要的因素。例如，处于21℃较高温度下，给予短日照也能引起休眠。而处于15℃相对较低的温度下，给予长日照却只能引起轻度休眠甚至不能休眠。此外，气候的变化使植株体内原有的激素平衡被打破，赤霉素类物质含量减少，脱落酸类生长抑制物质增加，从而能够诱发植株进入休眠状态。

五、草莓休眠的抑制与打破

在草莓生产上，往往需要抑制进入休眠或打破休眠。抑制进入休眠是在草莓植株开始休眠之前，采用相当高温，或辅以长日照以及赤霉素处理，使草莓植株根本不能进入休眠。如草莓一旦进入休眠，不经过一

段时期的低温，休眠就不会解除。但可以在休眠深化期，通过改变环境条件，使其提前或推迟觉醒。人为地进行低温或长光照处理，能加快草莓植株觉醒。日本曾广泛采用的冷藏苗、高山育苗和电灯补光等半促成栽培方法就是运用这一原理发展起来的。不同品种休眠深浅不同，解除休眠所需的低温累积量也不相同，应根据不同品种采取相应的栽培方式和技术措施。现将这些方法具体介绍如下。

（一）提早保温

在促成栽培中，对丰香、女峰等浅休眠性品种实施提早保温，使草莓植株缺乏低温诱因，可有效地防止植株进入休眠，达到早采收、多采收的目的。长江中下游地区第一次覆膜保温的时间可掌握在10月中下旬，在夜温10℃以下时开始。初覆膜2～3天内要求白天温度达30℃，以后保持在25℃左右，棚内湿度保持为40%～60%。

（二）增加光照

草莓对光照反应敏感，即使在5～10勒克斯的光强下，也会表现出对光照的反应。增加光照也会抑制草莓进入休眠。在草莓促成栽培中采用电灯光照补光技术，还可使植株长势增强，产量增加。人工光照补充自然光照的不足，也能使已经过一定程度低温正处在休眠中的植株解除休眠。打破休眠的照光一般开始于12月中下旬。

（三）冷藏植株

冷藏植株是人为地给予低温，满足品种本身对低温的需求，促进迅速通过休眠期，从而使自然休眠打破的方法。自然条件下打破休眠的有效低温为–2～10℃，但最适温度为2～6℃。当温度在–3℃以下时，会造成低温伤害，3℃以上又会引起现蕾、展叶。因此，植株冷藏温度以–1～2℃为宜。冷藏处理通常自11月上中旬开始，根据各品种对低温的需求，在通过自然休眠期后再将冷藏植株定植于温室中栽培。

第三章
草莓主栽品种介绍

第一节 草莓品种的类型

一、草莓的分类

按照植物学分类，草莓属于蔷薇科（*Rosaceae*）草莓属（*Fragaria*），为宿根性多年生草本常绿浆果植物。全世界草莓属植物有 50 余种，约有 20 多个常见种，根据近年来我国野生草莓种质资源的调查研究和分类鉴定，我国各地分布有 11 个野生草莓种，分别是五叶草莓、森林草莓、纤细草莓、黄毛草莓、绿色草莓、东北草莓、西南草莓、西藏草莓、伞房草莓、锡金草莓（裂萼草莓）、东方草莓。有的分类中还有锈毛草莓和细弱草莓两类，应该分别是黄毛草莓和纤细草莓的别名。我国野生草莓约占世界草莓属植物种的一半。世界各地栽培的草莓主要是 18 世纪育出的大果草莓，即凤梨草莓，其余为野生种。下面将草莓的主要品种介绍如下。

（一）野生草莓（*Fragaria vesca L.*）

野生草莓于欧洲、北美洲和亚洲北部分布最广。二倍体种（2n=14）。植株全株被有茸毛。有匍匐茎。小叶 3 枚或 5 枚，叶较薄，淡绿色，着生于细长叶柄上。两性花，生与叶柄等长的聚伞花序下。聚合果小，卵

形，淡红或白色，通常有芳香。本种类型多，变异很大。公元前已有栽培，19世纪曾选择出欧洲的一些品种。现在法国还有少量栽培。有四季结果的变种（*F.vesca var.alpina*）等。有的类型可用为病毒病害的指示植物。我国东北、西北和西南各省都有分布。

（二）荷兰草莓（*F.viri dis Duch*）

原产欧洲和中亚、东亚地区。二倍体种，一般为雌雄同株。植株纤细。有少数匍匐茎，短而无节，仅在先端形成幼株。叶浓绿色。花序小，两性花，大于野生草莓。聚合果圆形，较小而坚实，粉红至红色，有芳香。在欧洲早有驯化，现仍有少量栽培。是草莓中耐石灰质土壤，抗褪绿病的种质。

（三）黄毛草莓（*F.nilgerrensis Schlecht*）

原产我国四川、云南、贵州、陕西、湖南、湖北、台湾等省。尼泊尔、锡金、印度、越南也有分布。二倍体种。植株旺盛，被黄棕色柔毛。匍匐茎多。小叶3枚，暗绿色，被绒毛，花序小而着有较大的两性花。聚合果较小，圆球形，果实白色、淡粉红色，瘦果多，品质较次。抗叶斑病，但抗寒性差。适宜于亚热带湿润地区。

（四）锡金草莓（*F. daltoniana J. Gay*）

又称裂萼草莓，原产锡金和我国西藏海拔3000～4500 m的地区，多生长于山顶草甸及灌丛下。二倍体种。植株健壮，有细匍匐茎。叶有柄，叶缘有疏锯齿。花单生。聚合果椭圆形或纺锤形，长2～2.5 cm，鲜红色，果肉海绵质，近乎无香味。

（五）西藏草莓（*F.nubicola Lindl.*）

原产我国西藏。锡金、巴基斯坦、阿富汗和克什米尔地区也有分布。二倍体种。植株似野生草莓，但雌雄异株，有细丝状匍匐茎，植株健壮，被白色紧贴柔毛。小叶3枚，叶缘有粗锯齿。花茎一个或几个直立，着花1～2朵。聚合果卵形，长1.5 cm，瘦果陷生。

（六）西南草莓（*F.moupinensis Card*）

原产我国陕西、甘肃、四川、云南、青海和西藏东部。四倍体种（2n=28）。植株似黄毛草莓，被银白色柔毛，有短匍匐茎。小叶5枚或3枚，有叶柄。花序较叶柄长，每花序着花2～4朵。果实橙红色至浅红色，卵球形、球形或椭圆形，宿存萼片紧贴于果实。种子深红色，种子在果实阴面凹陷，阳面则不凹陷。

（七）东方草莓（*F.orientalis A.Los.*）

原产黑龙江、吉林、辽宁、内蒙古、河北、山西、陕西、甘肃、青海、湖北、山东等省区，朝鲜、蒙古、俄罗斯远东地区也有分布。四倍体种。植株较小，有细长匍匐茎。小叶3枚，近乎无叶柄，卵形，淡绿色，具深锯齿。一般为两性花，花序上生有较大花几朵。聚合果紫红色，果肉白色，圆锥形或卵球形，有芳香。种子凸。是草莓中最抗寒的一种。黑龙江省野生类型中有果实风味好的类型。是抗寒育种的有用种质资源。

（八）麝香草莓（*F.moschata Duch.*）

原产欧洲北部和中部，向东延至俄罗斯西伯利亚地区。本种为六倍体种（2n=6x=42）。不完全的雌雄异株。植株健壮，株高约30 cm，较野生草莓高。几乎无匍匐茎产生。叶片较大，多脉。花较大。聚合果暗红色，柔软，呈不规则球形，有强芳香，较野生草莓大，径达2～2.5 cm。栽培类型常为完全花。一度曾在欧洲广泛栽培，现已很少，有耐霜害特点。

（九）弗州草莓（*F.virgniana Duch.*）

原产北美洲东部，自然种植区在美国（包括阿拉斯加）及加拿大。八倍体种（2n=8x=56）。雌雄异株。植株纤细，有大量匍匐茎，与花同时发生。叶暗绿色，有深锯齿。雄花较雌花大。聚合果柔软，瘦果深陷，球形或长椭圆形，径1～1.5 cm，淡红色至深红色，味酸，有芳香。植株和果实变异很大。17世纪引入欧洲后，对欧洲草莓种果的大小和颜色

改良有影响。该品种不同的果色和香味等性状，可利用于品种改良。

（十）智利草莓（*F.chiloensis Duch.*）

原产地从南美洲智利起到北美洲的太平洋沿岸地区。欧洲人到达美洲前已为当地印第安人驯化栽培。八倍体种。种的性状变异很大。通常为雌雄异株，植株健壮，低矮而开张，密被柔毛。多匍匐茎，较长，在果实成熟后抽生。叶较厚，革质，暗绿色，表面有光泽。除一些南美类型外，花序着花数变异很大。雄花较雌花大，雌雄同株的完全花较大。聚合果红褐色，有大萼片包围，坚实，香味佳，圆形至扁圆形，茎 1.5 ~ 2 cm，有些南美无性系果实为大型。

（十一）宽圆草莓（*F.ovalis*（*Lehn.*）*Rydb.*）

原产墨西哥北部山地，北延至美国阿拉斯加，西迄美国西部沿海各州。八倍体种。是具有高度变异的种。雌雄异株。植株纤弱，叶如弗州草莓，但有蓝绿色光泽，多匍匐茎。花序常较短，着花数朵。聚合果近球形，茎约 1 cm，粉红色，具芳香。瘦果深陷。具抗寒和耐低温的种质，已利用于美国草莓的品种改良。

（十二）凤梨草莓（*F.ananassa Duch.*（*F. grandf-lora Ehrh.*））

原产南美洲、北美洲。本种为八倍体杂种。植株密被黄色柔毛。小叶 3 枚。聚伞花序有花 5 ~ 15 朵，聚合果直径 1.5 ~ 3.0 cm，鲜红色。栽培种凤梨草莓的进化中至少牵涉到智利草莓、弗州草莓和宽圆草莓。栽培品种很多，果形、果色和果实大小均有很大差异，果实大者直径在 3 cm 以上。

此外还有原产我国陕西、甘肃、四川等地的五叶草莓（*F.pentaphylls A.Los*）和纤细草莓（*F. gracilis A.Los*）等。

二、草莓品种的类型

世界草莓品种约有 2000 多个，新品种还在不断涌现。我国栽培的品种多引自国外，根据品种的生态条件、休眠期需低温量及栽培目的，草莓品种可分为 4 个品种群。

（一）暖地型品种

暖地型品种休眠性浅，或不经休眠就能正常开花结果。通过休眠需要的低温量为 0 ~ 150 h，适合温室栽培，如春香、丽红、丰香等品种。

（二）寒地型品种

寒地型品种休眠性强，需低温量 1000 h 以上，适于寒冷地区露地栽培，如因都卡、戈雷拉等品种。

（三）中间型品种

中间型品种休眠性中等，需低温量 200 ~ 750 h，适于大棚、中棚等保护地栽培，如宝交早生、达娜等品种。

（四）四季结果型品种

这些品种在长日照高温条件下也能形成花芽，适应寒冷地区栽培。所有四季草莓均属此类。在露地条件下，按结果习性不同，基本可分为两类品种，一类是春秋季不断陆续结果；另一类是一年间结两次果，即 5 月或 6 月结完一次果后，停一阶段，到秋季 8 月或 9 月又开始结果。四季草莓春季开始结果较早，属于早熟品种。

另外，根据成熟期不同，草莓品种可分为早熟品种、中熟品种和晚熟品种。根据其用途，还可分为鲜食品种、加工品种、鲜食和加工兼用品种。

第二节　现代草莓栽培品种介绍

一、鲜食品种

（一）甜查理

1986年美国佛罗里达大学海岸研究和教育中心用FL80-456×派扎罗杂交育成。果实圆锥形，成熟后色泽鲜红，光泽好，美观艳丽。果面平整，种子（瘦果）稍凹入果面，肉色橙红，髓心较小而稍空，硬度大，可溶性固形物高达8%～11%，甜脆爽口，香气浓郁，适口性极佳。浆果抗压力较强，摔至硬地面不破裂，耐贮运性好。浆果较大，第一级序果平均重50克，最大果重高达83克。植株健壮，每株有花序6～8个，每花序有花9～11朵。自开花至果实成熟约需40天。休眠极浅，与丰香近同，为20小时左右，极适于搞设施（大棚）促成栽培。一般10月下旬扣棚，12月中旬至翌年5月中旬采果，平均单株全期产量481.5克，亩栽8000～10000株，产量高达3500千克以上。抗高低温能力强，采果期亦早，既适于露地栽培，又适于设施促成栽培。

（二）全明星

河北省满城草莓研究所1985年从美国引入，具有适应性强、丰产性好、结果品质佳等特点。果实较大，长圆锥形，鲜红色且有光泽，果形整齐美观；果肉淡红色，髓心小，肉质细，味甜酸。第一序果平均单果重28.2克，最大单果重48.5克，果实肉质致密，硬度特大，果皮韧性强，不易破损和腐烂，耐贮性好，常温下可贮藏3～5天，加工性能亦好。植株生长强壮，株型半开张，匍匐茎繁殖能力强，叶柄较长，植株较高。叶片大，呈椭圆形，深绿色，有光泽，叶脉明显。每株有花序2～4个，种子小，凸出果面。丰产性好，株产可达350～500克，每公顷产量 22500 ~ 30000 千克（亩产 1500 ~ 2000 千克），较保定鸡心增产 30% ~ 40%。休眠深，需 5℃以下低温 600 小时以上，为适宜露地和半促成栽培的优良品种。

（三）久能早生

日本品种，由旭宝 × 丽红杂交育成。果实圆锥形，鲜红色，果肉较硬，橘红色，果髓空，果汁中等，味酸甜，草莓新品种种子黄绿色，陷入果面较浅。可溶性固形物含量 10%，果实硬度中等。最大单果重 38 克，平均单果重 15 克，亩产 1.5 吨以上。果实品质好，可鲜食或加工。该品种植株生长势强，叶片长圆形、浓绿。休眠较浅，适合于促成栽培和露地栽培。

（四）达赛莱克特

法国品种，由派克 X 爱尔桑塔杂交育成。果形为长圆锥形，一级序果平均单果重 30 克，最大单果重 80 克，果个大，丰产性强，一般株产量 250 克以上，每亩产量可达 2500 千克。果面为深红色，有光亮，果肉全红，质地较硬，耐贮运性强。可溶性固形物含量 11% 左右。成熟后口感良好，香味浓郁，风味极佳。植株生长势强，株态较直立，叶片多而厚，深绿色。抗病性和抗寒性较强。适合于露地和半促成栽培。

（五）卡麦罗莎

美国加利福尼亚州福罗里大学 20 世纪 90 年代育成。果实长圆锥形或楔形，果面光滑平整，种子略凹陷，果面果色鲜红并有蜡质光泽，肉红色，质地细密，硬度好，耐贮运。味甜酸，可溶性固形物 9% 以上，丰产性强，一级序果平均单果重 22 克，最大单果重 100 克。该品种长势旺健，株态半开张，匍匐茎抽生能力强，根系发达，抗白粉病和灰霉病，休眠期短。叶片中大、近圆形、浓绿，有光泽。可连续结果采收 5 ~ 6 个月，亩产 4 吨左右，为鲜食和深加工兼用品种。适合温室和露地栽培。

（六）红玫瑰

荷兰品种。果实圆锥形，果面橘红至鲜红色，有光泽；果肉具有独特和浓郁的芳香味，口感很好，果实硬度中等，一级序果平均单果重13克，丰产，中熟品种。植株生长势强，匍匐茎发生能力强，抗病，尤其对多种土传性病害具有一定的抗性。适于露地和半促成栽培，是目前欧洲系风味最好的浓香型品种。

（七）千禧妹

由日本隋珠草莓优选而来，浅休眠红色品种。植株高大健壮，生长势强。成花容易，花量大，连续结果能力强，早熟丰产，一般促成栽培8月底9月初定植，11月中下旬即可见果，不同地区每666.7 m^2 产3000～5000 kg。果实圆锥形，果个大，果皮橙红至深红色，果肉米白色或黄白色，肉质脆嫩多汁，果实饱满，香味浓郁，带蜂蜜甜味。可溶性固形物含量高，一般在14%左右，高者可达16%以上，口感极佳。果实硬度大，耐贮运。适合观光采摘的立体栽培和普通地栽。抗病性强，对炭疽病、白粉病的抗性明显强于红颜，应注意灰霉病和螨类的防控。耐低温，对光照较敏感，栽培管理过程中可适当降低光照强度。定植初期和年后注意植株控旺。出苗率中等，喜肥水，育苗期间应加大氮肥的供应。

（八）千颗星

由日本四星草莓优选而来，浅休眠红色早熟品种。植株长势中庸健壮，成花容易，花量大，第一茬花序抽生2～3条，高者可达5条。连续坐果能力强，12月上旬成熟，平均产量每666.7 m^2 产3000 kg左右，高者可达4000 kg。果实圆锥形，果皮及果肉红色，有特殊芳香气味，果个均匀，汁水饱满，酸甜可口，可溶性固形物12%～14%，硬度大，较耐运输，抗病性强。育苗率中等。具有四季特性。

（九）千里目

由红颜草莓优选而来，浅休眠红色品种。植株直立，生长势强，叶片大而厚。花芽分化时间适中，较隋珠晚。连续坐果能力强，产量高，不同地区每 666.7 m² 产 2000 ~ 6000 kg。果型周正，圆锥形，果个大，果皮鲜红至深红色，光泽度高，果肉红色，肉质细腻，香气浓郁，甜酸适口，汁水饱满，可溶性固形物 12% 左右。果皮薄，硬度较高，运输过程中应注意保护。抗病性中等，生产及育苗过程中应注意白粉病及炭疽病的预防。耐低温，不耐高温，不耐盐碱。育苗率极高。

（十）千堆雪

由日本天使八号优选而来，浅休眠白色早熟品种。植株生长紧凑健壮，成花容易。连续坐果能力强，产量中等，平均产量每 666.7 m² 产 2500 ~ 3500 kg。果形周正，短圆锥形，果个中等，果面及果肉白色，成熟后种子红色。硬度高，口感香甜，香味浓郁，可溶性固形物恒定在 12% ~ 13%。光照强时见光部分为粉色，可作为四季草莓栽植，地栽育苗率高，抗病性极强，抗寒抗旱。栽培过程中应注意防止植株早衰，加强肥水管理。

（十一）美味C

日本浅休眠红色品种。植株中庸健壮。大果，产量每 666.7 m² 产 3000 ~ 4000 kg。果实圆锥形，果皮亮红色，果肉橙红色，质地紧实硬度大，肉纯红，果实酸甜可口，口感绵密紧致，风味浓郁，含糖量高。维C含量在所有品种中最高，享有"草莓中的钻石"美誉。对白粉病具有中等抗性。栽培过程中注意炭疽病的预防。

（十二）章姬（甜宝）

日本品种，1985 年由原章弘先生以"久能早生"与"女峰"两品种杂交育成。章姬果实整齐，呈长圆锥形，果实健壮，色泽鲜艳光亮，香气怡人。果肉淡红色，细嫩多汁，浓甜美味，回味无穷，在日本被誉为草莓中的极品。章姬草莓的缺点是果实太软，不耐运，适合在城市郊区发展体验型采摘模式。章姬草莓苗生长势强，株型开张，繁殖力中等，中抗炭疽病和白粉病，丰产性好。现蕾期至始果期株态直立，始果期开始株态开张。现蕾期功能叶 6 ~ 8 片，株高 12 cm，叶梗顶部弯曲，小叶呈筒状，根状茎粗 2.5 cm，花序 2 个。盛果期功能叶 14 ~ 16 片，株高 28 cm，根状茎粗 5 cm，花序 4 个。章姬为暖地型大棚促成栽培的新型优良品种，在大棚促成栽培时，可在 11 月中旬采果上市。章姬草莓果实长圆锥形，果形整齐，果实红色，果面有光泽，果心白色，肉质细腻，味浓甜、芳香，果色艳丽美观，柔软多汁。第一级序果平均单果重 40 g，最大单果重 130 g。每 666.7 m^2 产量可达 4000 kg 以上。

（十三）红颜

又称"红颊"，2007 年引自日本，是日本静冈县用章姬与幸香杂交育成的早熟栽培品种。该品种植株长势强，株态较直立，株高 10 ~ 15 cm，冠幅 25 cm × 30 cm。叶片大，绿色，叶面较平。叶柄中长，托叶短而宽，边缘浅红。两性花，花冠中等大，花托中等大，花序梗较粗、长，直立生长，高于或平于叶面。每株着生花序 4 ~ 6 个，每序着花 3 ~ 10 朵，自然坐果能力较强。一、二级序果平均单果重 26 g，最大单果重 50 g 以上。果实圆锥形。果面平整，深红色，富有光泽。种子分布均匀，稍凹于果面，黄色、红色兼有。萼片中等大，较平贴于果实，萼片茸毛长而密。果肉红色，髓心小或无髓心，果肉较细，甜酸适口，香气浓郁，品质优。可溶性固形物 11.8%。对炭疽病、灰霉病较敏感。8 月下旬至 9 月上旬定植幼苗，10 月中下旬始花，11 月下旬果实开始成熟。每 666.7 m^2 种植 6500 株，每 666.7 m^2 产量达 1500 ~ 2000 kg。

（十四）黑珍珠

中晚熟品种。果皮和果肉如车厘子般紫黑色，汁水葡萄酒色。果形圆锥形。产量高，连续坐果能力强。酸甜可口，果香浓郁，可溶性固形物 14% 左右。抗病性强。

（十五）香莓

该品种引自日本，为杂交品种，因具有珍稀的甜瓜浓郁香味得名。该品种植株较直立，分蘖多，长势旺。叶形上翘，浓绿色，叶柄很长。匍匐茎较多。花梗长而粗，花较大。每花序果多，丰产。果实圆锥形，单果重 50 g 左右。鲜红色，比"宝交早生"颜色浅，光泽好。果肉果心均为淡红色，果心空洞小，甜味重，酸味小，含糖量高于"宝交早生"，芳香味浓，风味好，硬度比"宝交早生"稍大，较耐贮运。果实成熟期较早。抗寒性强，休眠期短，适于促成光照栽培、半促成栽培和露地栽培。

（十六）丰香

日本农林水产省园艺试验场久留米支场 1973 年用"绯美子"和"春香"杂交育成，1983 年进行品种登记。我国 1985 年开始从日本引入。该品种植株生长势强，开张，下部叶片稍贴于地面。匍匐茎抽生能力中等。叶片圆形，较大，厚度中等，深绿色，光泽强。单株叶片 8 ~ 9 片。花序梗中等粗，较直立，低于叶面。花芽分化早。平均单株花序 2 ~ 3 个，每花序 9 ~ 10朵花，温室中能连续发生花序。果实短圆锥形，平均单果重 15.5 ~ 16.5 g，最大果重 35 g，单株产量 130.5 g。果实鲜红色，富有光泽，果皮韧性强。果肉和果心都为白色，髓心中等大，果肉细密，汁多，酸甜适中，香味浓，硬度中等，含可溶性固形物 9.3% ~ 10%。种子分布均匀，微凹入果面。属早熟品种，北京地区果实成熟期在 5 月上旬，果实耐贮运性强。果实适于鲜食，不适合加工。丰香草莓耐热、耐寒性较强。抗黄萎病，对白粉病抗性较差，应注意防治。休眠性比"春香"稍深，比"宝交早生"浅，低

温需求量 50 ~ 100 h。适于保护地栽培，尤其是促成栽培，也可露地栽培，特别适于暖地栽培。

（十七）赛娃

该品种原产美国，山东农业大学罗新书教授 1997 年自美国引进。该品种植株生长健壮，株姿直立而紧凑，平均株高 20 cm，株径 35 cm。早春抽生的新茎直径 0.5 ~ 1.7 cm，高 1 cm，每株抽生新茎 2 ~ 5 个。夏秋可连续抽生新茎，分枝力较强。叶片大，椭圆形，三出复叶，叶色浓绿，厚而有光泽，中脉、侧脉凹陷。叶缘单锯齿，钝圆，锯齿边缘有茸毛。叶表面有稀疏茸毛，叶背面茸毛多，叶缘外卷。叶柄直立，粗壮，密生茸毛，平均长 13.1 cm，直径 0.3 cm。托叶小，浅绿色，有或无。每株可抽生 5 ~ 7 条匍匐茎，匍匐茎直径 0.31 cm，具纤细而稀疏的茸毛，有多次抽生能力。每个新茎上具 1 ~ 3 个花序，多低于叶面，花序梗粗壮，每个花序上有 1 ~ 3 朵花。两性花，白色，花冠直径 2 ~ 3.5 cm，花托直径 1.8 cm，花瓣 5 ~ 9 枚，雄蕊 22 ~ 32 枚，雌蕊多数。花梗长 5.8 cm，茸毛多。一年多次开花，四季结果。单株（丛）年累计产量 910 g，最高达 1250 g，折合每 666.7 m² 产量 7000 ~ 8000 kg，最高每 666.7 m² 产量 10000 kg 以上。

果实前期阔圆锥形，单果重 31.2 g，最大果重 138 g。果实红色，光滑，具明亮的光泽。种子黄色，分布均匀，稍凹陷，萼片较少，窄而尖，向下翻卷。果柄基部稍凹陷。果肉橘红色，肉质细，硬度大，多汁，味香，酸甜适口，髓心部分稍有中空，含可溶性固形物平均 13.5%，最高 16.2%。秋季果实味优于冬、春季，且秋季（国庆节和中秋节前后）为市场空缺期。果实耐贮运。

在山东泰安露地栽培，3 月中旬萌芽，3 月下旬至 4 月初花，随后陆续开花结果，直到 11 月初。10 月下旬随气温下降扣棚，结合保护地栽培，实现一年四季开花结果。据连续 4 年观察，一年四季无明显的休眠期。对叶部病害有极强的抗性，连续 4 年种植，未见白粉病等病害。属中日照品种，温室、露地栽培均适宜。

（十八）小白

小白草莓为北京市密云区穆家峪镇奥仪凯源农业园技术负责人李健自育品种，为辽丹一号（红颜复壮品种）脱毒组培芽变品种。在 2012 年的世界草莓大会上获得银奖。2014 年 8 月通过北京市种子管理站鉴定，是首例国人自主培育的白草莓品种。果实前期 12 月至翌年 3 月为白色或淡粉色，4 月以后随着温度升高和光线增强会转为粉色，果肉为纯白色或淡黄色，口感香甜，入口即化，果皮较薄，充分成熟的果肉为淡黄色，吃起来有黄桃的味道，可溶性固形物（糖度）14% 以上。该品种在温度高、光照足的时候外皮红，果肉白。低温、弱光条件下外皮白。该品种表现生长旺盛，果大品质优，丰产性好，是一个理想的鲜食型的优良品种。每 666.7 m^2 产量可达 2000 kg。

（十九）妙香 7

山东农业大学用红颜×甜查理杂交选育的中晚熟暖地红色草莓品种，植株高大直立，每 666.7 m^2 产量 3000 kg 以上。果实圆锥形，大果，果面鲜红色，富光泽。果肉鲜红，细腻，香味浓郁，可溶性固形物 9.9%，髓心小，有空心，硬度大，产量高。抗白粉病、灰霉病、黄萎病。

二、加工品种

（一）森嘎拉

该品种是德国注册的一个适于加工的优良的品种。为目前我国现有的加工品种的优良换代品种。该品种植株生长势强，株姿较直立。匍匐茎较粗且节间短，子苗健壮，但抽生数量相对较少。叶片大，近圆形，深绿色，叶柄粗。植株新茎粗壮，分茎能力强。每株可抽生花序 3～7 个，花序低于叶面，两性花，萼片大。在沈阳露地栽培株产可达 200 g 以上，最高株产 300 g，每 666.7 m² 产量 1500 ～ 2500 kg，比"哈尼"品种平均株高高 20% ～ 30%，且稳产。果实短圆锥形或短截形，深红色，果面平整，具光泽。第一级序果平均重 25 克，最大果重 40 g。种子黄绿色，平于果面。萼片大，包住果实且易脱落。果肉深红色，质细，髓心稍中空。果汁深红色，汁多，稍有香气，酸甜适口，含可溶性固形物 7.7%，酸 1.03%，维生素 C 64.8 mg/100 g 鲜重。可用来做果酱、果冻、果汁等。在沈阳地区，萌芽期在 3 月下旬，初花期在 4 月 20 日左右，盛花期在 4 月末至 5 月初，果实成熟期在 6 月上旬，匍匐茎大量抽生期在 7 月中旬。适应性广。

（二）全明星

美国农业部马里兰州农业试验站用"MDUS4419"和"MDUS3185"杂交，1981 年育成。1981 年由沈阳农业大学从美国引入我国。植株生长势强，高大直立，茎叶粗壮，分枝能力中等。叶片椭圆形，肥大，深绿色，中等厚度，单株叶片 9 ～ 10 片。单株花序 3 ～ 5 个。花序梗中等粗，斜生，低于叶面。每花序着生 11 ～ 12 朵花。丰产性能好，单株产量 350 ～ 500 g，一般每 666.7 m² 产量 1500 ～ 2000 kg。果实长圆锥形，果顶稍扁，平均单果重 16.3 ～ 28.2 g，最大果重 35 ～ 40 g，果实鲜红色，有光泽。种子较少，黄绿色，凹入果面。果皮韧性强。果肉髓心均红色，髓心中等大，空洞小，肉质细密，硬度大，甜酸适度，香味浓，汁多，含可溶性固形物 8.7%。为中晚熟品种。北京、河北等地果实成熟期在 5 月中下旬。果实耐贮运，采后自然存放 5 天仍可食用。果实适于鲜食，也可以加工制酱，冷冻后仍能保持良好的颜色和品质。该品种抗病性强，对叶片枯萎病、白粉病及红中柱病的部分生理小种抗性强，对黄萎病也有一定抗性。耐高温高湿。休眠深，需 5℃ 以下低温 600 小时以上才能解除休眠。为露地栽培优良品种，也适宜保护地栽培。

（三）甜查理

甜查理（*Sweet charlie*）是美国草莓早熟品种。该品种休眠期浅，丰产，抗逆性强，大果型，植株生长势强。株形半开张，叶色深绿，椭圆形，叶片大而厚，光泽度强，最大果重 60 g 以上，平均果重 25 ~ 28 g，每 666.7 m² 产量高达 2800 ~ 3000 kg，年前产量可达 1200 ~ 1300 kg。果实商品率达 90% ~ 95%，鲜果含糖量 8.5% ~ 9.5%，品质稳定。该品种抗灰霉病、炭疽病和白粉病，对根腐病敏感。

（四）美 13 号

又名"美国霍耐"，1986 年从美国引进。1991 年，湖北省钟祥市柴湖镇新联草莓园艺场引进此品种。属于早熟品种，比"全明星"、"宝交早生"成熟期提前 10 天。植株生长势强，冠径株高皆在 30 cm 左右。叶片浓绿中大，花梗直立高于叶片，果实不易感病和被泥沙污染，采摘方便，繁殖系数高。单株产量高，一年生壮苗（移栽壮苗）单株产量可达 500 g，春栽壮苗（二年生）次年单株产量高达 800 g，比"全明星"高 40%，比"宝交早生"高 60%，单果平均重 30 g，最大果可达 120 g。品质好，果型圆锥形，色泽浓红艳丽有光泽。成熟后，可溶性固形物可达 11% 左右，香味浓郁，口感酸甜，果肉橘红色，果实硬度大，成熟后不易软化。较耐长途运输，常温下可储存 5 d。

第四章
草莓对环境条件的要求

草莓生长发育离不开良好的环境条件，环境条件也就是生态条件。所谓生态条件，是指草莓生存地点周围空间一切因素的总和，包括气候条件如温度、光照、水分、空气、风、雨、霜、雪等土壤条件。地形条件如地形类型、坡度、坡向、海拔等。生物条件包括动物、植物、微生物、人为因素等。温度、光照、水分、土壤、空气等是直接生态因子、风、坡度、坡向、海拔等则是间接生态因子。

第一节　草莓对温度的要求

温度是草莓生命活动的必要因素之一，平均温度、有效积温、最高温度、最低温度等影响草莓的生长发育。草莓对温度的适应性较强、喜欢温暖的气候、但不抗炎热，虽有一定的耐寒性，但也不抗高寒。

一、气温

初春当地温在2℃以上时根系便开始活动，10℃时开始形成新根，根系生长最适温度为15～20℃，秋季温度降到10℃以下生长减弱，冬季土壤温度下降到-8℃时根部就会受到危害。

温度5℃时地上部开始生长，春季生长如遇，-7℃低温则受冻害，-10℃时大多数植株死亡。早春晚熟品种比早熟品种抗寒，而晚秋冬初早熟品种比晚熟品种抗寒。植株生长的最适温度为18～23℃，光合作用最适温度为15～25℃。夏季气温超过30℃生长受抑制，不长新叶，有的成熟叶出现灼伤或焦边。生产上可采取浇水、下棉被或铺设遮阳网等措施降温。露地生长发育最旺盛的时期为9～10月和4～6月。在晚秋经过霜冻和低温锻炼的植株，抗寒力可大大提高，芽能耐-10～-15℃的低温，低于-20℃植株往往被冻死。开花结果期最低温度在5℃以上，低于0℃或高于40℃会影响授粉受精，进而影响种子发育，产生畸形果。气温低于15℃时才开始花芽分化，降到5℃以下又会停止分化。低温是诱导和通过休眠的主要环境因素。

保护地栽培中，加温开始到开花前维持气温25℃（白天）～15℃（夜间），地温20℃；开花期气温20～10℃，地温15℃；果实膨大期气温20～6℃，地温15℃。（图4-1）

图4-1 气温

二、地温

当地温在2℃时，根系便开始活动，10℃时形成新根。根系生长最适宜温度为15～20℃。秋季温度降到10℃以下生长减弱。冬季土壤温

度下降到 –8℃时，根部就会受到危害。（图4-2）

图4-2　地温

三、冬季五段温度控制法

空气温度：一段降温（6时～10时）5～22℃，二段降温（10时～14时）25～34℃，三段降温（14时～18时）34～18℃，四段降温（18时～23时）12～8℃，五段降温（23时～6时）12～5℃。

土壤温度：一段降温（6时～10时）12～16℃，二段降温（10时～14时）17～22℃，三段降温（14时～18时）22～16℃，四段降温（18时～23时）20～12℃，五段降温（23时～6时）16～12℃。

第二节　草莓对光照的要求

一、对光照强度的要求

草莓是喜光植物，光是草莓生长发育的重要因子之一，无光不结果，但又较耐荫。太阳辐射强度、光谱成分和日照长度等都影响草莓的生长发育。光照主要通过光合作用，制造草莓生长发育所需要的有机营养。据测定，草莓的光饱和点比较低，约为2万~3万勒克斯。光饱和点是指光合速度达到最高时的光照强度，这样较低的光饱和点，作为露地栽培，对光能是浪费，但对冬季设施栽培来说，如此低的光饱和点有利于满足草莓对光照的要求。草莓光补偿点为0.5万~1.0万 lux，光合积累与消耗等于零时的光照强度为光补偿点。20~25℃时，光合速率最大。光合作用的原料是水和二氧化碳，在不同的二氧化碳浓度下，光饱和点和光补偿点会相应变化，二氧化碳浓度较高，有利于光合作用。

二、对光照时间的要求

草莓在不同的生长发育阶段对光照时间的要求不同。在育苗期，需要每天12~15 h的较长日照时间，制造较多的光合产物，利于生长抽生更多的匍匐茎。在花芽分化期，要求10~12 h的短日照和较低温度，诱导花芽的转化。如果每天16 h的长日照处理，则花芽分化不好，甚至不开花结果。但在花芽发育过程中，合理调整光照时长，有促进花芽的发育作用。短日照和低温会诱导草莓休眠。

三、光照条件对草莓生长发育的影响

在光照充足的条件下，植株生长较健壮，叶片颜色深，花芽分化好，产量较高，品质好，色泽深红，含糖量高，甜香味浓。如果光照不足，容易出现徒长现象，植株生长弱，叶柄、花序柄细，叶片颜色淡，花朵少而小，有的甚至不能开放，果实着色差，成熟期延迟，果实小，味酸，品质下降。秋季光照不足时，影响花芽的形成，植株生长弱，植株内贮藏营养少，抗寒力降低，影响来年生长发育。但光照过强，如遇干旱和高温，植株生长不良，叶片变小，根系生长差，严重时会成片死亡。

第三节　草莓对水分的要求

水是草莓生命活动的重要因素，是光合作用和蒸腾作用的原料，是营养吸收和运输的介质，草莓体内水分含量在95%左右。草莓为浅根性植物，根系多分布在20 cm深的土层内，植株矮小，叶片多、叶片大、蒸腾量大且整个生长期不断进行新老叶片更替，又经抽生大量的匍匐茎和果实发育，对水分要求很敏感，需满足供应。

一、越冬期对水分的要求

草莓在不同的生长发育阶段对水分的要求不一样，越冬后草莓萌芽生长，应视土壤墒情适当灌水。现蕾期到开花期应满足水分供应，以不低于土壤田间持水量的70%为宜，此时水分不足则花期缩短，花瓣卷于花萼内不展开，而出现枯萎。

二、果实膨大期对水分的要求

草莓果实膨大期需水量较大，应保持田间持水量的80%左右，此时水分不足，果实变小，品质变差。此期应满足土壤供水，但应防止空气湿度过大，以免烂果。保护地中可采用地膜覆盖、暗灌水、滴灌等方法。

果实成熟期应适当控水，以免造成果实脱落和腐烂，不利于果实成熟和采收。

三、旺长期对水分的要求

草莓旺盛生长期需水较多，缺水会使匍匐茎扎根困难，降低苗木繁殖系数。秋季苗木定植后要保证水分供应，因外界温度尚高，植株蒸腾量大而根少，缺水影响成活率与植株发育。花芽分化期应适当减少水分，以保持田间持水量60%～65%为宜，有利于植株由营养生长向生殖生长转化。灌足封冻水，以便草莓安全越冬，不使土壤干裂造成断根和冻害，有利于来年春季生长。

　　草莓根系喜湿不耐涝。设施栽培土壤中湿度和空气湿度具有互为消长的关系，水分过多则通气不良，引起缺氧，影响根系生长，进而影响植株地上部生长，降低抗寒力，增加病害，甚至草莓根系窒息而死。因此，灌水不宜过多，雨季应做好田间排水工作，条件允许的情况下应推广滴灌技术。草莓园地下水位不能太高，低洼地区可用高畦高垄栽培。

四、控制棚内湿度的方法

　　棚内高温、高湿度或者低温高湿是病害发生的主要外部环境，在设施栽培草莓时，控制棚内湿度是预防草莓疾病的关键环节，有以下几种控制湿度的方法：地膜覆盖、铺稻壳、大棚骨架弧度、用无滴膜、合理放风、控制浇水量、控制浇水间隔期、基础设施建设（滴灌、微喷、喷带）、挖好棚外排水沟，应对极端天气。（图4-3）

图4-3　铺稻壳

第四节　草莓对矿质元素的要求

一、草莓对矿物养分的需求特性

草莓生长发育对氮（N）、磷（P）、钾（K）、钙（Ca）、镁（Mg）、硫（S）需求量大，对铁（Fe）、锰（Mn）、锌（Zn）、铜（Cu）、硼（B）、钼（Mo）和氯（Cl）需求量较小，不同的营养元素对草莓的生长发育影响不同。

二、单一矿质元素的功能与作用

（一）大量元素

1. 氮（N）

（1）氮的生理功能：氮是构成蛋白质的主要成分，是细胞质、细胞核和酶的组成成分，是核酸、磷脂、叶绿素和辅酶的组成成分，许多维生素（B_1、B_2、B_6）和激素（吲哚乙酸、激动素）中都含有氮。氮在草莓体内可以重新分配。

（2）氮对草莓生长发育的作用：氮促进新茎的生长，加大叶面积，使叶色浓绿，叶绿素含量高，提高光合效率。加大干径和枝的粗度。增加花芽量，提高坐果率，提高草莓产量。增加叶内氮素的含量。

（3）缺氮症状：草莓植株缺氮的外部症状从轻微至明显取决于叶龄和缺氮程度。一般刚开始缺氮时，特别在生长盛期，叶片逐渐由绿向淡绿色转变。随着缺氮的加重，叶片变为黄色，局部枯焦而且比正常叶略小。幼叶或未成熟的叶片，随着缺氮程度的加剧，颜色反而更绿。老叶的叶柄和花萼则呈微红色，叶色较淡或呈现锯齿状亮红色。果实常因缺氮而变小。轻微缺氮时，田间往往看不出来，并能自然恢复，这是由于土壤硝化作用释放氮素所致。

（4）氮中毒症状：由于品种、氮肥形态、氮与其他元素间的平衡关系以及根的有效性和氮肥使用时期不同，均使氮中毒的症状各异。氮素多，植株生长旺，具有不正常的深绿色叶，抑制根系生长，抑制花芽的形成，开始结果晚或结果少，因为长出大量的幼嫩枝叶，形成了较多的赤霉素，抑制体内乙烯的生成，果实成熟晚，质量差，着色不好，风味劣，贮藏性能下降，并易感染许多生理病害。

2. 磷（P）

（1）磷的生理功能：磷是糖磷脂、核苷酸、核酸、磷脂和某些辅酶的组成部分，是细胞质和细胞核的主要成分，是三磷腺苷（ATP）、二磷酸腺苷（DTP）、辅酶A、辅酶Ⅰ和辅酶Ⅱ的组成成分。磷（P）直接参与呼吸作用的糖酵解过程，参与碳水化合物间的相互转化，参与蛋白质和脂肪的代谢过程。磷可以在植株体内重新分配。

（2）磷对草莓生长发育的作用：磷能增加草莓花芽数，提高坐果率和产量。促进植株对氮素的吸收，提高果实对磷的吸收，使茎叶中淀粉和可溶性糖的含量增加。

（3）缺磷症状：草莓缺磷症状要细心观察才能看出，草莓缺磷时，植株生长弱，发育缓慢，叶色带青铜暗绿色，缺磷的最初表现为叶片深绿，比正常叶小。缺磷加重时，有些品种的上部叶片外观呈黑色，具光泽，下部叶片的特征为淡红色至紫色，近叶缘的叶片上呈现紫褐色的斑点，较老龄叶的上部叶片也有这种特征。缺磷植株的花和果比正常植株小，有的果实偶尔有白化现象。根部生长正常，但根量少，颜色较深。缺磷草莓的顶端受阻，明显比根部发育慢。

（4）土壤缺磷发生规律：草莓缺磷主要是土壤中含磷量少，如果土壤中含钙多或酸度高时，磷被固定，不易被吸收。土壤缺镁时，施用的磷不能被吸收。不疏松的砂土或有机质多的土壤上也易发生缺磷现象。

（5）磷中毒症状：草莓磷中毒症状多在与重金属拮抗时发生，由于重金属缺乏而引起磷的过多（如锌、铜、铁或锰的缺乏），症状常与所缺的重金属典型症状混在一起。

3. 钾（K）

（1）钾的生理功能：钾为某些酶或辅酶的活化剂（如 ATP 酶系的活化），钾是丙酮酸激酶、硝酸还原酶等的诱导剂。钾能促进蛋白质的合成，钾参与碳水化合物的形成与运转，钾离子可使原生质胶体膨胀，钾是构成细胞渗透势的重要成分，要有一定浓度的钾离子，气孔才能开放。钾离子在植株体内的移动性很大。

（2）钾对草莓生长发育的作用：适量钾肥能促进草莓果实膨大和成熟，改善果实品质，提高产量。提高植株抗旱、抗寒、抗高温和抗病虫害的能力。

（3）缺钾症状：草莓开始缺钾的症状常发生在新成熟的上部叶片，叶边缘出现黑色、褐色和干枯，继而发展为灼伤，还可在大多数叶片的叶脉之间向中心发展危害，包括中肋和短叶柄的下面叶片产生褐色小斑点，从叶片到叶柄几乎同时发暗，并变为干枯或坏死，这是草莓特有的缺钾症状。草莓缺钾较老的叶片受害重，较幼嫩的叶片不显示症状。这说明钾素可由较老叶片向幼嫩叶片转移，所以新叶中钾素常充足，不表现缺钾症状。光照会加重叶片灼伤，所以缺钾易与日烧病相混淆。灼伤的叶片其叶柄发展成浅棕色到暗棕色，有轻度损害，以后逐渐凋萎。缺钾时果实颜色浅，质地柔软，没有味道。缺钾（K）时根系一般正常，但颜色暗。轻度缺钾可自然恢复。

（4）土壤缺钾发生规律：在砂土及有机肥和钾肥少的土壤中易缺钾。施氮肥过多，对钾吸收有拮抗作用。缺氮时施用钾肥不能增加叶中的钾。

（5）钾中毒症状：苗期未见钾过多的特殊中毒症状。开花结果期过量施用钾肥，特别是设施栽培草莓冲施大量的硝酸钾，土壤中含钾量高，土壤溶液中阳离子浓度过高，常会引起根系吸收功能的降低，植株吸收的钾少，同时也严重影响了其他元素吸收，严重抑制草莓的生长发育，降低草莓植株的光合作用，从而阻碍草莓果实的膨大，大大降低草莓的产量和品质。

（二）中量元素

1. 钙（Ca）

（1）钙的生理功能：钙是某些酶或辅酶的活化剂，如ATP的水解酶和磷脂水解酶等，是细胞膜和液泡膜结构中的黏接剂。钙可维持细胞正常分裂，使细胞膜保持稳定，抵抗不良环境的侵袭，如pH过低、温度过高、冻害、缺氧，或有毒离子浓度过高等。对韧皮部细胞起稳定作用，使有机营养向下运输通畅，增加蛋白质的合成作用。钙在植物体内移动性小。

（2）钙对草莓的作用：草莓对钙的吸收量仅少于钾和氮，以果实中含钙量最高。钙可降低果实的呼吸作用，增加果实耐贮性，减少生理病害。增强植株抗逆性，保证根系正常生长，降低铜、铝对草莓的毒害作用。

（3）缺钙症状（图4-4）：草莓缺钙最典型的症状是新叶叶缘焦枯、软果，根尖生长受阻和生长点受害。叶焦病在叶片加速生长期频繁出现，其特征是叶片皱缩，或者缩成皱纹，有淡绿色或淡黄色的界限，叶片褪绿，下部叶片也发生皱缩，顶端不能充分展开，变成黑色。在病叶叶柄的棕色斑点上还会流出糖浆状水珠，大约在下面花茎1/3的距离也会出现类似症状。缺钙浆果表面有密集的种子覆盖，未展开的果实上，种子可布满整个果面，果实组织变硬、味酸。缺钙草莓的根短粗、色暗，以后呈淡黑色。在较老叶片上叶色由浅绿到黄色，逐渐发生褐变，干枯，在叶的中肋处会形成糖浆状水珠。

（4）土壤缺钙发生规律：元素间的拮抗作用、土壤酸化、土壤干燥、土壤溶液浓度大、阻碍对钙的吸收。年降水量多的砂质土壤容易发生缺钙现象。

（5）钙中毒症状：未见钙过多的直接症状，但土壤中钙过多会使土壤 pH 提高，以致影响其他元素的吸收，如缺锌、铁、锰等。

图 4-4   缺钙

2. 镁（Mg）

（1）镁的生理功能：镁是叶绿素的成分之一，是许多酶的活化剂，如碳水化合物代谢中的果糖激酶、半乳糖激酶、羧化酶、葡萄糖激酶等均需要镁离子作活化剂。镁能维持核糖和蛋白体的结构，对植株生命过程起调节作用。镁在植物的磷酸代谢中起作用，并因此间接地在呼吸机理中起作用。镁在植株体内可以移动，主要存在幼嫩组织中，成熟时，则集中在种子里。

（2）镁对草莓的作用：镁使根生长健壮，能促进体内维生素 A 和维生素 C 的形成，对于提高果实品质有重要意义。镁能增强植株抗寒越冬能力。

（3）缺镁症状（图4-5）：缺镁时草莓叶片的边缘黄化，逐渐变褐枯焦，进而叶脉间褪绿并出现暗褐色的斑点，部分斑点发展为绿色并肿起。枯焦现象随着叶龄增长和缺镁加重而发展。幼嫩的新叶通常不显示症状。缺镁植株的浆果通常比正常果红色较淡，质地较软，有白化现象。缺镁时根量则显著减少。

图4-5　缺镁

（4）缺镁土壤发生规律：施用大量氮肥、钾肥等容易抑制镁的吸收，引起缺镁。降雨量大的地区或受到大雨淋洗后的沙土、酸性土壤，土壤中的钾浓度显著高于镁，或因大量施用石灰致含镁量减少，土壤易造成缺镁。

（5）镁中毒症状：一般镁过多无特殊症状，多伴随着缺钾和钙。

3. 硫（S）

（1）硫的生理功能：硫是氨基酸、蛋白质、维生素和酶的组成元素，是原生质等稳定结构物质的组成成分之一。这些含硫氨基酸中的硫构成了植物体内硫含量的90%，在植物体内以还原状态存在。为维生素 B_1、生物素和辅酶 A 的组成成分之一。硫在植物体内不重新分配。

（2）缺硫症状：缺硫和缺氮症状差别很小。缺硫时叶片均匀地由

绿色转为淡绿色，最终成为黄色。缺氮时，较老的叶片和叶柄发展为呈微黄色的特征。而较幼小的叶片实际上随着缺氮的加强而呈现绿色。相反地，缺硫植株的所有叶片都趋于一致保持黄色。缺硫的草莓浆果有所变小，其他无影响。

（3）土壤缺硫发生规律：我国北方含钙质多的土壤，硫多被固定为不溶状态。而南方丘陵山区的红壤，因淋溶作用，硫流失严重，这些地区的草莓园易缺硫。

（三）微量元素

1. 铁（Fe）

（1）铁的生理功能：铁是细胞色素、细胞色素氧化酶、过氧化氢酶、过氧化物酶等辅基的成分。铁在呼吸作用中起着电子传递的重要作用。铁虽不是叶绿素的成分，但在叶绿素的合成中必须要有铁。铁在植株体内不易移动。

（2）铁对草莓的作用：使草莓生长正常，防止黄叶，增加叶中的叶绿素含量。

（3）缺铁症状（图4-6）：缺铁的最初症状是幼龄叶片黄化或失绿，但这还不能肯定是缺铁，当黄化程度发展并进而变白，发白的叶片组织出现褐色污斑时，则可断定为缺铁。草莓中度缺铁时，叶脉（包括小的叶脉）为绿色，叶脉间为黄白色。叶脉转绿复原现象可作为缺铁的特征。严重缺铁时，新成熟的小叶变白，叶边缘坏死，或者小叶黄化（仅叶脉绿色），叶片边缘和叶脉间变褐坏死。缺铁草莓植株的根系生长弱。缺铁对果实影响很小，严重缺铁时，草莓单果重减小，产量降低。

图 4-6　缺铁

（4）土壤缺铁发生规律：碱性土壤容易缺铁。铁的吸收是通过根系周围土壤颗粒的离子交换进行的，因此，凡是影响新根生长的因素均可影响铁的吸收。例如土壤中的氧气不足，水分过多过少，土温过高过低，土壤含盐量过高，根系病虫害为害或磷过多等，均可减少根冠比而引起缺铁。

（5）铁中毒症状：很难看到铁中毒症状，铁的过多常呈现缺镁症状。

2. 锌（Zn）

（1）锌的生理功能：锌是作物必需的营养元素，能促进吲哚乙酸的合成。锌是某些酶的组成成分，如乳酸脱氢酶、谷氨酸脱氢酶、碳酸酐酶、酒精脱氢酶以及羧端多肽酶等。锌与叶绿素的合成有关。锌参与碳水化合物的转化。锌在植株体内移动小。

（2）锌对草莓的作用：提高抗寒性和耐盐性，增加花芽数，提高单果重，从而提高产量。

（3）缺锌症状：轻微缺锌的草莓植株一般不表现症状。缺锌加重时，新叶黄化，但叶脉仍保持绿色，叶片边缘有明显的黄色或淡绿色的锯齿形边，较老叶会出现三片叶片不等大现象，边缘变窄，特别是基部叶片，

窄叶部分越伸长。但缺锌不发生坏死现象，这是缺锌的特有症状。缺锌植株纤维状根多且较长，果实一般发育正常，但结果量少，果型变小。

（4）土壤缺锌发生规律：在沙质土或盐碱地上栽植草莓，易发生缺锌现象。被淋洗的酸性土壤、地下水位高的土壤易缺锌。酸性土壤施石灰，或石灰性土壤都会降低锌的可给性。大量施用氮肥易引起缺锌。大量施磷，增加了植株对锌的需要，而引起缺锌。土壤中有机物和水分过少，易缺锌。土壤中铜、镍等元素不平衡也易导致缺锌。

3. 硼（B）

（1）硼的生理功能：硼能促进花粉的萌发和花粉管的生长，对生殖器官的发育有重要作用。硼参与碳水化合物的转化和运输，调节水分吸收和养分平衡，参与分生组织的细胞分化过程。

（2）硼对草莓的作用：硼可提高坐果率，减少未受精果率，提高产量。使枝叶生长繁茂，根系发育良好。增加果实可溶性糖含量。提高叶片中硼的含量。

（3）缺硼症状：草莓早期缺硼的症状表现为幼龄叶片出现皱缩和叶焦，叶片边缘黄色，生长点受伤害，根粗短，色暗。随着缺硼的加剧，老叶的叶脉间有的失绿，有的叶片向上卷。缺硼植株的花小，授粉和结实率降低。果小，果实畸形，或呈瘤状，种子多。有的果顶与萼片之间露出白色果肉，果实品质差，严重影响产量。

（4）土壤缺硼发生规律：华南花岗岩发育的红壤和北方含石灰的碱性土壤易缺硼。酸性土壤施用石灰，使土壤硼呈不溶解状态，有效性降低。施用大量钾肥会减少硼的吸收。干旱季节和干旱年份使土壤中硼有效性降低，易出现缺硼。只有在温度较高时，植株才吸收硼。

4. 铜（Cu）

（1）铜的生理功能：铜是多酚氧化酶、抗坏血酸氧化酶等的组成成分，在氧化还原过程中起着电子传递的作用。叶绿体中有一个含铜蛋白质（质体蓝素）在光合作用中有重要作用。铜（Cu）在植株体内移动小。

（2）缺铜症状：草莓缺铜的早期症状是未成熟的幼叶均匀地呈淡绿色，不久，叶脉之间的绿色变得很浅，而叶脉仍具明显的绿色，逐渐在叶脉和叶脉之间有一个宽的绿色边界，但其余部分都变成白色，出现花白斑。缺铜对草莓根系和果实不显示症状。

（3）土壤缺铜发生规律：碱性和石灰性土壤及砂质土壤，铜的有效性低，容易发生缺铜现象。大量施用氮肥或磷肥容易发生缺铜现象。

5. 锰（Mn）

（1）锰的生理功能：锰是许多酶的活化剂，如苹果酸脱氢酶、草酰琥珀酸脱羧酶等，是吲哚乙酸氧化酶的辅基成分。锰直接参与光合作用，在叶绿素合成中起催化作用，参与氮的转化，是亚硝酸还原酶和羟氨还原酶的活化剂。锰参加植株体内的氧化还原过程。

（2）锰对草莓的作用：锰能使草莓正常生长，显著提高产量。锰（mn）能促进花粉花芽和花粉管生长，能促进幼苗的早期生长，能提高果实含糖量。

（3）缺锰症状：缺锰的初期症状是新发生的叶片黄化，这与缺锌、缺硫、缺钼时全叶呈淡绿色的症状相似。缺锰症状进一步发展，则叶片变黄，有清楚的网状叶脉和小圆点，这是缺锰的独特症状。缺锰加重时，主要叶脉保持暗绿色，而在叶脉之间变成黄色，有灼伤，叶片边缘向上卷。灼伤会呈连贯的放射状横过叶脉而扩大，这与缺铁时叶脉间的灼伤明显不同。缺锰植株的果实较小，但对品质无影响。

（4）土壤缺锰发生规律：北方的石灰性土壤如黄淮海平原、黄土高原等盐碱地易缺锰。酸性土壤施用石灰可使低价锰转变为高价锰，不易被植物吸收利用。铁锰拮抗，铁的供给量增多时，植物摄取的锰减少。

钙、锰拮抗，钙影响对锰的吸收。

6. 钼（Mo）

（1）钼的生理功能：钼是硝酸还原酶的重要成分，硝酸还原酶的作用是把硝酸态氮转化为氨态氮。钼与氮、磷代谢过程有密切关系。钼在碳水化合物合成、转化运转中起重要作用。缺钼会阻碍糖类的形成，维生素 C 的含量减少。

（2）缺钼症状：草莓初期的缺钼症状与缺硫相似，不管是幼龄叶片或成熟叶片最终都表现为黄化。随着缺钼程度的加重，叶片上面出现枯焦，叶缘向上卷曲，除非严重缺乏，缺钼一般不影响浆果的生长发育。

（3）土壤缺钼发生规律：由黄土母质发育的土壤含钼较少，红土等酸性土壤虽含钼较多，但含有效性钼少。我国土壤含钼量低，有效性也低，即使在含钼较高的土壤中施用钼肥，也有良好肥效。

第五节　草莓对土壤的要求

一、土壤质地

草莓适应性强，可在各种土壤上生长，但高产栽培以肥沃、疏松、通气良好的沙壤土为宜。草莓根系浅，表层土壤对草莓的生长影响极大。沙壤土保肥保水能力较强，通气状况良好，温度变化小。黏壤土虽具有良好的保水性，但排水性能较差，通气不良，根系呼吸作用和其他生理活动受抑，易发生根腐烂现象。黏土地的草莓果实味酸、色暗、品质差，成熟期比砂性土壤晚 2 ~ 3 d，黏土地、沼泽地、盐碱地不适合栽植草莓。草莓栽培要求地下水位在 1 米以下。沙壤土通气性好，但夏季温度高，保肥水能力差，如果多施有机肥、速效肥，浇水少量多次，还是较适宜种植草莓的，且品质优良，成熟期提前。

二、土壤酸碱度（pH）

草莓适宜在中性或微酸性的土壤中生长，在土壤 pH5.5 ~ 6.5 范围内最适宜。如果土壤有机质含量较高（ > 1.5%）时，土壤 pH 在 5 ~ 7 范围内均可以生长良好。在土壤 pH 超过 8 以上时，则植株生长不良，表现为成活后逐渐干叶死亡。草莓栽培要求地下水位在 1 米以下。

第五章
常见病虫草害的诊断与防治

　　草莓病虫害防治应坚持"预防为主、治疗为辅、综合防治"的原则，以选用抗病品种和无病种苗，推行太阳能土壤消毒和轮作为基础，从生态学考虑，控制害虫种群，以害虫养天敌，以天敌治害虫。优先采用基因营养防治、免疫防治、生物防治、物理防治和农业防治措施，通过人为干预，改变植物、病原物与环境的相互关系，尽量减少病原物数量，削弱其致病性，优化植物的生态环境，保持提高植物的抗病性，以达到控制病害的目的，综合采用回避战术、杜绝战术、铲除战术、保护战术、抵抗战术、治疗战术等战术，防治各类病害。使用化学合成农药时，采用5w施药法合理使用高效、低毒、低残留化学药剂。使用五步诊疗法，对草莓病害进行综合判断，从害虫种群和植物为中心的生态系统出发，本着安全、有效、经济、简便的原则，控制病虫害发生，达到草莓丰产、优质、低成本和无公害的目的。

第一节　草莓病虫害综合防治措施

草莓植株矮小，茎叶果实接近地面，易被病虫侵染，尤其是在设施栽培高温多湿条件下。为了达到草莓优质、丰产的目的，应特别强调采用"基因防治、营养防治、免疫防治、生物防治、物理防治、农业防治、药剂防治"的七部曲综合防治措施。

一、基因防治

不同草莓种苗的质量、不同苗的代数、不同的苗龄其抗逆行不同。对种子和种苗等的早期处理调整种子的生理生化过程，唤醒、引发、启动对草莓品质和产量的影响，激发原本基因型中的一些抗（逆）性机制。提前为草莓做一些保护性的处理，唤醒后而整齐又苗壮成长的苗是后期高产的保障，根据实验结果表明：育苗母苗和生产苗进棚时，草莓缓苗后每亩地冲施 1.5 kg 知时节（成分氨基寡糖素），草莓长势健壮、可显著提高草莓的抗逆性。

草莓种子或者种苗基因唤醒主要有几种类型。

（一）水唤醒

活性水处理草莓，繁苗数量分别较普通水处理增加了 13.2% 和 15.8%，水分利用效益分别增加了 16 元 /m³ 和 15 元 /m³，子苗移栽成活率分别提高了 1.5、3.0 个百分点。说明活性水有利于草莓母株匍匐茎和分蘖的生长以及繁苗数量和质量的提高。加水唤醒可改善田间作物的种子发芽，幼苗出苗和生产力[6]。用热水处理草莓秧苗，先将秧苗在 35℃水中预热 10 分钟，再放入 45 ~ 46℃热水中浸泡 10 分钟，拿出冷却后即可栽植，可以防治草莓芽虫、线虫。

（二）光唤醒

光唤醒涉及将种子浸泡在浓度可变的无机盐（硝酸钾，氯化钠，硫酸钙和氯化钙）的充气溶液中。在最佳和次优条件下，光晕唤醒改善了幼苗生长以及多种作物物种的生产力。例如，Khan 等发现由于盐渍土壤条件下用氯化钠唤醒种子，提升 α－淀粉酶和蛋白酶的活性，草莓和幼苗生长有了显著改善。

（三）渗透唤醒

在渗透压中，将种子浸泡在糖（山梨糖醇，甘露醇等）或聚乙二醇（PEG）的充气溶液中，然后进行表面干燥或重新干燥至其原始重量。它也被称为渗透唤醒或渗透调节。许多研究报告说，在最佳和次优条件下，渗透处理可以改善林分的建立和幼苗／作物的生长。研究表明渗透唤醒（使用 PEG–As）增强了作物的 ATPase 活性，并显著改善了子叶和胚轴的 RNA 合成和酸性磷酸酶的活性。

（四）固佈基质唤醒

也称为固体基质调理，是通过受控和有限的水合作用完成的，如加氢灌注和渗透灌注。但是，基质唤醒利用固体培养基（基质在基质 emerge 出之前先向种子输送水和养分，包括 ver 石，硅藻土和吸水聚合物）用于种子唤醒。Kubik 等人的研究中发现，固体基质唤醒对改善发芽非常有用，这些固体基质材料具有低的堆积密度和低的渗透势以及高的持水能力，可提高蛋白质水平和果实品质。

（五）生物唤醒

这是一种新兴的种子处理技术，将生理（种子水合）和生物学（种子对有益微生物的接种）机制整合在一起（Reddy 2012；Rakshit 等人，2015）。根据 Rakshit 等利用有益微生物进行生物唤醒可以提高种子质量，幼苗活力和植物承受次优生长条件的能力，从而提供创新的作物保护措施，从而确保作物的可持续生产。

（六）营养唤醒

在不同微量营养素溶液中唤醒种子的势头越来越大，以提高植物中微量营养素的利用率以及它们在种子中的最终同化作用（生物强化），以减少营养不良。许多研究报告称，由于种子发芽，生长和产量参数的改善，以预先优化的速度用锌，硼和镁进行唤醒处理可改善不同田间作物的性能。

（七）其他唤醒方式

使用激素，促进植物生长的根际细菌和其他有机物进行种子唤醒可改善林分和园艺作物的林分建立，生长和生产力。可用水杨酸和阿司匹林唤醒种子可以提高生理条件下幼苗出苗的均匀性；用乙烯进行唤醒处理还可以改善高温胁迫下生菜的种子发芽率；用抗坏血酸，水杨酸和脱落酸在春小麦中进行激素唤醒可用于缓解盐分胁迫。

二、营养防治

在草莓定植后，在不同是生育时期，通过合理营养促进植物正常生长发育，还以多种方式直接或间接地影响植物的感病和抗逆性。土壤的环境条件、大中微各元素含量、有机质含量、土壤 pH、EC 值、透气性这些外部因素都会影响作物养分的吸收和利用，创造一个适宜草莓生长发育的环境尤为重要。除此以外，还需要做好合理水肥管理，比如浇水施肥的临界期、临界量、浇水的方式、冲肥稀释浓度；合理光照，透光率（大棚膜）、补光灯的使用；合理的温度控制；各生育周期根茎叶花果的指标；根系的质量、叶片的质量、叶面积、花的质量、数量、合理负载、是否适时采收等等（详见第四章）。

三、免疫防治

是通过植物疫苗激活植物免疫系统并调节植物的新陈代谢，从而增强植物的抗病性和抗病能力，增产增收。在草莓育母苗和生产苗进棚时，草莓缓苗后每亩地冲施 1.5 kg 知时节（成分氨基寡糖素），草莓长势健壮、可显著提高草莓的抗逆性，增强免疫能力，提高抗病性，免于病原侵染。

来获取草莓病毒免疫力，从而使草莓不感染病毒病。

四、生物防治

生物防治是利用生物和他的代谢产物天敌昆虫、昆虫致病菌、农用抗生素、昆虫性外激素及一些物理方法，如以菌治菌、以菌抑菌的哈茨木霉菌、枯草芽孢杆菌等来控制草莓的病虫害，副作用少、无污染效果突出。

（一）保护利用天敌

首先要保护好自然天敌，减少广谱性杀虫剂的使用量，或在不影响天敌活动的情况下用药；其次，可人工释放天敌，如在设施栽培中，可适时释放七星瓢虫的蛹、成虫，防治蚜虫等。（图5-1、图5-2）

 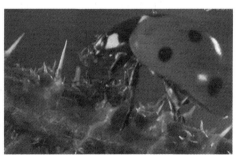

图 5-1　捕食螨捕食红蜘蛛　　　　图 5-2　瓢虫吃蚜虫

（二）应用昆虫性外激素

在草莓园设置一定数量的性外激素诱捕器，诱捕大量成虫，减少雌雄成虫自然交配的概率，或干扰害虫交配机会，使草莓园害虫数量减少，达到防治效果。

（三）趋性诱杀

根据某些害虫的趋性群集性诱杀，可以利用光、色诱杀害虫或驱虫，如利用黄板诱杀蚜虫和白粉虱。

五、物理防治

（一）人工捕杀

对于幼虫体积比较大的害虫，在虫害发生的初期人工捕杀，棚室栽培时效果很好。

（二）黄板诱杀

黄板可有效诱杀白粉虱及蚜虫。首先在 0.2×0.2 m 的纸板上涂黄漆，干了以后涂一层机油，每亩挂这样的黄板 30 ~ 40 块，挂在行间。当板上粘满白粉虱和蚜虫后，再涂一层机油。同时利用黑光灯，可以有效诱杀斜纹夜蛾等害虫。

（三）纱网隔离

除了诱杀方法外，还可在棚室放风口处安装防虫网，防止蚜虫进入，实践证明此法有效易行。（图 5-3）

图 5-3　防虫网

六、农业防治

农业防治就是利用病虫、农作物以及生态环境之间的三角关系，采用一系列的农业技术措施，以促进农作物的生长发育，抑制害虫的繁殖，直接或间接地消灭害虫，创造有利于益虫生存及繁殖的条件，从而使农作物免受或少受害虫危害的方法。

（一）种植前防治病虫害

1.减少病虫害传播

在引进种苗时必须严格把好检疫关，避免从疫区引进种苗。

2.选用抗病种苗

尽量选择抗病虫，尤其是选用抗危害性较大病虫害的种苗。例如，在白粉病较重的地区，可选用抗白粉病较强的宝交早生、因都卡、新明星等品种；

新明星、因都卡抗蛇眼病；宝交早生、四季草莓较抗黄萎病；宝交早生、因都卡、新明星、戈雷拉较抗根腐病；新明星、丰香、春香等较抗枯萎病；新明星、明宝、斯派克抗灰霉病。根据不同地区的情况，选择对某种或某几种病害抗性较强的草莓品种。

3.选用脱毒种苗

按照不同栽培类型所需的秧苗标准，培育符合要求的健壮脱毒秧苗，这是防治草莓病虫害的基础。由于脱毒育苗是在无菌条件下进行的，所以草莓组培原种苗不仅脱除了病毒，而且不带病原菌，没有线虫，因而繁育的子苗生长健壮、抗病性强、发病少。草莓组培脱毒原种苗的繁殖系数高，繁苗能力比普通匍匐茎苗的繁殖能力高 50% 以上，对于本身育苗能力低的品种则效果更加明显。另外，还应充分利用太阳能或药剂对土壤进行消毒，切实做好草莓种植前的准备工作。（图 5-4、图 5-5）

图 5-4 接种

图 5-5 瓶苗

（二）种植过程中防治病虫害

1.切实抓好草莓栽培管理,选择通风良好、排灌方便的地块栽植草莓,栽植前要对土壤进行检测与改良。

2.坚持以施用有机肥为主,避免过量施用氮肥。

3.采用合理的栽植密度。

4.保护地要采用高畦栽培,必须进行地膜覆盖;膜下灌水可采用滴灌。

5.针对白粉病菌和灰霉病菌耐低温、不耐高温的特性,在气温较高的春季,运用大棚封膜增温杀菌。据研究表明,安全有效的温度控制方案是使棚内温度提升到35℃,并保持2小时,连续3天,温度超过38℃

会造成草莓"烧苗",低于 32℃杀菌效果不理想。另外,在草莓开花和果实生长期,加大棚室放风量,将棚内相对湿度降低至 50% 以下,对抑制灰霉病有显著的效果。

6. 将染病的叶、花序、果及植株及时摘除,烧毁或深埋。保护地栽培草莓的要在早晚进行,将采摘下的病叶等立即放入塑料袋中,密封后带出棚室外销毁。其次,要在收获结束后及时清理草莓秧苗和杂草,土壤深翻约 40 厘米,并借助低温、太阳能等杀死一部分土传病菌和虫卵。再次,要避免连作,实行轮作倒茬。轮作必须合理,如为了防止黄萎病和青枯病的发生,不要与茄子轮作。

七、药剂防治

采用五 W 施药法,即为什么施药(WHY)? 施什么药(WHAT)? 施多少量(HOW MANY)? 怎么施(HOW)? 什么时间施(WHEN)?

(一)五 W 施药法

1. 为什么施药?

保护作物安全、产量保障、品质保障、降低成本、增产增收。

2. 施什么药?

按成分来源可分为生物制剂、化学合成制剂;按毒性大小可分为微毒、低毒、中等毒;按功能可分为保护剂、治疗剂、助剂等。

3. 施多少量?

根据季节、生育时期、生长势、温度、病原菌基数、发病程度、虫口数量、湿度和光照等条件确定施药的数量、次数,以及稀释倍数,把握好最佳用药临界期,尽可能提前用药。

4. 怎么施?

根据农药的剂型和防治对象不同,使用方法也不同。可分为喷雾、灌根、熏蒸、撒施、淋蔸、冲施、放毒饵、覆药土、营养土消毒、穴施或沟施、弥雾、喷粉、涂抹、泼浇等；施药部分可分为叶片正、反面、花果、茎部、根部、地面等。

5. 什么时间施?

选择天气晴朗 10 点以前的上午或者 4 点以后的下午进行施药、避开高温的中午，连阴雨；在病害发生期在雨前、雨后需要喷洒农药进行预防病害侵扰。

（二）药剂防治

1. 在预测预报工作的基础上,掌握病虫发生的程度、范围和发育进度,及时进行化学防治。

2. 实行苗期用药、早期用药，提高农药对病虫的杀伤力，提高防治效果；实行专治，减少普治；做到一药多治，病虫兼治。

3. 选用生物源农药、矿物农药和一些高效低毒、低残留农药。

4. 允许使用的一些有机化学农药，要限量使用，每种农药每年使用不超过一次，而且要严格执行农药安全使用标准。严禁使用国家已经公布禁用的农药品种。用药要避开草莓花期和果实成熟期。

（三）施药注意事项

1. 根据五步诊疗法确定病原菌，做到对症下药。

2. 预防为主，早用药成本最低、效果做好，确保用药时间要早。由于天气原因导致不能防治的，要及时补喷。一旦错过最佳防治期，后续投入会更多。

3. 坚持复配用药，避免产生抗药性，充分考虑各药剂的特性，进行混配，现混现用。一看 pH，酸性、碱性不能混配；二看成分，成分互为反应不能配（降低药效、产生药害）；三看效力，没有预防治疗作用的、不对症药不必配；四看数量，数量多浓度高选择配；五注意顺序，叶面肥、可湿性粉剂、悬浮剂、水剂、乳油依次加入；六要二次稀释，做到药液均匀、

效果显著、用药安全。

4. 遵循多病联防的方针，合理搭配用药种类。

5. 按照用药指导说明确定合理稀释倍数，不能重喷，以免造成药害。

6. 合理选择施药工具，草莓栽培面积较大的，推荐选择功率大的喷雾设备。

7. 注意用药间隔期、抗药性、降低成本等问题。

第二节　草莓常见病害的诊断与防治

一、五步诊疗法

草莓在栽培过程的外部环境是出于动态变化中的，根据草莓的根、茎、叶、匍匐茎的系统症状和草莓的叶的正面、背面、由里向外、由外向里、浅育期、前期、中期、后期等动态症状，进行"望闻问切"。

五步诊疗法具体操作如下。

一看症状——霉层、斑点、溃疡、皱缩、叶枯、黄化、坏死、变色、畸形等；二找病——真菌、细菌、病毒、根结线虫、生理性；三选药肥——选择正确的药剂和肥料；四定方案——确定实施时间、药械、方法等；五综合管理——水肥光气温的综合管理。

二、加强综合管理

1. 降低病原菌数量、虫口密度，减少病原感染：轮作、清理病残体、消毒、打药、不使用农家粪等；

2. 改善环境：调整空间温、湿度；

3. 切断传播途径：人为传播途径、工具、人流等；

4. 提高作物健康程度：水肥光气温，种植密度、合理负载、好的土壤环境等；

三、病害分类

草莓常见病害可分为侵染性病害和非侵染性病害。

（一）侵染性病害

侵染性病害是指植物受病原物寄生引起有传染能力的病害。可分为真菌性病害、细菌性病害、根结线虫病、病毒病，具有明显的病征、发病中心和传播路径。

1.真菌性病害发生与诊断

（1）灰霉病：灰霉病是草莓的主要病害，分布很广，全国各地都有报道。严重发生年份可使草莓减产50%。

【典型症状】灰霉病是草莓开花后发生的真菌病害。主要危害果实，花瓣、花萼、果梗、叶片及叶柄均可感染。果实发病常在近成熟期，发病初期，受害部分出现呈油渍状黄褐色斑点，后扩展至边缘棕褐色、中央暗褐色病斑，且病斑周围具明显的油渍状，至全果变软，病部表面密生灰色霉层。湿度大时，长出白色絮状菌丝。花、叶、茎上发病时，病部产生褐色或深褐色油渍状病斑，严重时受害部位腐烂。高湿条件下，病斑迅速扩大，病部出现白色絮状菌丝。（图5-6）

图 5-6　灰霉病

【发生规律】病原菌为灰霉菌，除为害草莓外，还侵害茄子、黄瓜、莴苣、辣椒和烟草等多种作物。病原菌在受害植物组织中越冬。31℃以上高温或2℃以下低温环境条件下，以及空气干燥时，不形成孢子，不发病。在气温18～20℃和高湿条件下大量繁殖。孢子飞散于空气中传播。在气温20℃左右，以及阴雨连绵、浇水过多、地膜上积水、畦中覆盖稻草、种植密度过大、生长过于繁茂等持续多湿环境条件下，容易导致灰霉病的大面积发生和蔓延。据调查，保护地栽培灰霉病的发病在2月初，3至4月达到高峰。露地栽培的发病高峰在5月的果实收获期。灰霉菌孢子从健全组织侵入的能力较弱，多是从伤口或枯死的部位侵入繁殖，所以枯芽老叶是这种病菌的第一侵染场所，然后危及果实。

【防治方法】①加强栽培管理，降低湿度，培养健壮植株。选择干燥、通风良好的地块栽植。合理密植，控制施肥和浇水过多，防止植株徒长，过度茂盛。采用地膜或稻草覆盖。保护栽培，注意通风换气，防止高湿。②减少病源。清园要彻底，及时摘除老叶、枯叶、病叶和病果，并深埋销毁。③药剂防治。药剂防治以防为主。发病初期喷施50%扑海因可湿性粉剂1000～1500倍液，以后根据发病情况施药7～10天间隔，轮换使用药剂。也可用40%灰霉菌克1000倍液，或65%代森锌可湿性粉剂500倍液。蕾期至始花期可喷等量式波尔多液200倍液或10%多氧霉素500～700倍液。保护地栽培灰霉病发生盛期，应采用烟剂熏蒸防治，每亩用20%速克灵（腐霉利）烟剂80～100克，密闭棚室，夜间熏蒸1次即可。

（2）白粉病：白粉病为草莓常见病害，露地栽培发生较少，保护地栽培中广泛发生。我国东北地区白粉病发生严重。

【典型症状】白粉病主要危害叶片、果实、果梗和叶柄，匍匐茎上很少发生。被害叶片发生大小不等的暗色污斑，随后在叶背斑块上产生白色粉状物，后期呈红褐色病斑，叶缘萎缩、枯焦，叶向上卷曲，呈汤匙状。花蕾感病后，花瓣变为红色，花蕾不能开放。果实早期受害时，幼果停止发育，干枯。后期受害，在果实表面上形成一层白色粉状物，果实停止增长，着色变差，失去商品价值。受害严重时，整个植株死亡。在温室内发病严重。（图5-7、图5-8）

图图5-7　叶片白粉病　　　　图5-8　果实白粉病

【发生规律】白粉病在整个生长季可不断发生。真菌生长后期，形成黑褐色籽实体越冬，也可在植株上以菌丝体越冬。病原菌主要靠空气传播，在15～25℃的气温条件下蔓延很快，病原菌孢子活动的适宜温度为20℃左右，低于5℃和高于35℃均不发病，属于低温性病菌，在盛夏高温季节发病较轻。干燥及高湿的条件下都可造成病害蔓延。但病原孢子在有水滴的情况下不能发芽。降雨可抑制孢子飞散，而在晴天午后大量飞散传播。

【防治方法】①选用抗病品种。宝交早生、哈尼、群星等品种对白粉病有较强的抗性；春香、达娜、丽红均不抗此病。②实行轮作换茬。宜与豆类、瓜类、十字花科蔬菜轮作，小麦较好，茄科作物与草莓有共同的病害，不宜轮作。培育壮苗，合理密植。③加强栽培管理。注意园地、保护地的通风条件，雨后及时排水。合理施肥，施足基肥，以腐熟有机肥、磷肥为主；合理追肥，以氮磷钾复合肥为主，忌偏施重氮肥。④减少病源。冬季清园，烧毁病叶。及时摘除贴在地面上的老叶及病叶、病果，并集中深埋。初期发现发病中心，可将病叶剪除烧毁。在发病重的地区，采收后全园割叶，然后喷药。日光高温土壤消毒。⑤生态防治。调控棚室湿度，采用起垄双行移栽与全膜覆盖技术，有利提高地温，增强光照，降低棚内空气湿度。膜下滴灌、适时通风也能降低棚内的湿度，可有效避免棚膜积水或滴水，减少发病。把握好科学用水、宁干勿湿的原则，做到小水勤灌，切勿漫灌。冬季棚内灌水可在上午进行，灌水后先提高棚温，后调节放风量，以防棚内湿度过大，一般上午 11 点左右通风降温降湿，下午 4 点左右盖棚保温。在不影响草莓生长的条件下，尽可能延长通风时间。高温闷棚，中午高温闷棚防治草莓白粉病，控制棚温在 35℃左右，闷棚时间每次不超过 2 小时，通过 2 ~ 3 天的间歇性闷棚，才能杀死病菌。此外，还需保证一定的通风降温正常管理间隔时间，促使草莓恢复生长。但是在应用中必须慎重操作，严格控制温度，避免造成损失。⑥物理防治。在草莓白粉病发病前喷施 27% 高脂膜乳剂 80 ~ 100 倍液，在叶片外表形成一层保护膜，不仅可以防止病菌侵入，还可造成缺氧条件，使病菌死亡，一般 5 ~ 6 天喷 1 次，连续喷 3 ~ 4 次。⑦生态防治。于定植前喷洒 2% 农抗霉素或 2% 武夷菌素 200 倍液，隔 6 ~ 7 天喷 1 次，连续喷 2 ~ 3 次。⑧药剂防治。防治时期大致掌握在露地栽培开花前、匍匐茎发生期、定植后，保护地栽培在花期前后。应在发病初期及时进行防治。定植前为减少越冬病菌，可喷 5000 倍液世高。药剂防治用 1% 多抗灵 100 倍液与 15% 睛菌唑可湿性粉剂 2000 倍液轮换使用，间隔 7 ~ 12 天。花期至采收不喷药，可用硫黄粉 250 克加锯末 500 克混合后分装多份，在棚室内晚间熏蒸防治。硫黄熏蒸易产生药害，使用时应注意室内湿度不宜高。为防止白粉病产生抗药性，最好是几种农药交替使用。

（3）叶斑病：叶斑病也叫蛇眼病。美国的伊利诺伊州、印第安纳州及日本都流行过该病。我国各草莓产区也有不同程度的发生。目前由于广泛地采用抗病性品种，此病危害较轻，造成的经济损失较小。

【典型症状】（图 5-9）叶斑病主要危害叶片，尤其是老叶，也侵害叶柄、匍匐茎、花萼、果实和果梗。病叶开始产生紫红色小斑点，随后扩大为直径 3 ～ 6 mm 的圆形病斑，边缘紫红色，中央呈棕色，后变为灰白色，酷似蛇眼。病斑过多会引起叶片褐枯。病斑大量发生会影响叶片的光合作用，植株抗性降低。

图 5-9　叶斑病

【发病规律】此病从春到秋均有发生，但主要发生在夏秋高温高湿季节。在草莓开花结果前开始轻度发病，果实采收后才为害严重。病菌在枯枝落叶上越冬，翌年春季分生孢子借空气传播蔓延。

【防治方法】①选用抗病品种。许多品种对叶斑病具有抗性，并且不同品种对抗病能力不同，其中，主要品种的抗病能力最强，早红光、斯巴克、凯特斯克尔等的抗性也比较好，全明星、红衣、首红的抗性中等。②清除病源。冬季清扫园地，烧毁腐烂病叶。生长期初期发生少量病叶及时摘除，发病重的地块在采收后全园割叶。③加强栽培管理。搞好排水，防止土壤过湿，施用氮肥勿过量。④药剂防治。花序显露到开花前，喷等量式 200 倍波尔多液，严重时每 12 ～ 15 天喷 1 次，直到采收。也

可用 75% 百菌清可湿性粉剂 500 倍液，32% 绿得保悬浮剂 400 倍液，克菌丹 400 倍液，共喷 2～3 次，采前 1 周停止。

（4）褐斑病：也叫叶枯病，是我国草莓栽植区重要的叶病。个别地区发生较严重，如浙江杭州、湖南长沙等地。此病易与叶斑病混淆。

【典型症状】主要危害叶片、果梗、叶柄。受害初期叶片上出现红褐色小点，以后逐渐扩大成圆形或椭圆形斑块，中央呈褐色，边缘为紫红色，病健部交界明显，病斑直径 1～3 mm。后期病斑上形成褐色小点，即病菌分生孢子，多呈不规则轮状排列。当多个病斑连在一起时，可使叶片大面积枯死。病斑在叶尖、叶脉发生时，常使叶组织呈"V"字形枯死。（图 5-10）

图 5-10　褐斑病

【发生规律】病原为凤梨草莓褐斑病菌。发病适温为 20～30℃，在此温度范围内，雨水过多会加剧病害发生。北方 6～8 月为发病盛期。

【防治方法】①选用抗病品种。抗病品种如华东 5 号、牛心等。②培育健壮苗。适当控制氮肥施用量。③减少病源。草莓栽植时，用 40% 甲基托布津 500 倍液浸苗 20 分钟，可减少翌年发病病源。及时除去病株病叶，注意清理园中腐烂枝叶，烧毁或深埋。④药剂防治。基本与防治叶斑病相同。现蕾开花期喷施 25% 多菌灵 300 倍液，或 75% 百菌清

500 ～ 700 倍液，或 72% 甲基托布津 800 ～ 1000 倍液，或 52% 速克灵 800 倍液，一般喷 2 ～ 3 次，间隔 5 ～ 7 天。

（5）轮斑病：轮斑病是草莓的重要病害，草莓产区多有发生。

【典型症状】病菌主要危害叶片，叶柄和葡匐茎上也有发生。感病初期，叶面上形成一到多个紫红色圆形小斑，以后病斑逐渐扩展为椭圆形至棱形，沿叶脉构成 "V" 形病斑是该病的明显特征。病斑扩展后中心部分呈深褐色，周围黄褐色，边缘黄色、红色或紫红色。病斑上有清晰轮纹，后期出现黑色孢子堆颗粒。严重时病斑连成一片，致使叶片干枯死亡。叶柄症状为红紫色长椭圆形病斑，严重发生时，叶片大量枯死。（图 5-11）

图 5-11　轮斑病

【发生规律】病原为凤梨草莓轮斑病菌。病菌在叶柄上越冬，通过空气传播。该病为高温病害，28 ～ 30℃时发生严重，在高温多雨情况下，常会大面积发生。

【防治方法】①选用抗病品种。选用戈雷拉、紫晶等抗病品种。②加强栽培管理。培育壮苗，适时追肥浇水，提高植株抗性。保护地栽培注意通风透气，控制土壤湿度。③清除病源。适时清理草莓园，摘除病叶、老叶，是防治该病的有效方法之一。④药剂防治。发病时喷药，药

剂有代森锰锌 400 ～ 800 倍液，72% 甲基托布津 1000 倍液，50% 多菌灵 1000 倍液，敌菌丹可湿性粉剂 800 倍液。

（6）草莓蛇眼病（草莓白斑病）

【典型症状】（图 5-12）叶柄、果梗、嫩茎和浆果及种子也可受害。叶上病斑初期为暗紫红色小斑点，随后扩大成 2 ～ 5 mm 大小的圆形病斑，边缘紫红色，中心部灰白色，略有细轮纹，酷似蛇眼。病斑发生多时，常融合成大型斑。

图 5-12　蛇眼病

【发生规律】病菌以病斑上的菌丝或分生孢子越冬，也可产生细小的菌核越冬，还有的以产生的子囊壳越冬，越冬后翌春产生分生孢子或子囊孢子进行传播和初次侵染，后期病部产生分生孢子进行再侵染，病菌和表土上的菌核是主要传播载体，病菌生育适温为 18 ～ 22℃，低于 7℃或高于 23℃发育迟缓。秋季和春季光照不足，天气阴湿情况下发病重，重茬田、管理粗放及排水不良地块发病重。品种间抗性差异显著。因都卡、新明星等品种较抗蛇眼病。

【防治方法】①农业防治：移栽前清除田间杂草，集中销毁，深翻地灭茬，减少传染源。②物理防治：合理轮作，水旱轮作为最好。③生物防治：90% 新植霉素可湿性粉剂 4000 倍液或 2% 春雷霉素水剂 500 倍液或多抗霉素可湿性粉剂 600 倍液 25% 阿米西达 1500 倍液防治。④药剂防治。72% 锰锌·霜脲可湿性粉剂 700 倍液，69% 锰锌·烯酰可湿性粉剂 600 倍液，50% 琥珀肥酸铜可湿性粉剂 500 倍液，14% 络氨铜水剂 300 倍液进行喷雾，7 ~ 10 天喷一次，共喷 2 ~ 3 次，采收前 5 天停止用药。

（7）革腐病：革腐病是草莓的重要果实病害。在我国甘肃、新疆和辽宁沈阳等地发生较重。

【典型症状】绿果受害后，病部呈褐色至深褐色，以后整果变褐，呈皮革状，果实不再膨大。成熟果实受害后，病部表现黄白色，逐渐呈革腐状。在高温条件下，病果表面有白色霉状物，果肉呈灰褐色腐烂状，病果有一种腥臭气味。在干燥条件下，病果变成僵果。制果酱或果冻时，如果混入轻微感病果，会使加工品产生苦味。（图 5-13）

图 5-13　革腐病

【发生规律】病菌以卵孢子在患病僵果和土壤中越冬，有很强的抗寒能力。为土壤传播真菌病害。病菌入侵需要水分，入侵最适温度为 17 ~ 25℃。高湿和强光是发病的重要条件。发病与草莓品种有关，戈

雷拉最易感染，发病最重，达80%。宝交早生次之，其他品种如绿色种子、明晶、哈尼、长虹2号、美14发病较轻。

【防治方法】①加强综合管理。选择排水和通风良好的地块栽植。实行地膜或铺草栽培，避免过多施氮肥。灌水时间选择在12～14时，以使果实和叶片迅速干燥，降水过多时及时排出。果实及时采收，防止碰伤，淘汰病果。②减少病源。摘除病果，清理田间遗漏的病僵果。③药剂防治。发病前喷代森锰锌、百菌清或克菌丹500倍液，并清除田间僵果。发病初期喷35%的瑞毒霉1000倍液，25%多菌灵300倍液，25%甲霜灵可湿性粉剂1000～1500倍液。

（8）炭疽病

【典型症状】主要危害草莓的叶片、叶柄、匍匐茎、根茎（维管束）、花和果实。在育苗期（7～8月）、定植后至现蕾期、草莓采收后期三个生长期为炭疽病高发期。夏季苗圃中正在展开的新叶为草莓炭疽病的初侵染源。病原菌在病斑上产生孢子，侵染定植后幼苗新长出的第1～3片叶。发生在匍匐茎和叶柄上的病斑起初很小，有红色条纹，之后迅速扩展为深色、凹陷和硬的病斑。环境潮湿条件下，病斑中央清晰可见粉红色的孢子团。根茎病斑通常在近叶柄基部的一侧开始产生，然后以水平的"V"形扩展到根茎，病株在水分胁迫期间午后表现萎蔫，傍晚恢复，反复2～3d后死亡。大多数草莓品种的花对草莓炭疽病菌非常敏感，被侵染的花朵迅速产生黑色病斑，病斑延伸至花梗下面距花萼处。开花期间环境温暖潮湿，整个花序都可能死亡，植株呈枯萎状。即将成熟的果实对草莓炭疽病菌也非常敏感，尤其是上一年采用塑料薄膜覆盖栽种的高垄草莓，草莓炭疽病发生尤其严重，先在果实上形成淡褐色、水渍状斑点，随后迅速发展为硬的圆形病斑，并变成暗褐色至黑色，有些为棕褐色。（图5-14、图5-15、图5-16）

图 5-14　叶片表现　　　图 5-15　匍匐茎表现　　　图 5-16　根部表现

【发生规律】1931 年 Brooks 首次报道为害草莓匍匐茎和叶柄的罪魁祸首为草莓炭疽病。草莓炭疽病是由胶孢炭疽菌、尖孢炭疽菌或草莓炭疽菌侵染所引起，病菌主要随病苗在发病组织越冬，也可以菌丝和拟菌核随病残体在土壤中越冬。第 2 年菌丝体和拟菌核发育形成分生孢子盘，产生分生孢子。分生孢子靠地面流水或雨水冲溅传播，侵染近地面幼嫩组织，完成初侵染。在发病组织中潜伏的菌丝体，第 2 年直接侵染草莓引起发病，病部产生的分生孢子可进行多次再侵染，导致病害扩大和流行。高温高湿性病害，病原菌的菌丝生长和产孢适宜温度 10 ~ 35℃，菌丝最佳生长温度 24 ~ 30℃，温度 28℃相对湿度 90% 以上是其最适宜爆发的外部条件。

【防治方法】①使用健康母苗。带病母苗在条件适宜时容易发病，严重的可能造成辛苦几个月育出的苗子全部染病。在发现发病植株后要及时移除，以免传染其他健康苗子。②高畦育苗。炭疽病病菌需要高湿条件，高畦育苗排水性好，可避免苗田积水，降低田间湿度，能有效降低炭疽病发病率。③遮阳避雨栽培炭疽病是高温高湿病害，那我们就努力打破这种条件，避雨遮阳在实践中有不错的效果。在育苗地搭建遮阳棚，高温期覆盖 50% 遮阳网。避雨可以降低苗田降水，同时减少降雨造

成的微伤口，减少侵染机会；通过遮阳网也有降低温度的效果，既能减少发病又能保证草莓适宜生长温度。④80%代森锰锌800倍、60%唑醚·代森联1500倍、25%吡唑醚菌酯2000倍等，也可交替使用37%戊唑·咪鲜胺防治炭疽病，雨后一定要打药。一旦在叶片上发现病害斑点，药剂要选择保护性药剂＋治疗性药剂，治疗性药剂如咪鲜胺、戊唑醇、苯醚甲环唑、嘧菌酯、露娜森等。

（9）芽枯病

【典型症状】芽枯病多发生在春季。主要侵染花蕾、幼芽和幼叶，其他部位也可感病。为害症状表现为幼芽出现青枯，随后变成黑褐色而枯死。其他症状有叶片呈青枯状，萎蔫。展开叶较小，叶柄带红色，从茎叶基部开始褐变，根部无异常反应。叶和萼片形成褐色斑点，逐渐枯萎，叶柄和果柄基部变成黑色。在芽枯部位多有白色或淡黄色霉状物产生。（图5-17、图5-18）

图 5-17　芽枯病　　　　　　　　图 5-18　芽枯病

【发生规律】病原菌在茎叶越冬，如无合适寄主可在土中存活2～3年。病原菌在土壤中腐生性很强，是多种作物的根部病害。除草莓外，还危害棉花、大豆、蔬菜等作物。发病适宜温度为22～25℃。在多湿多肥的栽培条件下，容易导致病害的发生蔓延。促成、半促成栽培覆膜后，如长期密闭，棚内高温高湿，该病更多发生。植株栽植过深、密度过大，会加重发病程度。夏秋育苗季节，芽枯病也时有发生。

【防治方法】①消灭病源。尽量避免在发病地块育苗和栽植，否则必须进行土壤消毒。严禁用病株作母株。及时彻底拔除病株。②科学栽培管理。栽植切忌过深，不能过密。灌水不能多，防止水淹。保护地栽培注意通风换气，以防湿度过大。③药剂防治。从现蕾期开始，每周喷药一次，露地喷 3～5 次，保护地喷 5～7 次。药剂有多抗霉素 1000 倍液，敌菌丹 800 倍液，10% 多氧霉素可湿性粉剂 500～800 倍液，10% 立枯灵水悬剂 300 倍液。芽枯病与灰霉病混合发生，可喷 50% 速克灵可湿性粉剂 2000 倍液。棚室防治可采用百菌清烟剂熏蒸方法。

（10）黄萎病：黄萎病于 1912 年在美国的加利福尼亚州首次发现，目前世界各地都有发生，特别是在干旱地区较为严重。在我国丹东地区已造成严重危害，其中丹东鸡冠山镇受害最重，几乎不能重茬。与茄子轮作的地区，病情更加严重。

【典型症状】（图 5-19）一般在果实成熟时开始为害，一直持续到天气变冷。感病植株生长不良，外围老叶首先表现症状，叶缘和叶脉变褐色，新生幼叶表现畸形，有的小叶明显变小，叶色变黄，表面粗糙无光泽，之后叶缘变褐，向内凋萎甚至枯死。根系变褐色腐烂，但中心柱不变色。在匍匐茎抽生期，幼苗极易感病，新叶失绿变黄，叶片变小，弯曲畸形。

图 5-19　黄萎病

【发生规律】该病属于高温型土壤真菌病害。病菌可以在土壤中以厚垣孢子的形式长期生存。除病株传染外，土壤、水源、农具都可带菌传染。当土壤温度在20℃时易发病，发病适温为25～30℃，温度过高，寄主发病越重。土壤过干过湿都会加重发病。在假植育苗圃，往往9月发生病情。半促成栽培多在2至3月发病，露地栽培主要是3至5月发病。一般有病情的地块继续栽植草莓，第二年肯定发病。该病菌的寄主范围非常广，在一年生和多年生蔬菜、果树等经济作物上都可寄生，如番茄、土豆、棉花、核果类果树以及一年生杂草。

【防治方法】①采用抗病品种。智利草莓和弗州草莓的一些类型对黄萎病的抗性较强。在栽培品种中，丰香、春香、马塞尔、波雷克摩尔的抗性较强，阿波德思、凯特斯克尔、帝国、卫士、铁庄稼也有较强的抗性，宝交早生、达娜抗性弱。②严格消毒。在所有栽植草莓的地块都要实行土壤消毒。可在草莓栽植前后立即用0.2%苯菌灵滴灌土壤，当年和第2年都有明显效果。此药防治草莓叶斑病和灰霉病也有效。药剂还可用氯化苦，或者利用太阳能消毒土壤。栽植前，用72%甲基托布津300～500倍液浸根，栽后再灌根。③避免重茬。④减少病源。杜绝在病发园中选留繁殖母株。不用感病苗。及时摘除老叶，发现病株尽早拔除，深埋或烧毁。

（11）红中柱根腐病：红中柱根腐病是草莓栽培区的一种重要病害。1926年在苏格兰首次发现，美国、日本等国相继发现。现已成为草莓生产的毁灭性病害，如在日本和我国丹东地区。

【典型症状】感病植株发病初期根的中心柱呈红色或淡红褐色，然后开始变黑褐色而腐烂，破坏根的吸收和运输能力。地上部由于缺乏水分和养分的供应，先由基部叶的边缘开始变为红褐色，再逐渐向上凋萎死亡。但叶不失绿，这点与黄萎病不同。被害组织常常受次级病原菌再

次侵染，加重受害程度。（图 5-20、图 5-21）

图 5-20 红中柱根腐病　　　　图 5-21 红中柱根腐病

【发病规律】病原菌为草莓红中柱根腐疫霉菌，单一寄主寄生，目前全世界已分离出 15 个生理小种，如美国的 A 系、英国的 B 系、加拿大的 C 系等。该病菌属于低温型，由土壤、病株、水、农具等带菌传染。孢子在土壤中越夏。当地温在 20℃以下时，卵孢子发芽从草莓结构根和吸收根的根尖侵入。首先孢子吸附在根尖的表面上，然后侵入并寄生在中柱组织内。地温在 10℃左右，土壤水分多时发病严重，可成为毁灭性病害。地温在 25℃以上，即使土壤水分多也不发病。该病喜酸性土壤，在低洼排水不良地块发病较重。通常植株在生长的第一年不受为害，在第二年受害植株生长缓慢，有时可以开花结果，在高温条件下死亡。

【防治方法】①选用抗病品种。国外把抗红中柱根腐病作为一项主要的育种目标。对所有小种都具抗性的品种尚不存在，但有些品种和类型的抗性范围较广。已发现 4 个基本抗原，利用这些抗原已培育出许多抗性品种，如早光、群星、铁庄稼、三星、三贡、戈雷拉、红岗特兰德等。②实行轮作。无论病区还是无病区，都不宜多年单一连种草莓，应实行轮作倒茬。③进行土壤消毒。土壤消毒是防治红中柱根腐病的一种有效方法。药剂消毒可用氯化苦进行土壤熏蒸、穴注或滴灌。消毒前先使土壤疏松干燥，有利于药剂渗入土壤。也可用高温消毒，方法是在草莓采收后将植株全部挖出，再耕翻土壤，并整成畦或垄，在炎热高温季节，用透明塑料薄膜覆盖土壤1个月左右，使地温上升到50℃左右，可起到杀死病菌的作用。④药剂防治。定植前用50%锰锌乙铝可湿性粉剂浸苗。得病后挖除病株，浇灌58%甲霜灵锰锌可湿性粉剂，或60%杀毒矾可湿性粉剂500倍液，防治2～3次。⑤加强综合防治。搞好病原检疫，不从病区引种。采用壮苗。实行一年一栽制。在病区加强植株管理，及时除掉贴地面老叶，防止灌水和农具等传染。增施有机肥，培养健壮植株。

（12）根腐病：根腐病常见于露地栽培的低洼地块。近年来有发展的趋势。

【典型症状】植株发病初期先由基部叶片的边缘开始变为红褐色，再逐渐向上萎缩枯死，根的中心柱呈红色或淡红褐色，然后变为黑褐色而腐烂。即使没有腐烂的部分，根的中心柱也呈红色，这是此病的特征。有时初看植株好像是健全的,实际上根部的维管束颜色已经开始变色。(图5-22、图5-23）

图 5-22　根腐病　　　　　　　图 5-23　根腐病

【发生规律】病原菌只侵害草莓。该真菌是一种低温性疫霉菌。主要由土壤和植株传播，在土壤中随水扩散，自根部侵染植株，孢子在土中越夏。发病的适宜地温为10℃，病菌繁殖适温为22℃。地温在

25℃，即使水分多发病也轻。因此，在气候冷凉和土壤潮湿条件下，尤其是河流沿岸，水流频繁的草莓种植区，此病发生相当严重。此病常见于露地栽培，保护地栽培较少。

【防治方法】①选用抗病品种。我国引入的欧洲品种戈雷拉、红岗特兰德具有较强的抗性。②实行轮作。③进行土壤消毒。用氯化苦每亩15～20升熏蒸、穴注或滴灌。④加强管理。避免在地势低洼地栽培，否则需修筑高垄高畦，确保排水畅通。用无菌苗。地膜覆盖，提高地温，有利于缓解病情蔓延。防止田间积水，适时中耕。⑤药剂防治。用支菌丹（180克/100升）药液浸苗根，效果良好。

2.细菌性病害（青枯病）

【典型症状】草莓青枯病多见于夏季高温时的育苗圃及栽植初期。发病初期，草莓植株下位叶1～2片凋萎脱落，叶柄变为紫红色，植株发育不良，随着病情加重，部分叶片突然失水，绿色未变而萎蔫，叶片下垂似烫伤状。起初2～3 d植株中午萎蔫，夜间或雨天尚能恢复，4～5 d后夜间也萎蔫，并逐渐枯萎死亡。将病株由根茎部横切，导管变褐，湿度高时可挤出乳白色菌液。严重时根部变色腐败。（图5-24、图5-25）

图5-24 青枯病　　　　　　图5-25 青枯病

【发生规律】此病由细菌青枯假单胞杆菌侵染所致。病原细菌在草莓植株上或随病残体在土壤中越冬，通过土壤、雨水和灌溉水或农事操作传播。病原细菌腐生能力强，并具潜伏侵染特性，常从根部伤口侵入，在植株维管束内进行繁殖，向植株上、下部蔓延扩散，使维管束变褐腐烂。病菌在土壤中可存活多年。病原细菌寄主范围广，与茄子、番茄的青枯病为同一病原。病菌喜高温潮湿环境，最适发病条件为温度35℃，最适 pH 为 6.6。浙江及长江中下游的发病盛期在 6 月的苗圃期和 8 月下旬至 9 月上旬草莓定植初期。久雨或大雨后转晴，遇高温阵雨或干旱灌溉，地面温度高，田间湿度大时，易导致青枯病严重发生。草莓连作地，地势低洼、排水不良的田块发病较重。

细菌性病害（细菌性角斑病）

【典型症状】苗期初侵染后，叶片产生病原物，随植株定植后，并在雨水、灌溉水、风、农事操作等方式的作用下通过根、茎的伤口入侵，对根茎部发病危害，造成损失最大。二次侵染主要是短缩茎病变（出现水烫状、空心）。湿度大的环境下病菌沿着短缩茎往上侵染（短缩茎、叶柄、叶脉），导致叶柄、叶脉出现水浸状伴随白干叶枯。

【发生规律】偏低温高湿病害。气温在 18–25℃适宜病害的发展。深秋温度降低后会造成再次侵染，湿度高的环境更有利于病菌的扩散传播，10 月中下旬现蕾前后，气温开始下降，在湿润、适温环境下，潜伏病菌会再度活跃造成发病。

【防治方法】农业防治：选用脱毒品种：选用脱毒草莓品种是防治草莓细菌性叶角斑病最经济有效的途径。在实际生产中，应加强健康母株的选择，培育无病种苗，加强田间管理：草莓育苗期和定植期优先使用滴灌；病害高发区可以将劈叶改为剪叶，减少伤口面积；尤其是 8 月份以前正值雨季，应筑高苗床，便于排水、降低田间湿度；合理轮作密植。

化学防治：每次整理老弱病残叶之前，及时喷施 20% 丙硫唑悬浮剂针、铜制剂、多抗霉素等防治草莓细菌性角斑病，重点喷短缩茎，特别

是针对已经发病的地块先清理病株再及时合理用药。（图 5-26、图 5-27、图 5-28）

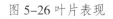

图 5-26 叶片表现　　　　图 5-27 根部表现　　　图 5-28 果实表现

3. 根结线虫病

为害草莓的线虫种类比较多，寄生在草莓芽的线虫主要是草莓根线虫和草莓芽线虫。

（1）草莓芽线虫

【形态特征】芽线虫雌雄均细长，体长 0.6 ～ 0.9 mm，宽 0.2 mm 左右。肉眼看不见，必须借助显微镜观察。检查芽线虫的方法是将可能有芽线虫的植株（烂心株）取下，把芽切碎，放在小烧杯中，用水浸泡 2 ～ 4 h，然后用纱布过滤。取一滴滤液，放在载玻片上，在显微镜下观察，即可以看到游动的线虫。

【发生规律】芽线虫主要危害草莓幼芽的外部，受害轻时，新叶歪曲畸形，叶色变浓，光泽增加，茎叶生长不良。严重受害时，芽和叶柄变成黄色或红色，即可看到所谓"草莓红芽"的症状，植株萎蔫。受害植株芽的数量明显增多。草莓的顶花芽容易受到危害，对产量影响很大。

芽线虫危害花芽时，使花蕾、萼片以及花瓣变成畸形。危害严重时，造成花芽退化、消失，不开花或坐果率降低。危害后期，苗心腐烂。草莓芽线虫对草莓的一生都有危害，开花前后易表现明显的症状。芽线虫主要是通过匍匐茎苗传播。（图5-29）

图5-29　牙线虫

【防治方法】①杜绝虫源。线虫主要靠被害母株发生的匍匐茎传播，因此坚决不能从被害母株上采集匍匐茎苗；从外地引种时，要特别注意不要引进病株；在育苗过程中，发现有受害苗，应及早拔掉烧毁。②采用抗线虫品种。抗线虫品种，如春香等。③株苗处理。将苗先在35℃水中预热10分钟，然后放在45～46℃热水中浸泡10分钟，冷却后栽植。④耕翻换茬。被害植株上的线虫，可借雨水或灌溉水转移，所以，在发病田块不宜连作，要耕翻倒茬。⑤药剂防治。在花芽被害前，用80%美曲膦酯百虫乳剂500倍液喷洒，在开花后禁用，在秋季育苗期喷施3～4次，每次间隔7～12天。芽的部位一定要喷周到。

（2）草莓根线虫

【形态特征】根线虫是一种细纺锤形的小虫，体长0.3～1.5 mm，一般用肉眼看不见，须借助于放大镜或显微镜观察。该线虫主要靠土壤和苗木传播。

【发生规律】该线虫寄生在草莓根内，降低根系的吸收功能。导致植株生长发育不良，产量下降。其主要症状是，根系不发达，植株矮小。发病初期在根表产生略带红色的无规则纵长小斑点，而后迅速扩大，融合至整个根部，颜色也从褐色变为黑褐色，随后腐败、脱落。如果土壤或苗木中有线虫，则从定植时起就开始为害草莓根系。该线虫主要在土壤中，所以，草莓连作时间越长，所造成的危害越重。除为害草莓外，还危害瓜类、葡萄、无花果等。同时，也是传播草莓病毒的一个媒介。

【防治方法】①选择苗木。选用无线虫危害的草莓苗，杜绝虫源。②轮作换茬。轮作换茬是防治根线虫的最有效方法。草莓种植 2 ~ 3 年后，改种其他作物 3 ~ 5 年，但不能种植该线虫可以寄生的作物，如瓜类。③土壤消毒。用氯化苦每亩 15 ~ 20 千克，或敌敌畏混剂每亩 15 ~ 20 升进行土壤消毒。使用方法是，栽苗前用 2 ~ 3 厘米粗的铁棒在地面打成 15 厘米深的孔洞，洞距 32 厘米，排成等边三角形。每孔施药 2 ~ 3 毫升，然后用土盖严压实，然后用塑料薄膜盖严压实，一周后揭去，再过一周即可定植。保护地中可采用太阳能土壤消毒防治线虫，方法是，先用塑料薄膜覆盖畦面，膜的四周用土压实，然后将大棚或温室封严密闭，晴天 2 ~ 3 日后即可撤去薄膜，整地栽苗。④加强综合管理。加强土肥水综合管理，提高草莓的抗线虫能力。

4. 病毒病

草莓病毒病是由草莓感染上不同病毒后引起发病的总称。草莓病毒病危害面广，是草莓生产上的重要病害。病毒病的发生和危害已成为我国草莓生产上急需解决的问题。据调查，草莓病毒的侵染株率达 80.2%，其中单种病毒的侵染株率为 41.6%，两种以上病毒复合侵染株率为 38.6%。轻病株一般减产 21% ~ 25%，重病株（两种以上病毒侵染）

一般减产 43%～59%。

病毒病具有潜伏浸染的特性，植株不能很快的表现出来，所以生产上常被忽视。草莓病毒病的种类很多，据不完全统计，共有 28 种。在栽培上表现的症状大致可分为黄化型和缩叶型两种类型。我国草莓病毒病主要有 4 种。

（1）草莓斑驳病毒（SMoV）：该病毒分布极广，世界上凡有草莓栽培的地方，几乎都有斑驳病毒。斑驳病毒单独侵染草莓时无明显症状，但与其他病毒复合侵染时，病株严重矮化，叶片变小，产生褪绿斑，叶片皱缩及扭曲。该病毒由棉蚜、桃蚜和钉毛蚜传染，其中钉毛蚜传染病毒的种类最多。土壤中线虫也是传播病毒的一种媒介，但因线虫的活动范围有限。所以，田间自然扩展速度极慢。此外该病毒还可通过嫁接和菟丝子以及汁液机械传染。

（2）草莓轻型黄边病毒（SMYEV）：该病毒单独侵染时仅使植株稍微矮化，复合侵染时引起叶片黄化或失绿，老叶变红，植株矮化，叶缘不规则上卷，叶脉下弯或全叶扭曲，致使整个叶片枯死，严重影响植物光合作用，明显减产。该病毒也由蚜虫传播和嫁接传染。

（3）草莓镶脉病毒（SVBV）：该病毒单独侵染时无明显症状，复合侵染后叶脉皱缩，叶片扭曲，同时沿叶脉形成黄白色或紫色病斑，叶柄也有紫色病斑，植株极度矮化，匍匐茎发生量减少，产量和品质下降。该病毒由多种蚜虫传播，嫁接和菟丝子也能传染。

（4）草莓皱缩病毒（SCrV）：该病毒为世界性分布，是对草莓危害性最大的病毒病。该病毒有致病力强弱不同的许多株系，强株系侵染草莓后，使植株矮化，叶片产生不规则的黄色斑点，叶片扭曲变形，匍匐茎数量减少，繁殖力下降，果实变小。该病毒与斑驳病毒复合侵染时，植株严重矮化，如再与轻型黄边病毒三者复合侵染，危害更为严重，产量大幅度下降甚至绝产。该病毒也由蚜虫传播，也可通过嫁接传染。

我国草莓品种多引自欧洲、北美洲、日本等地，这些地区和国家的草莓上经常发生黄化型病毒病害。其中草莓绿瓣病和翠菊黄化病是草莓的毁灭性病毒病害，应防止传入。这两种病毒病主要由叶蝉传播，一般出现症状两个月内植株即枯死，染病幼苗定植后不久即死亡。绿瓣病的主要症状是花瓣变为绿色，并且几片花瓣常连生在一起，变绿的花瓣后期变红。浆果瘦小呈尖锥形，叶片边缘变黄，植株严重矮化呈丛簇状。绿瓣病还可通过大豆菟丝子传播，并能危害三叶草等多种植物。此外，还有一些类似病毒的病害。如丛枝病等，我国也已发现，但分布范围较窄。

草莓不仅受其本身病毒病的为害，而且也受其他植物病毒的侵染，如树莓斑驳病毒、烟草坏死病毒、番茄环斑病毒等，也能对草莓造成危害，所以同样不可忽视。传播草莓病毒的蚜虫约20种。

防治草莓病毒病主要从以下几个方面入手：采用无病毒苗、搞好植物检疫、及时防治蚜虫、定期更新品种、进行土壤消毒、避免与易感病毒病的茄科作物连作或间作。

（二）非侵染性病害

非侵染性病害是指由不适宜的物理、化学等非生物环境因素直接或间接引起的植物病害，称生理性病害。因不能传染，也称非侵染性病害。具有散发性、突发性、普遍性、无病征特点。

1. 缺素症

（1）缺氮：

①症状：氮素营养对草莓生长发育有明显影响。草莓缺氮时，地上部分和根系生长均受到抑制。叶子逐渐由绿色变为淡绿色，随着缺氮程度的加重又变成黄色，局部枯焦，比正常叶略小。幼叶随着缺氮程度的加重，叶片反而更绿。老叶的叶柄和花萼呈微红色，叶色较淡或呈现锯

齿状，亮红色。

②发病原因：土壤贫瘠且没有正常施肥、管理粗放、杂草丛生，易缺氮。有机质含量高的土壤，含氮量也较高。

③防治方法：要施足底肥，以满足植株春季生长期短而集中生长的特点。如发现缺氮时，每亩追施硝酸铵 11.5 千克或尿素 8.5 千克，立即灌水。花期也可喷叶面肥 0.3% ~ 0.5% 尿素溶液 1 ~ 2 次。

（2）缺磷：

①症状：缺磷症状要细心观察才能看出。草莓缺磷时植株生长弱、发育缓慢，叶片呈暗绿色。缺磷的最初表现是叶子深绿，比正常叶小；缺磷程度加重时，植株的上部叶片呈黑色，具光泽，下部叶片呈淡红色至紫色，近叶缘的叶面呈现紫褐色斑点。较老的上部叶片也有这种特征。缺磷植株的花和果比正常植株要小，有的果实偶尔有白化现象。根部生长正常，但根量少，颜色较深。缺磷草莓的顶端发育受阻，明显比根部发育慢。

②发病原因：土壤中含磷少或含钙量多和酸度高的条件下，磷素被固定，不易被植物吸收，经常可以造成缺磷。此外，疏松的沙土地或含有机质多的土壤也可能缺磷。

③防治方法：在草莓栽植时每亩增施过磷酸钙 50 ~ 100 千克，随农家肥一起施用；或者植株开始出现缺磷症状时，每亩喷施 1% ~ 3% 过磷酸钙澄清液 50 千克，或叶面喷施 0.1% ~ 0.2% 磷酸二氢钾 2 ~ 3 次。

（3）缺钾：

①症状：钾在植物体内以无机盐形式存在。草莓新器官的形成都需要钾元素。适度施用钾肥有促进果实膨大和成熟，改善品质，提高抗旱、抗寒、耐高温和抗病虫害能力的作用。草莓对钾元素的吸收量比其他元素多。

草莓开始缺钾时，新成熟的上部叶片常表现症状，叶缘出现黑色或褐色干枯，继而发展为灼伤，还可在大多数叶片的叶脉之间向中心发展，包括中脉和短叶柄的下面叶子都会产生褐色小斑点，几乎同时从叶片到叶柄发暗并变为干枯或坏死，这是草莓特有的缺钾症状。由于钾元素可由较老叶子向幼嫩叶子转移，所以草莓缺钾主要表现在较

老的叶子上；新叶钾素充足，不表现缺钾症状。强光照会加重叶子灼伤，所以缺钾易与"日烧"相混。灼伤叶片的叶柄常发展成浅棕色到暗棕色，有轻度损害，以后逐渐凋萎。缺钾草莓的果实颜色浅、质地柔软，没有味道。一般根系正常，但颜色暗。轻度缺钾可自然恢复。

②发病原因：一般沙土地最容易发生缺钾，有机肥、钾肥少的土壤而又大量施用氮、磷肥的地块容易缺钾。此外，土壤中钙、镁元素含量过高，也会抑制植物根系对钾素的吸收。

③防治方法：施用充足的有机肥料，每亩追施硫酸钾 7.5 千克左右；叶面喷施 0.1% ~ 0.2% 的磷酸二氢钾溶液 2 ~ 3 次，隔 7 ~ 10 天 1 次，每次每亩喷肥液 50 千克。

（4）缺硼：

①症状：早期缺硼，幼龄叶片出现皱缩和叶焦，叶片边缘呈黄色，生长点受伤害。随着缺硼程度的加重，老叶的叶脉会失绿或叶片向上卷曲。缺硼植株的花小，授粉和结实率低，果实畸形或呈瘤状、果小种子多、果品质量差。

②发病原因：缺硼土壤及土壤干旱时，易发生缺硼症。

③防治方法：适时浇水，提高土壤可溶性硼的含量，以利植株吸收。缺硼的草莓可叶面喷施 0.15% 硼砂溶液 2 ~ 3 次。花期补硼，喷施浓度宜适当减少，每次每亩喷肥液 50 千克。

（5）缺镁：

①症状：最初上部叶片边缘黄化和变枯焦，进而叶脉间褪绿并出现

暗褐色斑点，部分斑点发展为坏死斑。枯焦加重时，茎部叶片呈现淡绿色突起，逐渐加重。

②发病原因：沙土或钾肥用量过多，妨碍对镁的吸收和利用。

③防治方法：叶面喷施 1% ~ 2% 硫酸镁溶液 2 ~ 3 次，隔 10 天左右喷 1 次，每次每亩喷 50 千克左右。

（6）缺铁：

①症状：幼叶黄化或失绿，随黄化程度加重而变白。中度缺铁时，叶脉为绿色，叶脉间为黄白色。严重缺铁时，新长出的小叶变白，叶片变缘坏死或小叶黄化。

②发病原因：盐碱地中，Fe^{2+} 常转化为不溶的 Fe^{3+}，固定在土壤中，致使根部不能吸收利用。当土壤中 pH 达到 8 时，草莓生长受到严重限制，导致根尖死亡。植株幼嫩部位很需要 Fe^{2+}，老叶中 Fe^{2+} 难以转移到新叶中去，新叶的叶绿素形成受到影响，出现黄化性缺铁症。

③防治方法：避免在盐碱地上种植草莓，土壤 pH 调整到 6 ~ 6.5 为宜，避免施用碱性肥料，多施有机肥，及时排水，保持土壤湿润。应急时，可在叶面喷洒 0.1% ~ 0.5% 硫酸亚铁水溶液，不宜在中午气温高时喷洒，以免产生药害。（图 5-30）

图 5-30　缺铁

（7）缺钙：

①症状：多发生在草莓开花前现蕾时，新叶端部产生褐变或干枯，小叶展开后不恢复正常。

②发病原因：土壤干燥或土壤溶液浓度高，妨碍了对钙的吸收和利用。

③防治方法：适时浇水，保证水分均匀充足，应急时可喷 0.3% 氯化钙水溶液。（图 5-31）

图 5-31　缺钙

（8）缺钼：

①症状：缺钼初期，叶色由绿转淡，不管幼龄叶或成叶，最终变为黄色。随着缺钼程度的加重，叶片出现焦枯、叶缘卷曲现象。

②防治方法：叶面喷施 0.03% ~ 0.05% 钼酸铵溶液 2 次，每次每亩喷肥液 50 千克。

（9）缺锌：

①症状：缺锌加重时，老叶变窄。特别是基部叶片缺锌程度越重，窄叶部分越伸长。缺锌不发生坏死现象。严重缺锌时，新叶黄化，叶脉微红，叶片边缘呈明显的锯齿形。缺锌植株结果少。

②防治方法：增施有机肥，改良土壤。叶面喷施 0.05% ~ 0.10% 硫酸锌溶液 2 ~ 3 次，喷施浓度切忌过高，以免产生药害。

2. 草莓寒害

【典型症状】在北方地区，冬春季节低温障碍发生时，草莓的叶片呈阴绿状，并伴有萎蔫的现象。这是由于草莓植株长期处在寒冷的环境里，根系由于低温或冬季霜冻致锈黄褐色，很少有新根和须根，长期处于低温状态的植株便停止生长。在低温、高湿度条件下或遇急降温气候重症受冻时，整株会呈深绿色浸水状萎蔫。在花芽分化时遇低温环境，会使花序减数分裂受到障碍，形成多手畸形果、双子畸形果、授粉不良形成的半畸形果等，低温还会使雌雄花器分化不完全，造成不稔花，从而影响粉，受精授不良，这样草莓就会产生各种畸形果。

【发生原因】草莓喜温凉，但不耐热。生长适宜的温度为 10 ~ 30℃，最适宜的温度是 15 ~ 25℃，地温 15 ~ 18℃。低于适温或低于生存温度就会受到寒害。在北方冬春季节，草莓在寒冷的环境里的耐寒程度是有限的。在遭遇寒冷天气，或长时间低温，或霜冻灾害，草莓植株就会产生因低温障碍造成的寒害症状。草莓是短日照作物，它在低温和短日照条件下进行花芽分化。在北方冬春季节，日照时间短、夜温低、温差大，适合草莓进行花芽分化，所以草莓可持续开花几个月。草莓花药开裂最低温度为 11.7℃，温度适宜范围为 13.8 ~ 20.6℃。花粉粒发芽最适宜温度为 25 ~ 30℃，在 20℃以下时发芽不良。一般认为 10 ~ 12℃为低温段，当温度低于 10℃时，花芽分化停止。在花芽分化期遇连续低温，花序减数分裂遇到障碍，形成雌雄不稔花，影响授粉，受精不良的草莓就会产生各种畸形果。

3. 草莓冻害

【典型症状】草莓幼苗遭受冻害时，两片子叶首先失绿，再慢慢呈白色镶边。定植成活后，真叶受冻先呈暗绿色，后逐渐失水枯萎。幼苗生长顶端受冻，生长点变黑，逐渐干枯致死。根部受冻，侧根、根毛由白变黄转褐色，吸收肥力功能减弱。有的叶片部分冻死干枯，有的花蕊和柱头受冻后，柱头向上隆起干缩，花蕊变黑褐色而死亡，幼果停止发育直至干枯僵死。（图5-32、图5-33）

图 5-32　冻害　　　　　　　　　　图 5-33　冻害

【发生原因】草莓抗冻能力在不同的生育时期是不一样的，各发育期的抗冻能力一般依下列顺序递减：花蕾露白期→开花期→坐果期。草莓叶片在 -8℃以下的低温中可大量冻死，影响花芽的形成、发育和来年的开花结果。花蕾和开花期出现 -2℃以下的低温，雌蕊和柱头发生冻害。由于受寒潮和强冷空气的影响而降温过快，致使叶片受冻，受冻的花瓣常出现紫红色。严重时，叶片也会受冻，呈片状干卷枯死。而早春回温过快，棚室温度较高，促使植株萌动生长抽蕾开花，这时如果有寒流来临，冷空气突然袭击骤然降温，即使气温不低于0℃，由于温差过大，花器抗寒力极弱，不仅使花朵不能正常发育，往往还会使花蕊受冻变黑死亡。

4.气（氨）害

【典型症状】草莓出现氨害时，在叶片上可以看到明显特征是表现

在老叶片上，老叶片边缘位置褪绿变为紫褐色枯死，非常脆且容易碎裂。

【发生原因】在草莓设施栽培种植过程中，施用的大量含氮肥料，特别是施用了尿素或铵态氮及有机肥，尿素和铵态氮肥在土壤中分解产生氨气（NH_3），同时设施栽培内温度高，透气通风性差，氨气（NH_3）浓度超过草莓生长临界浓度，就会使草莓叶片受害。

另外，草莓在温室栽培过程中，不合理施肥还会产生亚硝酸气。在温室加温过程中燃料燃烧不充分会产生一氧化碳和二氧化硫。棚室内温度超过30℃时，聚氯乙烯棚膜就会挥发乙烯和氯气。这些有害气体都会对草莓生长发育造成危害，要根据不同情况做好通风换气等防治措施。

5. 药害

【典型症状】主要发生在叶片或果实的表面，常见的有斑点、黄化、畸形、枯萎、生长停滞等症状。

（1）斑点：主要发生在叶片或果实的表面，常见的有褐斑、黄斑、枯斑。药斑和生理性斑点不同，药斑在植株上分布没有规律性，整个地块有轻有重，而生理性病斑通常出现的部位较一致，发生也较普遍。药斑与真菌性病害的病斑也不同，药斑大小、形状变化大，而病斑发病中心、斑点形状较一致。（图5-34、图5-35、图5-36、图5-37）

图5-34 叶片药害　　　　　　图5-35 果实药害

图 5-36　激素药害　　　　　　　　　图 5-37　药害

（2）黄化：主要发生在叶片上。轻度发生时表现为叶片发黄，重度发生时表现为全株黄化。药害引起的黄化与营养元素缺乏引起的黄化有所区别，药害通常由黄叶变枯叶，气温高、晴天多则黄化产生快，阴雨天多则黄化产生慢。而营养元素缺乏引起的黄化常与肥力有关，整个地块黄化表现一致。与病毒引起的黄化相比，后者的黄叶常有碎绿状表现，且植株表现为系统性症状，在田间病株与健株混生。

（3）畸形：常发生于叶片、果实，常见的有卷叶、丛生、根肿、畸形花、畸形果等。药害畸形与病毒病害畸形不同，前者发生普遍，植株上表现为局部症状。后者往往零星发生，常在叶片混有碎绿明脉、皱叶等症状。

（4）枯萎：药害枯萎往往整株表现出症状，大多由除草剂引起。药害引起的枯萎没有发病中心，大多发生过程迟缓，先黄化，后死苗，根茎疏导组织无褐变。而植株染病引起的枯萎症状多数根茎组织堵塞，遇强光照射且蒸发量大时，先萎蔫，后失绿死苗，根基导管常有褐变。（图5-38）

图 5-38　药害枯萎

生长停滞：药害抑制了植株的正常生长，使植株生长缓慢，较为常见的药害由三唑类药剂和除草剂引起。药害引起的缓长与生理性病害的发僵和缺素症比较，前者往往伴有药斑或其他药害症状，而后者中毒发僵表现为根系生长差，缺素症发僵表现为叶色发黄或暗绿。（图5-39）

图 5-39　生长抑制

6. 土壤障碍

草莓土壤障碍主要包括肥害、土壤盐渍化、土壤酸化和盐碱地危害等。（图5-40、图5-41）

图 5-40　土壤障碍　　　　　　图 5-41　土壤障碍

【典型症状】初期缓苗慢，根系不发达，生长缓慢，严重者初期老叶叶缘有干边现象，抗病能力降低，防病效果差，炭疽病、白粉病、根腐病、青枯病等发病重。光合能力降低，花芽分化受到抑制，开花数量少，畸形果多，单果重量小，果实可溶性固形物不高，口感差，上市时间推迟。后期早衰，采收果实时间缩短，严重影响产量和品质。

【发生原因】见草莓土壤障碍部分。

7. 畸形果

【典型症状】是指形状不正常的果实。常见的畸形果有鸡冠状果、扁平果、果面凹凸不平果、多头果、乱型果、青顶果、裂果、僵果与空洞果等。（图 5-42、图 5-43、图 5-44、图 5-45、图 5-46）

图 5-42　畸形果

图 5-43　畸形果

图 5-44　畸形果

图 5-45　畸形果

图 5-46　畸形果

【发生原因】畸形果发生的原因是授粉受精不完全。草莓开花后授粉受精产生种子，种子产生生长素，调集营养，使其周围的花托部分生长膨大。如果受精不完全，果面上一部分花受精，一部分花没受精，不能均匀地形成种子，发育不均便成为畸形。受精不良也是形成小果的重要原因。出现授粉受精不良的原因有：第一、品种本身的花粉生活力的强弱存在差异。花粉发芽力弱的品种，形成畸形果的比例就高。第二、环境影响授粉受精。湿度大，温度低，影响花药开裂，花粉难以散开，花粉易吸水胀破失去生活力。花粉发芽最适温度为 25 ~ 30℃，若低于10℃，花粉的萌发和花粉管伸长会受到抑制。日照亦影响花粉发育。保护地栽培缺少传粉媒介和良好的通风条件，影响花粉的传播。花期喷药、喷水，对花粉发芽都有不同程度的不良影响，也会增加畸形果。氮肥过多也易产生畸形果。病虫为害果实，有些昆虫专食草莓种子，造成果面种子不均而形成畸形果。

【防治措施】防止畸形果的措施有：①选择花粉发芽力强的品种。如哈尼的畸形果率一般不超过10%，丽红、丰香等畸形果率亦较低。部分品种畸形果率高，如全明星、金香在20%左右；而硕丰、硕蜜等可达30%。②将不同品种混栽。有些品种因不太了解其特性，可将知道的花粉量多、花粉发芽力强的品种一同栽植，通过异花授粉，可大大减少畸形果发生率。③控制温度、湿度。大棚栽培注意适时通风，保持白天温度控制在 23 ~ 25℃，夜间温度控制在 8 ~ 10℃。控制棚内湿度，花粉萌芽以 40% 的空气湿度为宜，花期要掌握浇水次数。④利用蜜蜂辅助授粉，可使授粉充分。⑤开花授粉期严格限制喷洒农药。否则，既影响花粉生活力，又对蜜蜂不利。草莓花期较长，在开花前要彻底防治病虫害。如果花期必须喷药，应选择药害较小的药剂和开花较少的时期，并将蜂箱移出。⑥疏花、疏果。及时疏除高级次花和畸形小果，有利于养分对正常果实的集中供应，可明显降低草莓畸形果率，提高草莓单果重及果实品质。

8. 非侵染性病害发生的原因

（1）高、低温：长势缓慢，严重时死亡，如果湿度大则染病。

（2）高夜温：植株徒长虚弱，叶薄色浅，果小畸形，成熟慢，着色差品质劣。

（3）冻害：气温低霜冻严重，植株停长，授粉不良，果畸形等。冬季冻害严重，大棚进出口和放风口处，叶片皱缩、破碎、反卷、焦枯。

（4）干旱：冬春季节，因寒冷、干旱、多风而导致草莓失水干枯。

（5）低地温：根弱株弱，极易染病，严重死株。叶小叶薄，嫩叶黄化，成熟推迟。

（6）阴冷：低温弱光，根弱株弱，甚至停长，浇水死根，极易染病，连阴天转晴易闪秧死棵。

（7）强光：叶片扭曲，白色斑块，容易误诊。果实灼部变白变黄，凹陷干缩裂口，果肉坏死褐变

（8）潮湿：根弱沤根，严重时萎蔫、停长、死株。

（9）氨害：叶变褐色，严重时全株枯死。

（10）硫害：叶片气孔多的部位出现斑点，严重时整叶水浸状并变

白干枯。

（11）药害：包括调节剂（乙烯等）。

（12）盐害：根少，叶缘缺出现红褐色病变。

（13）重茬：根弱根死，植株瘦弱，生长发育不良，低产质差。叶片出现多种缺素症。

（14）酸害：

（15）深栽：长势弱，易病。

（16）超产：根弱株弱，甚至停长。叶片黄化，植株早衰。

（17）化肥烧根：叶片出现坏死斑，界限明显，有多种颜色。

（18）有机肥害：农家粪没经发酵腐熟，含有病菌、线虫、草种、毒素，并释放氨气、硫化氢等毒气，伤根伤叶。

（19）缺有机肥：叶小、薄、叶色浅。植株瘦弱。口感差、果小而畸形等。

第三节　草莓常见虫害的诊断与防治

一、草莓红蜘蛛（图5-47、图5-48）

图5-47　红蜘蛛　　　　　　图5-48　红蜘蛛

红蜘蛛是为害草莓的一种重要害虫，特别是在保护地栽培条件下，由于隔离了降雨，加之高温，红蜘蛛的发生率比露地还重。为害草莓的红蜘蛛有多种，其中最重要的有两种，分别是二点红蜘蛛和仙客来红蜘蛛。另外还有朱砂红蜘蛛及陆澳红蜘蛛。

【分布与危害】二点红蜘蛛的寄主植物很广，主要寄生在果树类、蔬菜类、豆类、花卉类植物以及杂草类植物，共有100种以上。红蜘蛛的为害，都是在草莓叶背面吸食汁液，被害部位最初出现白色小斑点，以后变成红色，严重时叶片变成锈色，如火烧一样。导致叶片光合作用能力减弱，植株生长受阻，产量降低。

【发生规律】草莓红蜘蛛每年发生10～20代，世代重叠。其发生代数由北向南随气温增高而递增。在北方主要以成螨成团聚集在枯枝落叶、土缝、树皮缝等处过冬。在南方则以各种螨态越冬。春天气温升到6℃以上，越冬螨可出蛰，先在杂草上取食，当气温达到10℃以上时，在叶背大量产繁殖。经交配后雌螨所繁殖的后代，基本为雌螨；未经交配的雌螨，可进行孤雌生殖而产生雄螨。

草莓红蜘蛛在草莓田一开始是点片发生，以后靠爬行吐丝下垂，借助风力、雨水和人为携带，在叶片和株间蔓延危害。3龄若螨活泼贪食，有向上爬的习性，数量多时在叶端成团，滚落地面后向四周爬行扩散。

草莓红蜘蛛春、秋两季完成1代需要15～22天，夏季需要7～10天。6～8月是其大量繁殖和严重危害期。红蜘蛛性喜温暖、干燥，在少雨的夏季发生严重。

【防治方法】①预防：与禾本科植物实行1年以上轮作。秋耕秋灌，恶化越冬螨的生态条件，减少虫源。保护天敌昆虫，发挥其自然生态作用。采用对天敌杀伤力小的农药品种和用药方式、方法。天气干旱时，灌水增加草莓地湿度，最好采用喷灌，不利于草莓红蜘蛛的繁殖。②药剂防治：选用无公害生产允许的高效、低毒、低残留，并且草莓红蜘蛛不易产生

抗性的药剂。目前，以阿维菌素类药剂如 1.8% 虫螨克乳油 4000 倍液或
24.5% 阿维柴乳油 1000 倍液、25% 三唑锡可湿性粉剂 1500 倍液、57%
益显得乳油 2000 倍液，对二斑叶螨和其他螨防治效果好，且持效期长、
安全性高。此外，还可选用 20% 灭扫利乳油、20% 螨克乳油、99.1% 敌
死虫矿物油等药剂。

二、草莓蚜虫（图 5-49、图 5-50、图 5-51）

图 5-49　蚜虫

图 5-50　蚜虫

图 5-51　蚜虫

【分布与危害】蚜虫俗称腻虫。危害草莓的蚜虫有多种。其中最主
要的有棉蚜和桃蚜，另外有草莓胫毛蚜、草莓叶胫毛蚜、草莓根蚜、马
铃薯长管蚜等。蚜虫在草莓植株上全年均有发生，以初夏和初秋密度最
大，多在幼叶叶柄、叶的背面活动，吸食汁液，排出黏液而使叶和果实
被污染。排出的黏液有甜味，蚂蚁则以其为食，故植株附近蚂蚁出没较
多时，说明有蚜虫危害。蚜虫危害使叶片生长受阻，卷缩，扭曲变形，

更严重的是，蚜虫是传播草莓病毒的主要媒介，其传染病毒所造成的危害损失，远大于其本身危害所造成的损失。

【发生规律】蚜虫可以全年发生，一年发生数代，一头成虫可繁殖20～30头幼虫，繁殖率相当高。在25℃左右温度条件下，每7天左右完成一代，世代重叠现象严重。以成虫在塑料薄膜覆盖的草莓株茎和老叶下越冬，也可在风障作物近地面主根间越冬，或以卵在果树枝、芽上越冬。在温室内则不断繁殖危害。棉蚜为转移寄主型，以卵在花椒、夏至草、车前草等植物上越冬。翌年春天气温回升后繁殖为害。蚜虫为害全年都可发生，但以5至6月为害严重。桃蚜除为害草莓外，还为害十字花科的一些植物，冬季在植物根际土壤中越冬，翌春气温回升后开始繁殖危害。

【防治方法】①农业防治：合理安排茬口，减少蚜虫危害。例如，韭菜挥发的气味对蚜虫有驱避作用，种植草莓时可与韭菜搭配种植，降低虫口密度，减轻蚜虫对草莓危害；也可在草莓田周围种植四季豆、玉米等高大作物，通过截留，减少蚜虫迁移到草莓植株上的数量。在冬季和春季彻底清洁田园，清除草莓田附近的杂草和蔬菜收获后的残株病叶，减少虫源。②物理防治：利用银灰色反光塑料薄膜驱避蚜虫，可采用银灰色薄膜覆盖，或在田间挂宽10～15厘米的银灰色薄膜条，驱避蚜虫。有翅蚜对黄色、橙色有较强的趋性。取一块长方形的硬纸板或纤维板，一般为30厘米×50厘米。先涂一层黄色广告色（水粉），晾干后，再涂一层黏性黄色机油（机油中加入少许黄油）。把黄板插入田间或悬挂在草莓行间，高于草莓0.6米，利用机油黏杀蚜虫。经常检查黄板并涂抹黏性黄色机油，黄板诱蚜黏满时及时更换。③生物防治：利用天敌灭蚜。蚜虫的天敌有七星瓢虫、异色瓢虫、龟纹瓢虫、草蛉、食蚜蝇、食虫蜡、蚜茧蜂及蚜霉菌等，应尽量减少农药使用次数，保护天敌，以天敌来控

制蚜虫数量。有条件的地方，可人工饲养或捕捉天敌，在草莓田内释放，控制蚜虫。④药剂防治：在生长期间用1%苦参碱800～1000倍液，或10%吡虫啉3000倍液，或50%抗蚜威可湿性粉剂2000倍液，或3%啶虫脒乳油2000～2500倍液，或2.5%扑虱蚜可湿性粉剂1500倍液。适量用药和交替使用农药，增强药效和延缓蚜虫抗药性。在棚室温度高或草莓开花期不宜使用敌敌畏灭虫，以免引起药害。在草莓生产过程中，提倡使用低毒、低残留的化学农药，如吡虫啉等。掌握好农药使用安全间隔期，用药后间隔10天才能采收。效期长的农药如吡虫啉等，施药后15天以上再采收草莓。

三、草莓盲蝽

【分布与危害】在草莓栽培地区均有发生。盲蝽食性杂，寄主多，除危害草莓外，还在其他果树、蔬菜和杂草上活动取食。其中，对草莓危害较重的为牧草盲蝽。成虫体长5～6毫米，是一种古铜色小虫，危害时用针状口器刺吸幼果顶部的种子汁液，破坏其内含物，形成空种子。由于果顶种子不能正常发育，这一部位的果肉膨大受到影响，而形成畸形果，影响草莓果实的产量和品质。（图5-52）

图5-52　盲蝽

【发生规律】茶翅蝽1年发生1代。以成虫在房檐、墙缝、门窗缝以及枯枝落叶内越冬。第二年5月陆续出蛰活动。6月产卵，多产于叶背面。

一般卵期为4～5天。若虫在7月上旬开始出现,8月中旬为成虫出现盛期。中午气温较高、阳光充足时成虫多活动,清晨及夜间多静伏。9月下旬开始越冬。除草莓外,还危害梨、杏、桃、苹果、石榴、柿、大豆等多种植物。

【防治方法】①农业防治:清除草莓园地内外杂草、杂树,消灭盲蝽寄主。结合田间管理,摘除卵块和捕杀初卵群集若虫。②物理防治:发生严重的小片园地,应在春秋季进行人工捕杀。也可以捕杀越冬成虫,成虫冬季群聚在背风向阳的草丛、房檐、墙缝、门窗缝以及枯枝落叶内,方便集中捕杀。③药剂防治:在越冬成虫出蛰结束和低龄若虫期,喷40%乐果乳油或97%美曲膦酯可溶性粉剂1000倍液或2.5%敌杀死乳油、2.5%功夫乳油、20%灭扫利乳油3000倍液等,均有较好效果。

三、大青叶蝉（大青叶蝉又名大绿浮尘子）（图5-53）

图5-53　大青叶蝉

【危害与发生规律】大青叶蝉在全国各地普遍发生。此虫除为害草莓外,还为害苹果、梨、桃、杏等果树,食性复杂。成虫和若虫均可刺吸寄主植物的枝、梢、茎、叶的汁液。在果树上以成虫产卵为害。成虫体长8 mm左右,头黄色,顶部有两个黑点。前胸前缘黄绿色,其余部分为深绿色,足黄色。前翅尖端透明,后翅及腹背黑色。一年发生3代。

以卵在树干、枝条表皮下越冬。翌春4月孵化，若虫在多种植物上群集危害，5至6月第一代成虫出现，7至8月第二代成虫出现，9至11月出现第三代成虫。成、若虫有较强的趋光性。在渠沟及杂草茂盛的草莓园发生较重。

五、金龟子（图5-54）

图5-54　金龟子

【危害与发生规律】金龟子是地上害虫，是蛴螬的成虫，为害多种果树和农作物。金龟子有多种，其中为害草莓的主要是铜绿金龟子。金龟子咬食叶片，也为害嫩芽，取食花蕾和果实。铜绿金龟子成虫体长2～2.5 cm，椭圆形，身体背面为铜绿色，有金属光泽。该虫每年发生一代，以末龄幼虫在土内越冬。6月初成虫开始出土，为害严重的时间集中在6月至7月上旬，成虫多在夜间活动，具有强趋光性，还有假死习性。（图5-55）

图5-55　蛴螬

【危害与发生规律】蛴螬是各种金龟子幼虫的通称。食性很杂，为害多种蔬菜，也为害草莓。蛴螬通常咬食草莓的幼根或咬断新茎，造成死苗。各种金龟子的幼虫，其主要形态相似，头部为红褐色，身体为乳白色，体态弯曲呈"C"字形，有3对胸足，后一对最长，头尾较粗，中间较细。该虫每年发生一代，以末龄幼虫在土壤中越冬。蛴螬喜欢聚集在有机质多而不干不湿的土壤中活动为害。成虫还喜欢在厩肥上产卵，故施用厩肥多的地块发生严重。是为害多种作物的地下害虫。

六、蛞蝓（图5-56）

图5-56　蛞蝓

【分布与危害】野蛞蝓分布广泛，我国北方的温室大棚内时有发生，南方地区常有发生。野蛞蝓以成虫和幼虫取食植物嫩片和幼茎，其排泄物污染寄主叶面，常引起弱寄生菌的侵入，造成寄主叶片坏死腐烂。

【发生规律】我国从北到南1年发生1～3代。以成虫和幼虫在作物根部的潮湿土壤中越冬。春季当日平均气温达到10℃，在田间大量活动危害，夏季活动减弱，秋季活动又频繁。野蛞蝓雌雄同体，可进行异体受精或同体受精繁殖。卵散产于湿润、隐蔽的土壤缝隙中，卵期16～17天，孵化至性成熟约55天，完成1代约250天。野蛞蝓畏光怕热，一般早晚或夜间活动危害，白天隐蔽在阴凉潮湿的土壤缝隙和杂草丛中，阴雨天或夜晚有露水时活动最盛，危害严重。

【防治方法】①农业防治：采用高畦栽培、地膜覆盖、破膜提苗等方法，可减少危害。施用充分腐熟的有机肥，创造不适于野蛞蝓发生和生存的条件。铲除田间杂草，以减少野蛞蝓的食物来源；清除保护地内的垃圾、砖头、瓦片等，减少野蛞蝓的躲藏之处。在蔬菜作物收获后，浇水灭杀野蛞蝓。在保护地内栽苗前，可用新鲜的杂草、树叶、菜叶等堆放在田间，天亮前集中捕捉，将其投入放有食盐或生石灰的盆内，野蛞蝓会很快死亡。②药剂防治：将 10% 多聚乙醛颗粒剂拌入鲜草中，用药量为鲜草量的 1/10，拌匀制成毒饵，撒在地里，以诱杀野蛞蝓。每亩用 5 ~ 7.5 千克生石灰，撒于地头及作物行间，保苗效果好。用 1% 食盐水或 2% ~ 5% 甲酚皂 1000 倍液或硫酸铜 1000 倍液，在下午 4 点以后或清晨野蛞蝓未入土前，全株喷洒。每亩用 6% 蜗牛敌颗粒剂 250 ~ 500 克撒施或条施、点施，施药后不宜浇水或进入田间踩踏。

八、温室白粉虱

【危害与分布】白粉虱俗称小白虫、小白蛾，是华北及豫西局部地区危害草莓的重要虫害。我国北方地区，近年来随着温室、大棚等设施栽培的发展，温室白粉虱分布区域逐渐扩大。白粉虱以成虫和若虫吸取草莓叶片汁液，使叶片失绿变黄，影响植株的正常生长发育。白粉虱危害时分泌大量蜜露，污染叶片，还引起霉菌感染，严重影响叶片的光合作用和呼吸作用，造成叶片萎蔫，甚至植株枯死。

【发生规律】在北方温室 1 年可发生 10 余代，以各虫态在温室寄主作物上越冬并危害。因此，温室内越冬的白粉虱是露地草莓受害的虫源。成虫羽化后次日即可交配。每头雌性白粉虱产卵 140 ~ 150 粒。白粉虱也可以进行孤雌生殖，其后代为雄性。白粉虱成虫喜欢危害草莓嫩叶，所以下部老叶上的虫龄较大。白粉虱繁殖的适温为 18 ~ 21℃，温室条件下，一般 1 个月繁殖 1 代；在 24℃时，约 25 天繁殖 1 代。成虫寿命 12 ～ 59 天，随温度升高而降低。白粉虱除危害草莓外，还危害茄科、菊科、葫芦科、十字花科、豆科等 200 多种植物。

【防治方法】①农业防治：清除前茬作物的残株和杂草，温室的通风口要设置细窗纱，阻止白粉虱迁入。露地草莓田要远离棚室。②物理防治：黄板诱杀，方法同蚜虫防治。③生物防治：保护地栽培在扣棚后，当白粉虱成虫平均在 0.2 头 / 株以下时，每 5 天释放丽蚜小蜂成虫 3 头 / 株，共释放 3 次。丽蚜小蜂可在棚室内建立种群，有效控制白粉虱危害。④药剂防治：在白粉虱发生期，用 12% 扑虱灵乳油 1000 倍液，或 25% 灭螨猛乳油 1000 倍液，或 2.5% 天王星乳油 3000 倍液，或 2.5% 功夫乳油 4000 倍液喷洒，均有较好效果。草莓采收前 15 天停止用药。保护地栽培可用 80% 敌敌畏烟剂熏烟，按每亩 0.4 ～ 0.5 千克，与锯末或其他燃烧物混合，点燃熏烟，杀死越冬代或残存在温室、大棚内的白粉虱成虫。

九、蓟马

【危害与分布】种类繁多，危害草莓的主要是瓜蓟马、西花蓟马等，成虫、若虫多隐藏于花内或植物幼嫩等植物组织，蓟马寄主广泛，对大多数园艺栽培作物都能造成危害，在草莓上危害近总体呈逐年加重趋势。属蓟马科缨翅目，锉吸式口器害虫，怕光，繁殖速度快，传播病毒等病害危害严重，异常活跃，能飞能跳，防治难度大。适宜温度为 23–28℃（5–9月），适宜湿度为 40 ～ 70%，活动范围为植株中下部或地面。

【发生规律】草莓移栽后 9 ～ 10 月份是第一个危害高峰期，随着棚室栽培草莓花芽分化提前，10 月上中旬蓟马数量回升，秋季干旱、杂草周边发生较重，蓟马成虫和若虫多隐藏于草莓幼嫩组织部位，主要危害嫩叶，使叶片皱缩、变黑，导致发育缓慢或生长停滞，防治不及时，对叶片、叶柄、花芯危害大，影响草莓果实，有些蓟马是某些病菌、病毒的传播媒介，引发其他病害。

【防治方法】①物理防治：湿度100%，温度31℃若虫全部死亡，挂蓝板。②化学防治：菊酯类加烟碱类杀虫剂混配，早晨或傍晚均匀施药。在休棚时冲施菊酯类化学农药。施药位置和时间，早九点前在花张开的时间打药，下午花闭合难防治。（图5-57、图5-58、图5-59、图5-60）

图5-57　蓟马

图5-58　蓟马

图5-59　蓟马

图5-60　蓟马

第四节 草莓常见草害的诊断与防治

一、禾本科杂草

（一）马唐（图5-61、图5-62）

图5-61 马唐　　　　　　　　　图5-62 马唐

【形态特征】一年生草本，株高40～100 cm；秆基部开始倾斜，着地后节处易生根，光滑无毛；叶片披针形条状，两面疏生软毛或无毛；叶鞘较节间短，多生具疣基的软毛；叶舌钝圆，膜质；总状花序，3～10枚，呈指状排列，下部近轮生；小穗一般孪生，一个有柄，另一个近无柄；第一颖小，第二颖长，约为小穗的一半或稍短，边缘有纤毛；第一外稃与小穗等长，脉5～7条，脉间距不等且无毛，第二外稃覆盖内稃；颖果椭圆形，透明。

【生物学特性】种子繁殖。种子发芽的适宜温度为25～35℃，因此多在初夏发生。适宜的发芽土层深度为1～6 cm，以1～3 cm发芽率最高。在华北地区，4月底至5月初出苗，5至6月出现一次高峰，以后随灌溉水或进入雨季还会出现1～2个高峰。在东北地区出草高峰期发生要晚，是进入雨季后田间发生的主要杂草之一。早期出苗的植株7月抽穗开花，8至10月颖果陆续成熟，随成熟随落地，并可借风力、

流水和动物活动远距离传播。

（二）牛筋（图 5-63、图 5-64）

图 5-63　牛津　　　　　　　　　　5-64　牛津

【形态特征】一年生草本，株高 15 ~ 90 cm；茎秆丛生，多铺散成盘状，斜升或仰卧，有的近直立，不易拔断；叶片条形；叶鞘扁，鞘口具柔毛；叶舌短；穗状花序，2 ~ 7 枚，呈指状排列在秆端，有时其中1 或 2 枚单生于花序的下方；穗轴稍宽，小穗成双行密生在穗轴的一侧，有小花 3 ~ 6 个；颖和稃无芒，第一颖片较第二颖片短，第一外稃有 3 脉，具脊，脊上粗糙，有小纤毛，内稃短于外稃；颖果卵形，棕色至黑色，具明显的波状皱纹。

【生物学特性】种子繁殖。种子发芽的适宜温度为 20 ~ 40℃，适宜土壤含水量为 10% ~ 40%，适宜出苗土层深度为 0 ~ 1 cm，而埋深3 cm 以上则不发芽，同时要求有光照条件。在我国北部地区 5 月初出苗，并很快形成第一次高峰，然后于 9 月初出现第二次高峰。颖果于 7 至 10月陆续成熟，边成熟边脱落，有部分随水、风力和动物传播，种子经冬季休眠后萌发。

（三）稗草（图 5-65、图 5-66、图 5-67）

图 5-65　稗草

图 5-66　稗草

图 5-67　稗草

【形态特征】一年生草本，株高 50 ~ 130 cm；秆直立，基部倾斜或膝曲，光滑无毛；叶片条形，中脉灰白色，无毛；叶鞘光滑松弛，无叶舌、叶耳，下部者长于节间，上部者短于节间；圆锥总状花序，较展开，直立或微弯，常具斜上或贴分枝；小穗密集于穗轴的一侧，具极短柄或近无柄，小穗含 2 花，卵圆形，长约 5 mm，有硬疣毛；颖具 3 ~ 7 脉；第一外稃具 5 ~ 7 脉，先端常有 5 ~ 30 mm 长的芒；第二外稃先端有尖头，粗糙，边缘卷抱内稃；颖果卵形，米黄色。

【生物学特性】种子繁殖。种子萌发温度从 10℃ 开始，最适宜温度为 20 ~ 30℃，适宜的发芽土层深度为 1 ~ 5 cm，尤以 1 ~ 2 cm 的出苗率高，埋入土壤深层的未发芽种子可存活 10 年以上。稗草种子对土壤含水量要求不严，特别能耐高湿。稗草发生期早晚不一，但基本是为晚春型出苗的杂草，正常出苗的植株，大致7月上旬前后抽穗、开花，8月初果实即渐次成熟。

稗草的生命力极强，不仅正常生长的植株大量结籽，就是生长中的植株部分被割去之后，也可萌发新分蘖。即使长的很小，也能抽穗结实。其种子具有多种传播途径的特点：一是同一个穗上的颖果成熟时极不一致，而且边成熟边脱落，本能的协调时差，使后代得以较多的生存机会。二是借助风力、水流传播。三是可随收获作物混入粮谷带走。四是可经过食草动物吞入排出而转移。

（四）狗尾草（图5-68、图5-69）

图5-68　狗尾草

图5-69　狗尾草

【形态特征】一年生草本，株高10～100 cm；秆直立或基部膝曲，基部径达3～7 cm；叶片扁平，长三角状狭披针形或线状披针形，先端长渐尖，基部钝圆形，几成戟状或渐窄，长4～30 cm，宽2～18 mm，通常无毛或疏具疣毛，边缘粗糙；叶鞘松弛，边缘具较密棉毛状纤毛；叶舌极短，边缘有纤毛；圆锥花序，紧密呈圆柱状或基部稍疏离，直方或稍弯垂；刚毛长4～12 mm，粗糙，直或稍扭曲，通常绿色、褐黄到紫红或紫色；小穗2～5个簇生于主轴上或更多的小穗着生在短小枝上，椭圆形，先端钝，长2～2.5 mm，铅绿色；第1颖卵形，长约为小穗的

1/3，具 3 脉，第 2 颖几与小穗等长，椭圆形，具 5 ～ 7 脉；第 1 外稃与小穗等长，具 5 ～ 7 脉，先端钝，其内稃短小狭窄，第 2 外稃椭圆形，具细点状皱纹，边缘内卷，狭窄；鳞被楔形，先端微凹；花柱基分离；颖果灰白色，谷粒长圆形，顶端钝，具细点状皱纹。

【生物学特性】种子繁殖。种子发芽最适宜温度为 15 ～ 30℃。种子出苗最适宜土层深度为 2 ～ 5 cm，土壤深层未发芽的种子可存活 10 年以上。我国北方地区 4 ～ 5 月出苗，以后随浇水或降雨还会出现出苗高峰。6 ～ 9 月为花果期。一株可结数千至上万粒种子，繁殖力强。种子借风、灌溉浇水、粪肥及收获物进行传播。种子经越冬休眠后萌发。适生性强，耐旱耐贫瘠，在酸性或碱性土壤均可生长。

（五）画眉草（图 5-70、5-71）

图 5-70　画眉草　　　　　　　　　图 5-71　画眉草

【形态特征】一年生草本，株高 20 ～ 80 cm；秆丛生；叶片狭条状；叶鞘光滑或鞘口生长柔毛，叶鞘有脊；叶舌有一圈短纤毛；圆锥花序，略开展，枝腋间具长柔毛；小穗长圆形，生 3 ～ 14 个小花；颖果长圆形，黄棕色，长 7 ～ 8 mm，宽 4 ～ 5 mm。

【生物学特性】种子繁殖。河南棉田于 5 月上旬出苗，5 月下旬出

现第一次高峰，6至10月果实成熟后整株枯死。黑龙江5月上中旬出苗，7月上中旬出现第二批幼苗，8月上中旬开花结实。喜潮湿肥沃的土壤，种子很小但数量多，在田间靠风传播，多混生在旱地作物或棉田中。

（六）千金子（图5-72）

图5-72　千金子

【形态特征】一年生草本，株高30～90 cm；秆丛生，上部直立，基部膝曲，具3～6节，光滑无毛；叶片条形皮针状，无毛，常卷折；叶鞘大多短于节间，无毛；叶舌膜质，多撕裂，具小纤毛；花序圆锥状，分枝长，由多数穗形总状花序组成；小穗含3～7朵花，成2行着生于穗轴的一侧，常带紫色；颖具1脉，第二颖稍短于第一外稃；外稃具3脉，无毛或下部被微毛；颖果长圆形。

幼苗淡绿色；第一叶长2～2.5 mm，椭圆形有明显的叶脉，第二叶长5～6 mm；7～8叶出现分蘖和匍匐茎及不定根。

【生物学特性】种子繁殖。种子发芽需要充足水分，但在长期淹水条件下不能发芽，需要温度较高，因此发生偏晚。千金子的分蘖能力强，而且中后期生长较快，到水稻抽穗后，往往高出水稻一头。

（六）狗牙根（图 5-73、5-74）

图 5-73　狗牙根　　　　　　　　　　　　图 5-74　狗牙根

【形态特征】多年生草本，具根状茎或匍匐茎，直立茎 10 ～ 30 cm；匍匐茎坚硬、光滑，长可达 1 m 以上；节间长短不一，并在节间上生根和分枝；叶鞘具脊，鞘口通常具柔毛；叶舌短，具小纤毛；叶片条形；花序穗状 3 ～ 6 枚，呈指状排列于秆顶；小穗含 1 个花，成双行排列于穗轴的一侧；两颖近等长或第二颖稍长，各具 1 脉成脊；外稃与小穗等长，具 3 脉，脉脊上有毛；外稃和内稃近等长，具 2 脊；颖果长圆形。

【生物学特性】种子量少，细小而发芽率低，故以匍匐茎繁殖为主。狗牙根喜热而不耐寒，种子发芽以日平均气温 18℃最好。植株生长在 24℃以上最好，低于 6 ～ 9℃时生长缓慢，低于 -2 ～ -3℃时茎叶易受冻害。狗牙根喜光而不耐荫，喜湿而较耐旱。对土壤质地和土壤 pH 适应范围较宽。狗牙根营养繁殖能力很强，平均每株的匍匐茎具 24 ～ 35 个节芽，节上生枝，枝再分蘖。在我国北部地区，4 月初匍匐茎或根茎上长出新芽，4 至 5 月迅速蔓延，交织成网而覆盖地面。6 月开始陆续抽穗、开花、结实，10 月颖果成熟、脱落，并随风或流水传播扩散。

二、阔叶类杂草

（一）藜科杂草 – 灰菜（图 5-75、图 5-76、图 5-77、图 5-78）

图 5-75　灰菜

图 5-76　灰菜

图 5-77　灰菜

图 5-78　灰菜

【形态特征】一年生草本，株高 30 ~ 120 cm；茎直，粗壮，多分枝，有条纹；叶互生，具长柄；叶片菱状卵形或披针形，长 3 ~ 6 cm，宽 2.5 ~ 5 cm，基部叶片较大，上部叶片较小，全缘或边缘有不整齐的锯齿，叶背均有粉粒；花序圆锥状，由多数花簇排成腋生或顶生；秋季开黄绿色小花，花两性，花被黄绿色或绿色，被片 5 枚；胞果，完全包于花被内或顶端稍露，果皮薄，和种子紧贴；种子双凸镜形，深褐色或黑色，光亮。

幼苗下胚轴发达，子叶肉质，近条形，初生叶2片，长卵形，主脉明显，叶背紫色，有白粉。

【生物学特性】种子繁殖。种子发芽的最低温度为10℃，最适宜温度为20 ~ 30℃，最高温度40℃，适宜的出苗土层深度为4 cm以内。在华北与东北地区，3至5月出苗，6至10月开花、结果，随后果实渐次成熟。种子落地或借助外力传播。

（二）苋科杂草

1. 反枝苋（图5-79、图5-80、图5-81、图5-82）

图5-79　反枝苋

图5-80　反枝苋

图5-81　反枝苋

图5-82　反枝苋

【形态特征】一年生草本，株高 20 ～ 80 cm；茎直立，分枝较少，枝绿色，稍显钝棱，密生短绒毛；叶互生，具长叶柄，长 3 ～ 10 cm；叶片菱状广卵形或三角状广卵形，长 4 ～ 12 cm，宽 3 ～ 7 cm，先端微凸或微凹，具小芒尖，边缘略显波状，叶脉突起，两面和边缘有绒毛，叶背灰绿色，基部广楔形，叶有绿色、红色、暗紫色或带紫斑色等；圆锥花絮，顶生或腋生，花簇多刺毛；苞片卵形，先端芒状，长约 4 mm，膜质；花被白色，被片 5 枚，各有一条淡绿色中脉；雌雄同株；萼片 3 枚，披针形，膜质，先端芒状；雄花有雄蕊 3 枚，雌花有雌蕊 1 枚，柱头 3 裂；胞果扁球形，萼片宿存，长于果实，熟时环状开裂，上半部成盖状脱落；种子黑褐色，近于扁圆形，两面凸，平滑有光泽。

【生物学特性】种子繁殖。种子发芽最适宜温度为 15 ～ 30℃，出苗适宜土层深度为 5 cm 以内。在我国北部地区，4 至 5 月出苗，7 至 9 月开花结果，7 月以后种子渐次成熟落地，借助外力传播。

2. 野鸡冠花（图 5-83、图 5-84）

图 5-83　野鸡冠花

图 5-84　野花冠花

【形态特征】株高 0.3 ～ 1.0 m，全体无毛；茎直立，有分枝，绿色或红色，具明显条纹；叶片矩圆披针形、披针形或披针状条形，少数卵状矩圆形，长 5 ～ 8 cm，宽 1.0 ～ 3.0 cm，绿色常带红色，顶端急尖或渐尖，具小芒尖，基部渐狭；叶柄长 2.0 ～ 15.0 mm，或无叶柄；花多数，密生，在茎端或枝端成单一、无分枝的塔状或圆柱状穗状花序，长3.0 ~ 10.0 cm；苞片及小苞片披针形，长 3.0 ~ 4.0 mm，白色，光亮，顶端渐尖，延长成细芒，具 1 中脉，在背部隆起；花被片矩圆状披针形，长 6.0 ~ 10.0 mm，初为白色顶端带红色，或全部粉红色，后成白色，顶端渐尖，具 1 中脉，在背面凸起；花丝长 5 ~ 6 mm，分离部分长约2.5 ~ 3.0 mm，花药紫色；子房有短柄，花柱紫色，长 3.0 ~ 5.0 mm；胞果卵形，长 3.0 ~ 3.5 mm，包裹在宿存花被片内；种子凸透镜状肾形，直径约 1.5 mm；花期 5 至 8 月，果期 6 至 10 月。

3. 大戟科杂草 – 铁苋菜（图 5-85、图 5-86、图 5-87）

图 5-85　铁苋菜

图 5-86　铁苋菜

图 5-87　铁苋菜

【形态特征】一年生草本，高 30 ～ 60 cm；茎直立，多分枝；叶互生，叶柄长，叶片椭圆状披针形，长 2.5 ～ 8 cm，宽 1.5 ～ 3.5 cm，顶端渐尖，基部楔形，两面有疏毛或无毛，叶脉基部 3 出；花序腋生，单性，雌雄同株，无花瓣；雄花序在上，穗状，通常雄花序极短，着生在雌花序上部；雄花萼 4 裂，雄蕊 8 枚；雌花在下，生于叶状苞片内；有叶状肾形苞片 1 ～ 3 枚，不分裂，合对如蚌；蒴果钝三棱形，淡褐色，有毛；种子倒卵圆形，黑色，常有白膜质状腊层。

幼苗淡紫色，子叶近圆形；初生叶 2 片，卵形，边缘有疏齿，具短柄。

【生物学特性】种子繁殖。喜湿，当地温稳定在 10 ～ 16℃时种子萌发出土，在我国北方地区 4 至 5 月出苗，6 至 7 月也常有出苗高峰，7 至 8 月陆续开花结果，8 至 10 月果实渐次成熟。种子边成熟边脱落，可借助风力、流水向外传播，也可混杂在收获物中扩散，经冬季休眠后萌发。

4. 马齿苋科杂草 – 马齿苋（图 5-88、图 5-89）

图 5-88　马齿苋　　　　　　　　　图 5-89　马齿苋

【形态特征】一年生肉质草本，茎圆柱形，长可达 30 cm，直径 0.1 ～ 0.2 cm；表面黄褐色，有明显纵沟纹，茎下部匍匐，四散分枝，上部略能直立或斜上，肥厚多汁，绿色或淡紫色，全体光滑无毛；单叶互生或近对生，叶片肉质肥厚，易破碎，长方形或匙形，或倒卵形，先端圆，稍凹下或平截，长1～2.5 cm，宽0.5～1.5 cm，基部宽楔形，形似马齿，故名"马齿苋"；夏日开黄色花，花小，3～5朵生于枝端，花瓣5枚；蒴果圆锥形，自腰部横裂为帽盖状，内有多数黑色扁圆形细小种子。

幼苗紫红色，下胚轴发达；子叶长圆形；初生叶2片，倒卵形，全缘。

【生物学特性】种子繁殖。喜温，种子发芽的适宜温度为20～30℃，适宜的出苗土层深度在3 cm以内。在我国中北部地区，5月出现第一次出苗高峰，8至9月出现第二次出苗高峰；5至9月陆续开花，6月果实开始渐次成熟散落。马齿苋生命力很强，被铲掉的植株暴晒数日不死，植株断体后在一定条件下可生根成活。

（四）茄科杂草 – 龙葵（图5-90、图5-91、图5-92）

图5-90　龙葵

图5-91　龙葵

图5-92　龙葵

【形态特征】一年生草本，株高50～100 cm；茎直立，多分枝，全株平滑或具有微毛；叶互生，叶片卵形，全缘或有不规则的波状锯齿，两面光滑或具有微毛，具长柄；花序伞状形，短蝎尾状，腋外生，有花4～10朵，花梗下垂；花萼杯状，5裂；花冠白色，辐状，5裂，裂片卵状三角形；浆果球形，成熟时紫黑色；种子近卵形，扁平。

【生物学特性】种子繁殖。种子发芽最低温度为14℃，最适宜温度为19℃，最高温度22℃。出苗早晚与多少，与土层深度和土壤含水量有关，通常在3～7 cm土层中的种子出苗早、出苗多，在0～3 cm土层中的出苗次之，在7～10 cm土层中的种子出苗最晚、最少。

在我国北方地区，4至6月出苗，7至9月现蕾、开花、结果。当年种子一般不萌发，经越冬休眠后的种子，才发芽出苗。

（四）旋花科

1. 打碗花（小旋花）（图5-93、图5-94）

图5-93　打碗花　　　　　　　图5-94　打碗花

【形态特征】多年生草本，具地下横走根状茎，茎长30～100 cm，蔓状，纤细，有细棱，无毛，多自基部分枝，缠绕或匍匐；单叶互生，基部叶片长圆状心形，全缘，上部叶片三角戟形，侧裂片展开，通常2裂，中裂片卵状三角形或披针形，基部心形，两面无毛，具长柄；花腋生，单生，花梗较叶柄稍长；苞片2枚，卵圆形，较大，包围花萼，宿存；花萼裂片长圆形，光滑；花冠漏斗状，长 2 ~ 4 cm，淡红白色；雄蕊 5 枚，内藏；雌蕊 1 枚，子房 1 室，花柱单 1 枚，柱头 2 裂；蒴果卵圆形，稍尖，光滑；种子 4 粒，倒卵形，黑褐色。

【生物学特性】根芽和种子繁殖。根状茎多集中于耕层中，我国北方地区根芽 3 月开始出苗，春苗与秋苗分别于 4 至 5 月和 9 至 10 月生长繁殖最快，6 月开花、结实，出苗茎叶炎夏干枯，秋苗茎叶入冬枯死。

2. 田旋花（图 5-95、图 5-96）

图 5-95　田旋花　　　　　　　　图 5-96　田旋花

【形态特征】多年生草本，具有根和根状茎；直根入土较深，根状茎横走；茎蔓状，平卧或缠绕生长，上部有疏软毛，有棱；叶互生，叶片形态多变，但基本呈戟形或箭形，长 2.5 ~ 6 cm，宽 1 ~ 3.5 cm，全缘或 3 裂，中裂片大，卵状椭圆形、狭三角形、披针状椭圆形或线形，侧裂片展开呈耳形，叶柄长 1 ~ 2 cm；花 1 ~ 3 朵，腋生，花梗细弱；苞片线形，2 枚，与萼远离；萼片倒卵状圆形，5 枚，无毛或被疏毛，缘膜质；花冠漏斗形，粉红色，长约 2 cm，外面有柔毛，褶上无毛，有不明显的 5 浅裂；雄蕊的花丝基部肿大，有小鳞毛；子房 2 室，有毛，柱头 2 枚，狭长；蒴果球形或圆锥状，无毛；种子三棱状椭圆形，无毛。

实生苗子叶近方形，主脉明显，先端微凹，有柄；初生叶 1 片，长圆形，先端钝，基部两侧稍向外突出成矩，也有柄。

【生物学特性】根芽和种子繁殖。在我国北方地区，根芽 3 至 4 月出苗，4 至 5 月陆续现蕾、开花，6 月以后果实渐次成熟，9 至 10 月地上茎叶枯死。种子多混杂在收获物中传播。

（五）菊科杂草

1. 刺儿菜（图 5-97、图 5-98）

图 5-97　刺儿菜　　　　　　　　　　图 5-98　刺儿菜

【形态特征】多年生草本，株高 20 ~ 50 cm；具地下横走根状茎，茎直立，无毛或有蛛丝状毛；叶互生，无柄，基生叶较大，茎生叶较小，叶片椭圆形或长椭圆披针形，全缘或有齿裂，有刺，两面被蛛丝状毛；花序头状，单生于茎顶；花单性，雌雄异株；雄花较小，总苞长约 18 mm，花冠长 17 ~ 20 mm；雌花花序较大，总苞长约 23 mm，花冠长约 26 mm；总苞钟形，苞片多层，先端均有刺；花冠淡红色或紫红色，全为筒状；瘦长果，椭圆形或长卵形，具污白色羽状冠毛。

【生物学特性】以根芽繁殖为主，种子繁殖为辅。在我国中北部地区，于 3 至 4 月前后出苗，5 至 6 月开花、结籽，6 至 10 月果实渐次成熟。种子借助于风力飞散。实生苗当年只进行营养生长，第二年才能抽茎开花。

刺儿菜是难以防除的恶性杂草，根芽在生长季节内随时都可萌发，而且在地上部分被除掉或根茎被切断后，还能再生新株。

3. 鳢肠（图 5-99、图 5-100）

图 5-99　鳢肠　　　　　　　　图 5-100　鳢肠

【形态特征】一年生草本，株高 15 ～ 60 cm；茎直立或匍匐，自茎基部或上部分枝，绿色或红褐色，被伏毛；茎叶折断后有墨水样汁液；叶对生，无柄或基部叶有柄，被粗伏毛；叶片长披针形、椭圆状披针形或条状披针形，全缘或有细锯齿；花序头状，腋生或顶生；总苞片 2 轮，5 ～ 6 枚，有毛，宿存；托叶披针形或刚毛状；边花白色，舌状，全缘或 2 裂；心花淡黄色，筒状，4 裂；舌状花的瘦果四棱形，筒状花的瘦果三棱形，表面都有瘤状突起，无冠毛。

【生物学特性】种子繁殖。鳢肠喜湿耐旱，抗盐耐脊和耐荫。在潮湿的环境里被锄移位后，能重新生出不定根而恢复生长，故称为"还魂草"，并能在含盐量达 0.45% 的中重度盐碱地上生长。鳢肠具有惊人的繁殖能力，1 株可结籽 1.2 万粒。这些种子或就近落地入土，或借助外力向远处传播。

（五）桑科杂草 – 葎草（拉拉秧）（图 5-101、图 5-102、图 5-103）

图 5-101　葎草

图 5-102　葎草

图 5-103　葎草

【形态特征】一年生草本。茎缠绕，长达 5 m，多分枝具纵棱；茎和叶柄密生倒刺；叶对生，具有叶柄；叶片掌状，5 ~ 7 深裂，边缘有粗锯齿，两面有梗毛；花单生，雌雄异株；花絮圆锥状，腋生或顶生，花黄绿色，被片 5 枚；雌花序排列成近圆形穗状，腋生，每 2 朵花外有 1 卵形的苞片，花被退化为全缘的膜质片；瘦果扁圆形，先端具圆柱状突起，褐色。幼苗下胚轴发达，子叶长条形，无柄，初生叶 2 片，长卵形，3 裂，边缘有钝齿，有柄。

【生物学特性】种子繁殖。种子发芽的温度 10 ~ 20℃，最适宜温度为 15℃，适宜的出苗土层深度为 2 ~ 4 cm，埋入土层深度未发芽的种子 1 年后丧失发芽能力。在我国北方地区，4 月后出苗，6 至 9 月开花，

8至10月果实渐次成熟。种子经越冬休眠后萌发。

（七）鸭跖草科 - 鸭跖草

【形态特征】一年生草本，茎下部匍匐生根，上部直立或斜生，长30 ~ 50 cm；叶互生，披针形或卵披针形，表面光滑无毛，有光泽，基部下延成鞘，有紫红色条纹；总苞片佛焰苞状，有长柄，叶对生，卵状心形，稍弯曲，边缘常有硬毛；花序聚散形，有花数朵，略伸出苞外；花瓣3枚，其中2枚较大，深蓝色，1枚较小，浅蓝色，有长爪；蒴果卵圆形，2室，有4粒种子，种子包面凹凸不平，褐色或深褐色。（图5-104）

图 5-104　鸭跖草

【生物学特性】种子繁殖。为晚春性杂草，雨季蔓延迅速；入夏开花；8至9月果实成熟，种子随成熟随落地。抗逆性强，种子发芽的适宜温度15 ~ 20℃，发芽的土层适宜深度为2 ~ 6 cm，种子在土壤中可以存活5年以上。

（八）莎草科杂草

1. 扁秆蔗草（三棱草）（图 5-105、图 5-106）

图 5-105　扁秆蔗草

图 5-106　扁秆蔗草

【形态特征】多年生草本，株高 60 ~ 100 cm；具地下横走根茎和块茎，根茎顶端膨大成块茎；秆直立而较细，三棱形，平滑；叶基生或秆生，条形，与秆近等长，基部具有长叶鞘，苞状叶片，1 ~ 3 枚，长于花序；花序聚散形，短缩成头状，假侧生，有时具有少数短辐射枝；有 1 ~ 6 个小穗，小穗卵形或长圆状卵形，具多数小花；鳞片矩圆形，褐色或深褐色，顶端具撕裂状缺刻，中脉延伸成芒状；下位刚毛 4 ~ 6 条，具倒刺，短于果；小坚果，倒卵形，扁而稍凹或稍凸，灰白色或褐色。

【生物学特性】块茎或种子繁殖。块茎发芽最低温度为 10℃，最适宜温度为 20 ~ 25℃，出苗适宜土层深度为 0 ~ 20 cm，最适宜深度 5 ~ 8 cm；种子发芽最低温度为 16℃，最适宜温度为 25℃，出苗土层深度为 0 ~ 5 cm，最适宜深度为 1 ~ 3 cm。块茎和种子没有休眠期或无明显的休眠期。三棱草适应性强，块茎和种子冬季在稻田土壤中经 -36℃ 的低温，翌年仍有生命力；块茎夏天在干燥的条件下，暴晒 45 天后，再置于保持浅水的土壤中，仍可恢复生机，而且只有 3 mm 大的小块茎遗留下来，就能发芽出苗。

在三棱草发生区，块茎大致于 4 ～ 6 月出苗。条件适宜，幼苗生长很快，平均 1 天就可长 2.5 cm，而且蔓延迅速，6 至 9 月份，平均 3.3 天可长出一片新株；种子于 5 至 7 月萌发出苗，3.5 叶后伸出地下茎，4.5 ～ 5.5叶发出再生苗，7 至 9 月开花结果。种子成熟后随水或夹杂于稻谷中传播。

2. 水莎草（图 5-107、图 5-108）

图 5-107　水莎草　　　　　　　图 5-108　水莎草

【形态特征】多年生草本，具细长地下横走茎，高 30 ～ 100 cm；秆散生，直立，较粗壮，扁三棱形；叶片条形，稍粗糙；叶鞘腹面棕色；苞片叶状 3 ～ 4 枚，长于花序；花序长侧枝聚散型复出，具 4 ～ 7 条长短不等的辐射枝，每枝有 1 ～ 3 个穗状小花序，每个花序具 4 ～ 18 个小穗；小穗条状披针形，稍膨胀，具 10 ～ 30 朵花；穗轴有白色透明的翅；鳞片 2 列，宽卵形，先端钝，背部肋绿色，两侧褐红色。小坚果卵圆形，平凸状，有突起的细点。

【生物学特性】根茎和种子繁殖。繁殖体发芽最低温度为 5℃，适宜温度为 20 ～ 30℃，最高温度为 45℃；出苗土层深度在 15 cm 以内，最适不超过 6 cm。各地大约在 5 至 6 月出苗，7 至 8 月开花，9 至 10 月成熟。

3. 碎米莎草（图 5-109、图 5-110）

图 5-109　碎米莎草　　　　　　　　图 5-110　碎米莎草

【形态特征】一年生草本，株高 8 ~ 85 cm；秆丛生，直立，扁三棱形；叶基生，短于秆，宽 3 ~ 5 mm；叶鞘红褐色；叶状苞片 3 ~ 5 枚，下部 2 ~ 3 枚，长于花序；花序长侧枝聚伞形复出，具长短不齐的辐射枝 4 ~ 9 枚，长达 12 cm，每辐射枝具 5 ~ 10 个穗状花序；穗状花序长 1 ~ 4 cm，具小穗 5 ~ 22 个；小穗排列疏松，长圆形至线状披针形，压扁，长 4 ~ 10 mm，具花 6 ~ 22 朵；鳞片排列疏松，膜质，宽倒卵形，先端微缺，背部有绿色龙骨突起，具短尖，具 3 ~ 5 脉，两侧黄色；雄蕊 3 枚；花柱短，柱头 3 枚；坚果小，倒卵形或椭圆形、三棱形，黑褐色，约与鳞片近等长。

幼苗第一叶条状披针形，长 2 cm，横断面呈"U"形。

【生物学特性】种子繁殖。5 至 8 月陆续都有出苗，6 至 10 月抽穗、开花、结果。成熟后全株枯死。

4. 异型莎草（图 5-111）

图 5-111　异型莎草

【形态特征】一年生草本，株高 20 ～ 65 cm；秆丛生，扁三棱形；叶基生，条形，短于秆；叶鞘稍长，淡褐色，有时带紫色；苞片叶状 2 或 3 枚，长于花序；花序长侧枝聚伞形，简单，少有复出，具长短不齐的辐射枝 3 ～ 9 枚；小穗多数，集成球状，具花 8 ～ 28 朵；鳞片具扁圆形，长不及 1 mm，背部有淡黄色的龙骨状突起，两侧深红色或栗色，有 3 脉；小坚果倒卵形或椭圆形，有三棱，淡黄色，与鳞片近等长。

幼苗淡绿色至黄绿色，基部略带紫色，全体光滑无毛；第 1 ～ 3 叶条形，稍呈波状变曲，长 5 ～ 20 mm；4 叶以后开始分蘖，叶鞘闭合。

【生物学特性】种子繁殖。种子发芽适宜温度 30 ～ 40℃，适宜出苗土层深度为 2 ～ 3 cm。我国北方地区在 5 至 6 月出苗，8 至 9 月，种子成熟落地或随风力和流水向外传播，经越冬休眠后萌发出苗。

异型莎草的种子繁殖量大，一株可结籽 5.9 万粒，可发芽 60%，因而在集中发生的地块，数量可高达 480 ～ 1200 株 / m^2。又因该种子小而轻，可随风散落，随水漂流或随动物活动、稻谷运输向外传播。

4. 香附子（图 5-112、图 5-113）

图 5-112　香附子　　　　　　　　　图 5-113　香附子

【形态特征】多年生草本，株高 20 ~ 95 cm；秆散生，直立，锐三棱形，具地下横走根茎，顶端膨大成块茎，有香味；叶片窄线形，长 20 ~ 60 cm，宽 2 ~ 5 mm，先端尖，全缘，具平行脉，主脉于背面隆起，质硬，叶丛生于茎基部，短于秆；叶鞘闭合包于秆上，苞片叶状，3 ~ 5 枚，下部 2 ~ 3 枚，长于花序；花序复穗状，有 3 ~ 10 个长短不等的辐射枝，每枝有 3 ~ 10 个排列成伞状形的小穗；小穗条形，略扁平，长 1 ~ 3 cm，宽约 1.5 mm，具 6 ~ 26 朵花，穗轴有白色透明的翅；鳞片卵形或宽卵形，背面中间绿色，两侧紫红色。坚果小，长圆倒卵形，三棱状，暗褐色，具细点。

【生物学特性】种子或块茎繁殖。块茎发芽的最低温度为 13℃，最适宜温度 30 ~ 35℃，最高温度 40℃。香附子较耐热而不耐寒，冬天在 -5℃以下开始死亡，所以香附子不能在寒带地区生存。块茎在土壤中的分布深度因土壤条件而异，通常有一半以上集中于 10 cm 以上的土层中，个别的可深达 30 ~ 50 cm，但在 10 cm 以下，随深度的增加导致发芽率和繁殖系数锐减。香附子较为喜光，遮阴能明显影响块茎的形成。

香附子的生命力比较顽强。其存活的临界含水量为 11% ~ 16%，通常在地下挖出单个块茎，暴晒 3 d，仍有 50% 的存活率。块茎的大小和成熟度不同，其发芽率基本没有差异。块茎的繁殖力惊人，在适宜的条件下，1 个块茎 100 d 可繁殖 100 多棵植株。种子可借助风力、水流及人、畜活动传播。

第六章
草莓土壤连坐障碍与改良修复

第一节　土壤基本概念

一、土壤的定义及分类

土壤是指地球陆地上能够生长绿色植物的疏松表层，按照土壤质地，土壤的泥沙比例可分为砂土、黏土、壤土。

砂土：土壤含砂粒在80%以上，土壤粒间大孔隙多，容重在1.4～1.7克/每立方厘米。

黏土：含泥粒在60%以上，土壤比重在2.6～2.7克/立方厘米之间。

壤土：泥沙比例适中，一般砂粘占40～55%，粘（泥）粒占45～60%土壤容重1.1～1.4克/立方厘米之间。

二、土壤结构性

良好的土壤结构是指土体种机构体的大小。土壤中物资的类型、数量、品质及相互排列方式和响应孔隙状况的综合特性表现。有机质含量、pH、EC值、孔隙度、土壤容重等指标影响着土壤的结构性，是草莓高产、丰产、优产的关键。不同土壤结构对土壤肥力的影响不同。土壤结构能协调土壤有机质中养分的消耗和积累的矛盾；能协调水分和空气的矛盾；

能稳定土壤温度，调节土热状况；改良耕性和有利于作物根系伸展。

三、健康土壤指标

（一）结构

团粒结构，板结最直接的表现开裂。沙土、黏土的保水保肥性能差异。

（二）盐分

表现：大量盐析。

危害：造成根系吸收障碍。

原因：化学肥料和鸡粪 { 不使用或不能长期大量使用 }。解决：减少化学肥料施用量，水洗和休耕，绿肥还田。

（三）酸碱性

草莓适宜在中性或微酸性的土壤中生长，在土壤 pH 5.5 ~ 6.5 范围内最适宜。如果土壤有机质含量较高（＞ 1.5%）时，土壤 pH 在 5 ~ 7 范围内均可以生长良好。在土壤 pH 超过 8 以上时，则植株生长不良，表现为成活后逐渐干叶死亡。

四、有机质含量

（一）有机质的定义

有机质泛指以不同形态存在于土壤种的各种含碳有机化合物的总称，可通过种植绿肥、增施有机肥、秸秆还田等途径增加土壤有机质含量。土壤有机质平均含碳量为 58%，只要检测有机质中 C 的含量再乘以 100/58 即得有机质含量。土壤中全氮含量与有机质含量呈正相关，土壤有机质的碳氮比一般 8 : 1 ~ 12 : 1。一般情况下，碳水化合物含量为 10 ~ 17%，含氮化合物含量为 18% 左右，腐殖质含量为 50 ~ 65%。土壤有机质的存在状态可分为分解、半分解的残体、生命体、有机无机复合态的腐殖质。

（二）有机质的作用

为植物生长提供养分，促进微生物的活动，改善土壤物理性状，调节土壤的化学性质，提高土壤保水保肥能力，有助于消除土壤中的农药残留和重金属污染。

（三）有机质的转化

有机质的转化的转化分为碳水化合物的转化、含氮有机物的转化、含磷有机物的转化、含硫有机物的转化。

碳水化合物转化是指葡萄糖、酵母菌在通气较好的情况下，好氧菌把碳水化合物分解成 CO_2 和水，释放出热量的过程。通气不好厌氧菌则分解成中间体甲烷、氢气。

含氮有机物的转化可分蛋白质类和费蛋白质类两种类型，在微生物作用下分解成无机态氮，硝态氮、铵态氮。

含磷有机物的转化是指核蛋白、卵磷脂在腐蚀性微生物的作用下形成磷酸的过程。

含硫有机物的转化是指硫蛋白质谷氨酸、半谷氨酸，在微生物的作用下分解成硫化氢，硫化氢的积累对作物造成伤害，如果通气好，在硫细菌作用下进行氧化成硫酸被吸收。

第二节　土壤酸化

一、当前草莓土壤酸化状况

土壤酸碱度（pH）对农作物生长非常重要，适宜大多数农作物生长的土壤 pH 为 7 或略小于 7。根据氢离子（ h^+ ）在土壤中存在的方式，土壤酸度分为活性酸度和潜性酸度。土壤溶液中的氢离子浓度为活性酸度；土壤胶体吸收性氢离子和铝离子被其他阳离子交换到土壤溶液中引起的氢离子浓度增加为土壤潜性酸度。

在自然条件下，土壤酸化是一个相对缓慢的过程，土壤 pH 每下降一个单位需要数百年甚至上千年，而我国自 20 世纪 80 年代初以来，几乎所有土壤类型的 pH 下降了 0.2 至 1.0 个单位，平均下降了约 0.6 个单位，并且在南方地区更为严重，据研究，我国草莓种植区域土壤酸化程度比粮食作物种植区域更为严重，局部地区的 pH 已经下降到 5.0 以下，即使是抗酸化的土壤类型如盐碱地，也显示其 pH 在下降。

二、土壤酸化的原因

土壤酸化受耕作活动影响很大，特别是不合理施肥过量使用氮肥以及酸雨是造成土壤酸化的重要原因。数据显示，中国氮肥的消费量已经从 1981 年的 1118 万 t 增长至 2011 年的 3420 万 t，30 年间增长了两倍多，据研究，千家万户小地块的分散经营生产和过度追逐高产是国内氮肥消费一直增长的主要原因。

另一方面，大量施用硫基、硝基等无机生理酸性氮肥也能引起土壤活性酸度增强。图 6-1 是长期（17 年）施用不同形态的氮肥，每 ha 施用纯氮 80 kg，在年降雨量 1100 mm 的情况下对土壤酸碱度的影响。

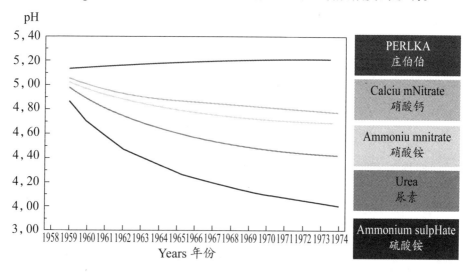

图 6-1　1958 ~ 1974 年不同肥料对土壤酸化的影响

另外，大量施用没有腐熟的有机粪肥如鸡粪、鸭粪等，由于生物的呼吸作用和有机物分解过程中释放出的二氧化碳溶于水形成碳酸，有机质嫌气分解过程中会产生少量的有机酸，以及土壤中因氧化作用而产生的少量无机酸，也成为土壤酸化的诱因之一。

因此，我国最近 40 年高投入高产出的集约化农业生产模式，加速了土壤酸化过程。随着未来农业集约化程度的提高和粮食、蔬菜、水果等农产品需求的进一步增加，土壤酸化程度还会加重。

土壤酸化会造成草莓吸收障碍，土壤中氢离子浓度过高造成氢离子毒害，激活土壤中的铝、锰离子引起毒害，降低大多数阳离子的有效性，造成有效钾、镁、钙等的缺乏，限制根系生长和养分吸收。

第三节 土壤盐渍化

一、当前土壤盐化状况

盐土是指土壤中可溶性盐含量达到对作物生长有显著作用的土壤。土壤中的可溶性盐分主要有：K^+、NH^+、Na^+、Ca^{2+}、Mg^{2+}、Zn^{2+}、Cu^{2+} 等阳离子和 Cl^-、$SO4^{2-}$、HCO_3^-、CO_3^{2-}、NO^{3-} 等阴离子。研究表明，当土壤含盐量达到土壤干重的 0.3% ~ 1.0% 时，草莓产量就减少到正常产量的十分之一到三十分之一。因此，土壤盐渍化对草莓的危害很大。

二、土壤盐化的原因

土壤可溶性盐分增加的主要来源有如下几个方面：

（一）气候条件

在干旱和半干旱条件下，没有足够的降雨，不能有效淋溶土壤中的可溶性盐分，导致可溶性盐分在土壤表层积累，而成为盐土。另一方面，强烈的自然蒸发作用，引起土壤深层盐分随土壤毛细管水上升到土壤表面，表土盐分含量增加 2 ~ 20 倍。

（二）矿物风化的释放

由于生物的活动，土壤中的 CO_2 分压提高，则 $H_2CO_3HCO_3^-$ 和 CO_3^{2-} 的溶解量增多。

（三）灌溉水

地下水是土壤积盐的主导因素，它是不同来源盐分的重要载体，土壤的积盐量和盐分组成，与地下水的矿化度和盐分组成有密切的关系。同时，农作物大水灌溉，降低了土壤的透气性，影响了水对土壤盐分的淋溶作用，提高了土壤表层内的水溶性盐分含量。

（四）施肥

1. 化学肥料对土壤盐化的影响：农业生产中施用的许多化学肥料，包括氮素肥料（如硝酸铵、硫酸铵、尿素等）、磷素肥料（如磷酸一铵、磷酸二铵、过磷酸钙等）和钾素肥料（如硫酸钾、氯化钾等）都是可溶性的盐，只要施用，就会引起土壤可溶性盐分含量的增加。不同肥料因为所含离子不同，因此对土壤盐化的程度也不同（见表 6-1）。

表 6-1 不同化学肥料对土壤盐化的影响

肥料【Fertilizer】	盐分指数【Saltindex】
硝酸铵【Ammonium nitrate】	105
石灰【Ammonium nitrate–li me】	61
硫酸铵【Ammoniu msulfate】	69
氰氨化钙【Calcium cyanami de】	31
硝酸钙【Calcium nitrate】	65
硝酸钠【Sodium nitrate】	100
氮溶液【Nitrogen solution 37%】	78
硝酸钾【Potassium nitrate】	74
氯化钾【Potassium chloride】	116
尿素【Urea】	75

2. 常见的畜禽粪肥、有机肥对土壤盐化的影响：畜禽配合饲料中都加入了一定量的食盐即 Nacl、微量元素（铜、锌和重金属砷、铬、铅和镉等），食盐不是畜禽生长的必须元素，这样 NaclI 和许多未被畜禽吸收的微量元素积累在畜禽粪便中排出（见表 6-2），以畜禽粪肥为主要原料的有机肥含盐分较重，会给土壤带来盐化。

表 6-2 猪摄取饲料中微量元素及其排出粪尿中微量元素含量

样品	A			B			C		
微量元素	铜	锌	砷	铜	锌	砷	铜	锌	砷
喂猪量（g）	249	416	3.86	451	581	2.71	369	507	3.12
粪尿排出量（g）	180	382	3.88	343	561	4.22	292	489	4.45
排出量 / 摄取量（%）	72.2	91.7	100.5	76.1	96.6	155.7	79.2	96.5	142.7

据英国 Unwin1981 研究（表 6-3），摄取高铜饲料的猪排出粪便样品中所含的铜量约在 600 ~ 900 mg/kg 干物质，如在沙土上连续 3 年每 ha 灌溉 1800 m^3 的猪场废水，其土中所含的铜量有积累效应，但当深度深于 45 cm 后，此种差别就消失。

表 6-3 沙质土地上连续三年施猪粪土壤中铜积累量

（E dTA Cu mg/kg）

土壤层	对照组	每年每 ha 施 1800 m^3 猪场废水
表层	3.3	109
0 ~ 5 cm	1.9	23.3
5 ~ 15 cm	1.4	3.8
15 ~ 30 cm	1.0	1.5
30 ~ 45 cm	0.5	0.7
45 ~ 60 cm	0.5	0.5

三、土壤盐渍化对草莓生长的影响

（一）降低水分有效性

离子浓度影响着溶液的渗透势，当土壤溶液中盐分含量增加时，渗透压也随之提高，而水分的有效性，即水势却相应降低，使植物根系吸水困难。即使土壤含水量并未减少，也可能因盐分过高而造成植物缺水，出现生理干旱现象。这种影响的程度取决于盐分含量和土壤质地。在土壤含水量相同的条件下，盐分含量越高，土壤越黏重，则土壤水的有效性越低。

草莓体内盐分过多，会增加细胞汁液的渗透压，提高细胞质的黏滞性，从而影响细胞的扩张。因此，在盐渍土上生长的植株一般都比较矮小，叶面积也小，使得叶绿素相对浓缩，表现为叶色深绿。

草莓植株体内水分有效性降低，会影响蛋白质三级结构的稳定，降低酶的活性，从而抑制蛋白质的合成。

（二）单盐毒害作用

草莓是盐敏感植物。通常含盐土壤中，盐的成分包括钙、钠、镁、氯化物、硫酸盐和重碳酸盐等。在离子浓度相同的情况下，不同种类的盐分对植物生长的危害程度不同。盐分种类之间的这种差异与各种离子特性有关，属于离子单盐毒害作用。在盐渍土中，若某一种盐分浓度过高，其危害程度比多种盐分同时存在时要大。

（三）破坏膜结构

高浓度盐分尤其是钠盐会破坏根细胞原生质膜的结构，引起细胞内养分的大量外溢，造成植物养分缺乏。受盐害的植物体电解质外渗液的主要成分是钾离子，因此会导致植物严重缺钾。植物体内钠含量过高，会抑制膜上排钠泵的功能，导致钠不能及时排出膜外。草莓生长几乎完全由盐溶液的渗透压决定，当钠或氯在叶片中累积到有害的水平时，还会出现叶焦病，而叶片损伤将进一步阻碍草莓生长，从而降低产量。

（四）破坏土壤结构，阻碍根系生长

草莓属浅根性作物，对土壤表层营养元素吸收较多。高钠的盐土，其土粒的分散度高，易堵塞土壤孔隙，导致气体交换不畅，根系呼吸微弱，代谢作用受阻，养分吸收能力下降，造成草莓根际周围营养失衡，影响根系生长，营养缺乏。在干旱地区，因土壤团粒结构遭破坏，土壤易板结，根系生长的机械阻力增强，造成草莓扎根困难，幼苗很难发根且缺少须根，受盐害的根会增粗，匍匐茎苗常无法在土壤表面生根。

第四节　土壤板结

一、概念

土壤板结是指土壤表层因缺乏有机质或土壤酸化等引起土壤结构不良，在灌水或降雨等外因作用下结构破坏，土粒分散，而干燥后受内聚力作用，使土面变硬的现象。

二、土壤板结的原因

（一）农田土壤质地黏重，耕作层浅

黏土中的黏粒含量较多，加之耕作层平均不到 20 cm，土壤中毛细管孔隙较少，通气、透水、增温性较差。

（二）有机物料投入少

有机肥施用量少或秸秆不能还田，使土壤中有机物质补充不足，土壤有机质含量偏低，理化性状变差，影响微生物的活性，从而影响土壤团粒结构的形成，造成土壤的酸碱性过大或过小，导致土壤板结。

（三）塑料废弃物污染

地膜和塑料袋等没有清理完，在土壤中无法完全被分解，形成有害

的块状物。施入土壤中不易降解，造成土壤板结。

（四）长期单一地偏施化肥，农家肥严重不足

重氮磷肥轻钾肥和钙肥，土壤有机质下降，腐殖质不能得到及时地补充，引起土壤板结和龟裂。长期施用硫酸铵也容易造成土壤板结。

（五）镇压、翻耕等农耕措施导致上层土壤结构破坏

由于机械耕作的影响，破坏了土壤团粒结构，而每年施入土壤中的肥料只有部分被当季作物吸收利用，其余被土壤固定，形成大量酸盐沉积，造成土壤板结。另外，耕作时机不当，如土壤过湿时耕翻镇压也容易造成板结。

（六）有害物质的积累

部分地方地下水和工业废水中有毒物质含量高，经过长期利用灌溉，有毒物质积累过量引起表层土壤板结。

（七）暴雨造成水土流失

暴雨后，表土层细小的土壤颗粒被带走，使土壤结构遭到破坏。而黏粒、小微粒在积水处或流速缓处沉淀干涸后，易形成板结。

三、土壤板结对草莓的危害

（一）影响草莓根系发育

土壤板结容易造成土壤通透能力下降，土壤微生物种群减少，微生物的活动降低，土壤团粒结构差，土壤吸氧及营养物质的吸附能力降低，草莓根系生长的环境恶化，使草莓根系发育不良，影响草莓的生长发育。

（二）影响土壤的供肥力

土壤板结引起土壤孔隙度减少，通透性差，地温降低，致使土壤中好气性微生物的活动受到抑制，水、气、热状况不能很好地协调，其供肥、保肥、保水能力弱。土壤板结还延缓了有机质的分解，土壤理化性质逐渐恶化，地力逐渐衰退，土壤肥力随之下降。不能满足草莓优质高产对肥水的需求。

（三）影响草莓对矿物养分的吸收

土壤板结时，草莓根系呼吸受阻，根部细胞呼吸减弱，引起草莓根系活力下降，土壤中的矿物养分多以离子态存在，吸收时多以主动运输方式，需要消耗细胞代谢产生的能量，故能量供应不足，影响养分吸收。（图6-2、图6-3）

图6-2　土壤板结　　　　　　　　图6-3　土壤板结

第五节　土壤矿物养分失衡

一、土壤养分

土壤中的有机质和氮（N）、磷（P）、钾（K）、钙（Ca）、镁（Mg）、硫（S）、铜（Cu）、铁（Fe）、锌（Zn）、硼（B）、锰（Mn）、钼（Mo）和氯（Cl）等元素是作物养分的基本来源。

二、土壤养分含量

我国土地辽阔，成土条件及耕作措施复杂多样，土壤养分含量有较大差异。通常认为土壤有机质含量达2.5%以上为高肥力地，1.0%～2.5%为中等肥力地，1.0%以下为低肥力地。土壤含磷（P_2O_5）

量在 0.08% ~ 0.10%，似乎是一个缺磷界限。就土壤中钾（K_2O）含量来说，凡是大于 2.2% 的属高含量，1.4% ~ 2.2% 的为中等含量，小于 1.4% 属低含量。

我国土壤养分含量的总体趋势是：有机质和氮素含量以东北的黑土最高，其次是华南和长江流域的水稻土，而以华北平原、黄土高原土壤为最低；土壤磷素含量有较大变幅，总体上说是从南到北，从东到西有逐渐增加的趋势，淹水土壤有效磷有所提高；土壤钾的含量比较高，且由南到北，由东到西逐渐增加。目前，由于我国农业生产长期实行家庭联产承包责任制，农业生产中的施肥决策权主要掌握在农民和农资经销商手中，施用什么肥料和施用多少肥料由生产者和肥料经营者决定，因此我国的施肥不合理现象比较突出，过量施用氮肥和磷肥比较普遍。因此，从土壤氮、磷、钾三种养分互相比较看，大部分土壤高氮，富磷，相对缺钾。

三、我国土壤分级标准（见表 6-4、表 6-5）

表 6-4　土壤酸碱度与常见养分分级标准

编码	pH	有机质 %	全氮 %	全磷 %	速效磷 mg/kg	全钾 %	速效钾 mg/kg
1	≤ 4.5	>4.00	>0.200	>0.100	>20	>2.50	>200
2	4.6 ~ 5.5	3.01 ~ 4.00	0.151 ~ 0.200	0.081 ~ 0.100	16 ~ 20	2.01 ~ 2.00	151 ~ 200
3	5.6 ~ 6.5	2.01 ~ 3.00	0.101 ~ 0.150	0.061 ~ 0.080	11 ~ 15	1.51 ~ 2.00	101 ~ 150
4	6.6 ~ 7.5	1.01 ~ 2.00	0.076 ~ 0.100	0.041 ~ 0.060	6 ~ 10	1.01 ~ 1.50	51 ~ 100
5	7.6 ~ 8.5	0.61 ~ 1.00	0.051 ~ 0.075	0.021 ~ 0.040	4 ~ 5	0.51 ~ 1.00	31 ~ 50
6	8.6 ~ 9.0	≤ 0.60	≤ 0.050	≤ 0.020	≤ 3	≤ 0.5	≤ 30

表6-5　常见养分分级标准

编码	有效铜 mg/kg	有效锌 mg/kg	有效铁 mg/kg	有效锰 mg/kg	有效钼 mg/kg	有效硼 mg/kg
1	>1.80	>3.00	>20	>30	>0.30	>2.00
2	1.01 ~ 1.80	1.01 ~ 3.00	10.1 ~ 20	15.1 ~ 30	0.21 ~ 0.30	1.01 ~ 2.00
3	0.21 ~ 1.00	0.51 ~ 1.00	4.6 ~ 10	5.1 ~ 15.0	0.16 ~ 0.20	0.51 ~ 1.00
4	0.11 ~ 1.20	0.31 ~ 0.50	2.6 ~ 4.5	1.1 ~ 5.0	0.11 ~ 0.15	0.21 ~ 0.50
5	/	≤ 0.30	/	/	≤ 0.10	≤ 0.20

三、矿物养分失衡及化感自毒作用的影响

草莓连作会使土壤理化性状发生改变，养分失衡，破坏微生物群落结构。由于不同区域气候条件、土壤状况差异较大，栽培品种及相应的栽培措施、施肥方式等不尽相同，导致不同地区的土壤理化性质差异很大。由于矿物元素之间相互具有协同和拮抗效应，偏使某一元素肥料对草莓生长发育会造成缺素、矿物养分失衡等生理性病害。如多施氮肥不利于磷钾肥的吸收，施用过量的磷和钾影响对氮的吸收，铁对磷的吸收有拮抗作用，增施石灰可使磷成为不可给态，钾影响钙的吸收并能降低钙营养的水平，镁影响钙的运输，镁和硼与钙有拮抗作用，铵盐能降低对钙的吸收同时减少钙向果实的转移，施入钠、硫也可减少对钙的吸收，等等。

草莓在连作过程中，随着连作年限的增加，根系会分泌一些酚酸类化感物质，对草莓苗根、茎、叶的生长均有一定程度的抑制作用，而对于根系和茎叶的鲜重影响更为显著。这种化感物质的自毒作用能抑制草莓根系生长的活力，降低叶片的叶绿素含量及SOD酶活性，从而导致草莓抗病能力下降。

第六节　土壤重金属污染

一、我国土壤重金属污染现状

我国受重金属污染的土壤面积达 2000 万 hm^2，约占总耕地面积的 1/5，因工业"三废"和农业面源污染而引起的重度污染农田近 350 万 hm^2。有资料显示，华南地区部分城市郊区有 50% 的耕地遭受镉、砷和汞等有毒重金属和石油类的污染。长江三角洲地区有的城市郊区连片农田受镉、铅、砷、铜和锌等多种重金属污染，致使 10% 的土壤基本丧失生产力。

二、引起土壤重金属污染的主要原因

（一）工业"三废"

工业"三废"是指工业生产排放的废气、废水和废渣。工业"三废"中含有多种有毒和有害物质，若不经妥善处理，未达到规定的排放标准而排放到环境（大气、水域、土壤）中，超过环境自净能力的容许量，就会对环境产生污染，破坏生态平衡。污染物对农作物产生严重的危害，轻者影响作物产量，重者导致作物绝产，更重要的是危害人们的身体健康。

（二）生活污染

生活污染源是指人类生活产生的污染物发生源。主要包括生活用煤、生活废水和生活垃圾等。具有位置、途径、数量不确定，随机性大，分布范围广，防治难度大等特点。主要是由于城市规模扩大，人口越来越密集造成的。

（三）农业污染

农业污染主要是农作物生产废物，包括农业生产过程中不合理使用而流失的农药、化肥、残留在农田中的农用薄膜和处置不当的养殖业畜

禽粪便、恶臭气体以及不科学的水产养殖等产生的水体污染物。

我国是农药生产和使用大国。近年来我国农药总施用量达 130 余万 t（成药），平均每 667 m² 施用接近 1 kg，比发达国家高出一倍。土壤中的农药残留量一般高达为 50% ~ 60%，大多随地表径流污染地下水和地表水。农药进入土壤的途径主要是农药直接进入土壤（如使用除草剂、拌种剂和防治地下害虫的杀虫剂）和间接进入土壤（如防治病、虫、草害喷洒于农田的各类农药），有相当部分落入土壤表面。农药随大气沉降、灌溉水和动植物残体而进入土壤，影响作物的正常生长。

从历史原因来看，农药对农业生态环境污染的原因，主要是我国以前使用的农药都是广谱、杀灭性强和持效期长的品种，尚未重视其对生态环境的影响。在管理方面侧重对农药质量及药效的监督，缺少农药安全性评价，缺少对农药毒性的监测系统。由于对农药毒性了解和监督不够，造成高毒、高残留的农药使用量长期占我国农药总量的 60% 以上，严重污染土壤生态环境。另外由于有些农民环保意识差，使用农药不科学，在使用技术上单纯追求杀虫、杀菌、杀草效果，擅自提高农药使用浓度，甚至提高到规定浓度的两三倍，大量过剩的农药导致直接接纳农药和间接接纳植物残体的耕种表面土层中农药大量蓄积，形成一种隐形危害。同时在土壤中残留期长的农药残留物质对后茬作物也造成污染。如上世纪 70 年代使用的"六六六"现在仍可在土壤中测定出来。这些农药将直接污染土壤和作物，还会通过食物链进入人体，导致人体生理过程的致命性伤害。

土壤化肥污染是指长期大量施用化肥或偏施某一种化肥，甚至化肥施用方法不当，导致土壤结构破坏、容重增加、孔隙度减少，营养平衡失调，造成土壤物理化学性质恶化，耕地质量退化的现象。长期大量施用化肥的土地，有机质的损耗没有得到很好的补偿，致使土壤中的氮、磷、

钾等营养成分比例失调，土壤微生物活性降低，土壤酸化的趋势增强，重金属逐年积累，作物中NO_3^-含量明显增高，对土壤环境造成严重危害，对人体健康造成潜在的危险。

废弃塑料和农膜是难分解的农业塑料制品，农田中存在的废弃塑料和残留地膜若得不到及时回收，将会造成严重的环境污染。残膜阻碍土壤毛管水和自然水的渗透，影响土壤的透气性、透水性，从而破坏土壤的理化结构，降低土壤肥力，甚至引起地下水难于下渗和土壤次生盐碱化。残膜在自然环境中往往需要上百年才能完全分解，在分解过程中会释放出含有对人体有害的氯乙烯、二噁英等成分的有毒物质，不仅会抑制土壤微生物的生长，导致作物生长缓慢或黄化死亡。更严重的是，残膜长期留存土壤中将直接造成耕地减产甚至绝收。

我国现阶段为了养活日益增长的人口，不得不在短期内最大限度地提高农业产量，结果是过度利用了土壤耕层土这种"可更新"的资源。由于长期忽视了对土壤环境的保护，对耕地的高强度开发和不合理的利用，致使我国农业土壤的生态环境总体趋于恶化，农业生产受到严重影响。

（四）养殖业污染

常见的养殖业污染是指畜禽配合饲料中加入了一定量的食盐即NaCI、微量元素（铜、锌和重金属砷、铬、铅和镉等）。食盐中的钠不是畜禽生长的必须元素，这样NaCI和许多未被畜禽吸收的微量元素积累在畜禽粪便中排出。另外，在禽畜养殖过程中，为防治禽畜疾病使用的大量抗生素和其他药物，随着动物尿液和粪便排泄进入环境后，转化为环境激素或环境激素的前体物，从而直接破坏生态平衡并间接威胁人类的身体健康。而以畜禽粪便为主要原料的有机肥含氯化钠、微量元素和重金属超标，会给土壤带来较多的污染。

三、土壤重金属污染的影响

（一）土壤重金属污染对土壤微生物产生重要影响

在重金属污染或土壤酸化的土壤中，有益细菌和放线菌减少，有害菌增加，同时也影响土壤中的微生物活动，土壤生态系统内的微生物间相互影响构成平衡的生态系统被打乱。

据研究表明，土壤中的有机物质以及施用的厩肥、人粪尿和绿肥中的很多营养成分，在未分解前，作物是不能吸收利用的，只有变成可溶性物质，才能被作物吸收利用。完成这种功能的就是生活在土壤中的细菌、放线菌等各式各样的微生物。例如磷细菌微生物，能分解一些含磷有机物，为植物提供可利用的可溶性磷肥。硅酸盐细菌能把钾从含钾丰富的土壤中分解出来溶解于水中，供植物吸收利用。动植物遗体等有机物的一大半，都是被这些土壤微生物分解成为无机物，再被植物循环利用。所以说，如果土壤微生物失去机能的话，这个循环中断，整个生态系统自我调节功能遭到严重破坏。

（二）土壤重金属污染对土壤酶活性的影响

土壤重金属一般不易随水移动和被微生物分解，常在土壤中积累，含量较高时能降低土壤酶活性，使之失活，破坏参与蛋白质和核酸代谢的蛋白酶、肽酶和其他有关酶的功能。甚至有的通过食物链以有害浓度在人体内蓄积，严重危害人体健康。

（三）土壤重金属污染对农作物的影响

1. 镉（Cd）对植物生长发育的影响

镉是危害植物生长发育的有害元素，土壤中过量镉会对植物生长发育产生明显的危害。有研究表明，镉胁迫时会破坏叶片的叶绿素结构，降低叶绿素含量，使叶片发黄，严重时几乎所有叶片都出现褪绿现象，叶脉组织成酱紫色，变脆，萎缩，叶绿素严重缺乏，表现为缺铁症状。

何振立、吴燕玉等研究指出，叶片受伤害时植物生长缓慢，植株矮小，根系受到抑制，造成生长障碍，产量降低，镉浓度过高时植株死亡。土壤中镉胁迫对植物代谢的影响更加显著，胁迫引起植物体内活性氧自由基剧增，超出了活性氧清除酶的歧化－清除能力时，使根系代谢酶活性降低，严重影响根系活力。随胁迫时间的延长，SOD 活性受到影响而急剧下降，从而使其他代谢酶活性也受到影响，最终使植株死亡。

2. 铅（Pb）对植物生长发育的影响

铅并不是植物生长发育的必需元素。当铅被动进入植物根、皮或叶片后，积累在根、茎和叶片中，影响植物的生长发育，使植物受害，主要表现在铅显著影响植物根系的生长，能减少根细胞的有丝分裂速度，如草坪植物铅毒害主要的中毒症状为根量减少，根冠膨大变黑、腐烂，植物地上部分生物量随后下降，叶片失绿明显，严重时逐渐枯萎，植株死亡。铅的积累还直接影响细胞的代谢作用，其效应也是引起活性氧对代谢酶系统的破坏作用。高浓度铅还使种子萌发率和胚根长度、上胚轴长度降低，甚至出现胚根组织坏死现象。

3. 汞（hg）对植物生长发育的影响

重金属汞是植物生长和发育的非必需元素，是对植物具有显著毒性的污染物质。Hg^{2+} 不仅能与酶活性中心或蛋白质中的巯基结合，而且还能取代金属蛋白中的必需元素（Ca^{2+}、Mg^{2+}、Zn^{2+}、Fe^{2+}），导致生物大分子构象改变，酶活性丧失，必需元素缺乏，干扰细胞的正常代谢过程。Hg^{2+} 能干扰物质在细胞中的运输过程。hg^{2+} 胁迫还与其他形式的氧化胁迫相似，能导致大量的活性氧自由基产生，自由基能损伤主要的生物大分子（如蛋白质、DNA 等），引起膜脂过氧化。hg^{2+} 达到一定浓度时，会抑制植物种子萌发。

4. 铬（Cr）对植物生长发育的影响

微量元素铬是有些植物生长发育所必需的，缺乏铬元素会影响植物的正常发育，但体内积累过量又会引起毒害作用。研究表明，当土壤中的 Cr^{3+} 浓度为 $20 \times 10^{-6} \sim 40 \times 10^{-6}$ g/kg 时，对玉米苗生长有明显的刺激作用。但达到 $320 \times 10{-6}$ g/kg 时，则对玉米生长有抑制作用。Cr^{6+} 浓度为 20×10^{-6} g/kg 时，对玉米苗生长具有刺激作用，浓度为 80×10^{-6} g/kg 时则有明显的抑制作用。与前句内容重复铬（Cr）还可引起永久性的质壁分离并使植物组织失水。周建华等研究发现，高浓度的 Cr^{3+} 处理可使水稻幼苗叶片可溶性糖和淀粉含量降低，低浓度则对它们稍起促进作用。

5. 砷（As）对植物生长发育的影响

过量的砷会造成植物中毒，阻碍植株中的水分从根部向地上部运输，从而阻碍矿物养分的吸收，同时，植物叶绿素也遭到破坏。砷中毒的植物矮化，叶片变细变硬，抽穗和成熟期推迟，可能出现穗和籽粒畸形以及花穗不育。中度受害时，茎叶扭曲，无效分蘖增多。受害严重时植株停止生长，地上部发黄，根系稀疏发黑。

6. 铜（Cu）对植物生长发育的影响

铜是植物必需的一种营养元素，它是几种涉及电子传递及氧化反应的酶的结构成分和催化活性成分，如多酚氧化酶、Zn/Cu 超氧化物歧化酶、抗坏血酸氧化酶、铜胺氧化酶、半乳糖氧化酶和质体蓝素等。铜的缺乏会减少质体蓝素和细胞色素氧化酶的合成，导致对作物生长的抑制和光合作用、呼吸作用的降低。然而过量的铜则对植物有明显的毒害作用，主要是妨碍植物对二价铁的吸收和在体内的运转，造成缺铁病。在生理代谢方面，过量的铜抑制脱羧酶的活性，间接阻碍 Nh^{4+} 向谷氨酸转化，造成 Nh^{4+} 的积累，使植物根部受到严重损伤，主根不能伸长，常在 $2 \sim 4$ cm 就停止生长，根尖硬化，生长点细胞分裂受到抑制，根

毛少甚至枯死。

7. 锌（Zn）对植物生长发育的影响

锌元素是植物生长发育不可缺少的元素。锌是部分酶的组分，与叶绿素和生长素的合成有关。硫酸锌是一种微量元素肥料。缺锌时叶片失绿，光合作用减弱。但过量的锌也会伤害植物根系，使植物根系的生长受到阻碍。此外，还使植物地上部分有褐色斑点并坏死。

第七节　肥料利用率降低

肥料利用率是作物所能吸收肥料养分的比率，用以反映肥料的利用程度。一般而言，肥料利用率越高，技术经济效果就越大，其经济效益也就越大，对经济发展的贡献率就越大。肥料利用率不是固定不变的，随着肥料的种类、性质和土壤类型、作物种类、气候条件、田间管理等因素的影响而有差别。据朱兆良、张福锁研究，我国肥料（氮、磷、钾）平均利用率在1998年时为30%左右，到2007年下降到23.5%（见表6-6），远远低于发达国家的50% ~ 60%。

表6-6　我国不同时期肥料利用率状况

| 项目 | 20 世纪 | | 21 世纪 | 比 1998 年降 |
指标	1992	1998		低百分点
氮肥利用率（%）	28 ~ 41	30 ~ 35	27.5	2.5 ~ 7.5
磷肥利用率（%）	——	5 ~ 20	11.6	3.4 ~ 8.4
钾肥利用率（%）		35 ~ 50	31.5	3.5 ~ 18.5
数据来源	朱兆良等（1992）	朱兆良等（1998）	张福锁等（2007）	

第八节　草莓产地土壤改良修复技术六部曲

一、高温闷棚

草莓拉秧后把棚里的苗子、黑膜、滴管带清理干净，利用生物制剂"叮噬"高温闷棚消毒。"叮噬"具有对环境友善、持续性发生作用、以菌治菌抑菌、占位效应、改善土壤微环境、释放土壤中被固定养分，解决土壤板结、调节土壤 EC 值，降低盐害、双调土壤 pH，提高肥效、钝化土壤重金属离子、培肥地力等多重作用。

二、大水漫灌降低盐害

大水漫灌降低盐害，清园后利用滴管、喷带或大水漫灌等方式灌水，涌过压盐的方式降低盐害

三、深翻

常年种植草莓后，犁底层的透水、透气性变差，施肥造成可溶性盐含量增高，很难养出深根，造成根系活力下降，突发高温障碍。蒸腾和根系吸收能力的矛盾加剧，上下不通透，既不耐涝又不耐旱，积温、保温效果差，土壤有害病原体、虫害基数增加，需要每2～3年深翻一次，深翻深度为40～50厘米，来改善透水性、透气性，提升土壤的保温作用，促进根系健康发育。（图6-4）

图 6-4　深翻

四、改良酸、碱性土壤

改良酸、碱性土壤，如果土壤的 pH 过高用硫黄或者石膏调节，pH 过低可以用生石灰、草木灰或者碱性肥料调整。

五、化学药剂处理

死苗严重的地块，可以用辛菌胺醋酸盐等冲施处理。

六、提升有机质

通过增施有机肥、秸秆还田、种植绿肥、补充有益菌改良土壤（改善土壤微生物环境）等手段，增加土壤纤维素含量，补充有机质，均衡土壤养分，转化土壤中富裕化学元素，避免中微量元素缺乏，增加有益菌数量，提高土壤团粒结构，培肥地力。（图 6-5）

图 6-5　秸秆还田

第七章

草莓优质高效育苗技术

第一节　草莓育苗的方法

一、匍匐茎分株法

将草莓匍匐茎上产生的匍匐茎苗，与母株分离后，成为一个完整的植株进行栽植的方法叫匍匐茎分株法。采用此法繁殖的特点是：技术方法简便易行；产苗量大，繁殖系数较高，一般每亩一年能产苗3万株以上，有的达到4万～5万株；匍匐茎苗属于营养苗，能保持原品种的特性，不发生变异，进入结果期早，秋季定植第2年就能结果；苗上没有大伤口，不易感染土壤传播的病害；苗质量好，取苗容易。是生产上普遍采用的繁殖方法。利用匍匐茎分株法育苗，最好是建立

图7-1　基质育苗

育苗母本园专门繁殖匍匐茎苗，也可结合大田生产进行，还可进行营养钵育苗、扦插育苗。（图7-1、图7-2、图7-3）

图 7-2　基质育苗

图 7-3　土壤育苗

二、母株分株法

将带有新根的新茎、新茎分枝和带有米黄色不定根的二年生根状茎与母株分离，成为单独植株进行栽植的方法，称为母株分株法，又称分墩法、根状茎分株法。采用母株分株法繁殖的特点是：出苗率较低，每棵三年生的母株，可分出 8～14 株营养苗；根状茎上部有 7～8 片健壮的叶片，下部有生长旺盛的不定根，栽后缓苗快；分株繁殖不需要建立母本园，也不需选苗、压土或选留匍匐茎等工作，能节省人力物力。一般当草莓园需换地重栽或缺乏合适的秧苗时，可采用此法，对于匍匐茎萌发较少的一些品种可采用此法繁殖。

三、组织培养法

所谓组织培养，是指在实验室无菌条件下，将草莓某一器官或组织接种到试管里的人工培养基上，使之分化，长成完整植株的技术，组织培养也叫离体繁殖。草莓通常采用匍匐茎顶端分生组织（茎尖）和花药进行离体培养。组织培养的特点：一是可以得到草莓无病毒苗。果树普遍带有病毒，病毒终生持久危害果树。果树感染病毒病后，尚无有效的治愈办法，只能采取预防措施，控制病害的蔓延。实现果树无病毒栽培的唯一有效途径是栽培无病毒苗木。所谓无病毒苗木是指不带有已知病毒和特定病毒的苗木。通过组织培养获得无病毒苗木是防治草莓病毒病的主要措施。二是组织培养繁殖速度快，能在短期内繁殖出大量品种纯正的苗。从理论上讲，一年内一个分生组织可获得几万到几十万株优质苗，这样就可以迅速提供秧苗和更新品种。三是组织培养不占用土地，不受环境影响全年进行，可进行工厂化生产。四是需要实验室、设备、药品等，比其他方法麻烦。组织培养是很适合于草莓快速繁殖的方法，可行的办法是由专门机构进行草莓组培苗的商品化生产，提供给草莓种植户。

以上三种繁殖方法都是用草莓的营养器官进行繁殖的，培育的苗叫无性繁殖苗或营养苗，其后代均能保持原品种的特性，进入结果期早。

四、实生繁殖法

实生繁殖法也叫种子繁殖法，指经过播种种子育成草莓苗的方法，这种方法育成的苗叫实生苗。草莓一般为自花授粉，所以实生苗后代基本上能保持母株的特性，但也会使原有的优良性状发生分离，致使品种

群体混杂退化，培育的株苗不整齐，导致产量、品质下降；实生苗生长快，根系发达，适应性强，不容易衰老；实生苗结果晚，草莓一般经过12～16个月的生长开始结果；实生繁殖成苗率低。生产上不宜采用种子繁殖。

第二节　草莓育苗圃建立

一、育苗前的准备

做好种苗选择、育苗地选择、育苗数量、基础设施建设、给排水准备、人员培训、技术储备等基础工作。

二、草莓母本圃的建立

建立专用育苗田，利用匍匐茎分株法培育草莓苗，是草莓产区重点推广的育苗方式。建立育苗田育苗，便于培育高质量的适龄壮苗；便于集中管理，省工省肥省水；减少病虫传播机会；节省土地；优质成苗率高；便于实现专业化生产。

育苗田需要"母本圃、育苗圃、假植圃"三圃配套，每圃内实施相应的配套技术。母本圃的任务是按时向育苗圃提供品种纯正的优质母株苗。建母本圃要严格选用母株苗，母株苗一是要求品种纯正，以保证生产田的品种纯度；二是要求质量优良，植株健壮，新茎粗度在1厘米以上，有4～5片叶，根系发达，无病虫害。母株可以从育苗田的假植圃中选取，也可从生产田中选取，即由生产田中开花结果时通过外观鉴定，选符合要求，做好标记的植株所产生的匍匐茎苗中选取。

母本圃的母株定植时间在8月。定植行距40厘米，株距30厘米，亩栽植5000多株。选地、整地、施肥、做畦、栽植及栽后管理可参照育苗圃和生产田进行。

三、草莓育苗圃的建立

育苗圃的任务是向生产园提供数量充足的优质壮苗。选择肥沃、透气性好、pH 适宜、给排水好、交通便利或大棚就近的地块育苗。

第三节　草莓育苗技术

一、草莓优质壮苗标准

优质壮苗的标准是：株型矮壮，根茎粗 1.0 ~ 1.5 cm，20 条以上主根、根系发达，须根多，粗而白；叶片颜色浓绿肥厚，具有 5 ~ 6 片正常叶，耳叶直径 1 cm，复叶 8 cm 大小，叶柄粗壮而不徒长，叶 + 叶柄高度 20 ~ 25 cm；每亩育 3 万棵（40 ~ 45 棵 /m²）高质量苗，无病菌携带功能性强，茎的周长 0.8 ~ 1.2 cm；苗重 30 g 以上，45 ~ 70 d 为佳。（图 7-4）

图 7-4　壮苗

二、匍匐茎分株育苗

（一）露天匍匐茎分株法育苗

1. 整地做畦

育苗圃要选择土地平整，土壤肥沃疏松，排灌条件好，背风向阳的地块；离生产田较近，便于运输；不能选择有线虫等土壤病虫污染的地块育苗，如果使用连作地，事先要进行土壤消毒。栽前整平地面，每亩施入充分腐熟的优质圈肥 2000 ~ 3000 千克，过磷酸钙 30 ~ 40 千克，全园均匀撒施，耕翻后做起垄栽，畦宽 2 ~ 2.5 米，沟宽 50 cm。（图 7-5）

图 7-5　整地做畦

2. 栽植

以山东为例，母苗育苗植株栽植时间为（清明前后）3 月下旬至 4 月上旬，地温超过 10 ~ 12℃以上，选取母本圃中的优质壮苗定植。栽植株行距 0.5 米 ×（1.2 ~ 1.5）米，亩栽 800 ~ 1000 株，为大量匍匐茎苗提供适宜的生产条件，至秋季可生产草莓苗 4 万 ~ 5 万株。栽植时浇窝水，摘掉叶片，促进养分回流养根，裸根苗剪除 1/3 根系后，蘸根（杀菌、杀虫剂）移栽，注意叶片不要蘸到药，要使根系舒展，不深不浅，把根茎植入土中，深不埋心，浅不露根。感染病菌的苗，轻度的先化学药剂处理后控水，择机移栽定植。发现基生4叶慎用，这是由于脱毒过程出了问题。

3. 栽植后管理

草莓的产量是由花序数、开花数、等级果率、果实大小和总株数等因素构成的，而这些因素与植株的营养状态和生长发育状态有着密切的关系，繁殖培育高质量、健壮的草莓苗供生产上利用，是草莓高产优质的基础。

（1）浇水：定植时浇定根水（窝水）；缓苗期浇缓苗水；缓苗后进行划锄控水；见干见湿时浇小水，切记不可浇大水；草莓育苗压苗期间需水，田间持水量控制在80%左右为宜，见湿不见干浇小水，持续到草莓苗子达到理想数量为止；苗子达到理想数量后，控水，不旱不浇水。

（2）划锄：在草莓为长出匍匐茎之前，要经常划锄，增加土壤透气性，草莓土壤表面的根系划断，促进深扎根，有助于草莓根系健康生长。划锄目的是为了保温、保湿、透气、促深根。育苗期间划锄3~5次，渐进增加划锄深度。育苗期正值高温多雨季节，杂草滋生很快，应在大量抽生匍匐茎之前彻底清除，可采用人工除草或化学除草的方法。（图7-6）

图 7-6　划锄

（3）去蕾：母株现蕾后要及早除去全部花蕾，除花蕾可分次进行。如果母株定植过早，匍匐茎就会发生早且多，而形成过早的匍匐茎苗，根系容易老化，假植时生育缓慢。所以要摘除 6 月以前的匍匐茎，使植株在 6 月发生较多的粗壮整齐的匍匐茎，这样能在 7 月生成一批健壮的匍匐茎苗。

（4）施肥：育苗地底肥充足，苗期可不再追肥，以防苗徒长。如果底肥不足，可在小苗大量生出后，补施氮肥一次，每亩 12 ~ 15 千克，及时防治病虫害。

（5）压苗：在匍匐茎吐出 3 片叶，下部出现 2 ~ 4 个白色根尖时，可以压苗。匍匐茎大量发生后，要将各条茎在母株周围摆布均匀，呈供起状态，以免重叠、交叉，避免与土壤接触，影响幼苗均匀生长，并在产生匍匐茎苗的节位上培土压蔓，促进及时生根。在数量倍增期开始培育生产苗，要及时撤除滴灌，用喷灌带定向喷雾补水。（图 7-7）

图 7-7　压苗

（6）适时降温：当温度达到30℃时，采用透光率50%的3针遮阴网降温。苗子特别密的时候用效率高的风送式喷雾器喷水雾降温。（图7-8）

图7-8　适时降温

（7）炼苗：炼苗是获得优质草莓苗的关键技术，通过"温、水、肥、化"四控抗逆锻炼，促根系、防徒长，获取植株健壮、抗性良好、合理根冠比的优质草莓苗。一是温控，在炼苗期间，进行温度调控，温差尽可能大；二是水控，按照不同时期和进行控水；三是肥控，补充硼肥、磷肥、钾肥，控制氮肥使用量；四是化控，三唑类、酰胺类农药、部分调节剂等具有抑制生长、促进根系、扩大根冠比生长的作用。（图7-9）

图7-9　炼苗

4. 假植

定植之前将苗先集中栽在一起培育一段时间，称为假植。通过断根、断氮、断水，对提高草莓苗质量，提早开花结果，增加前期产量等方面均取得了较好的效果。育苗已成为繁育优质草莓苗的有效手段。假植要选择无病虫害、植株矮壮、根系发达的当年生匍匐茎苗。（图7-10）

图 7-10　假植

假植育苗时间，北方地区在 7 月上旬，南方地区在 8 月下旬至 9 月上旬，培育促成栽培苗可适当提前。土壤肥料准备参照育苗圃，畦宽 1 ~ 1.5 m 为宜。幼苗以育苗圃中有 3 ~ 4 片叶，已大量扎根的匍匐茎苗为好，假植后容易成活。匍匐茎苗带 2 cm 蔓剪下，去掉病叶老叶。挖苗尽量少伤根，随挖随栽，大小苗分植。栽植株行距 12 cm × 15 cm。栽植时从一头开始，横向开沟，将苗按株距摆放沟内，埋土栽植，深度同栽育苗圃中母株。栽完一畦后，浇透水，3 ~ 4 d 内每天浇水一次，成活后，见土干时再浇水，保持土壤湿润。栽后白天遮阴降温保湿 5 ~ 7 d，可支设小拱棚，覆盖遮阳网遮阴，成活后撤除。假植期保持温度适宜，幼苗生长时，要及时摘除幼苗抽出的匍匐茎，除去老叶、黄叶，保持 4 ~ 5 片展开叶，这样可促进根系和根茎的增多增粗，有利于保持强盛的吸肥能力，使花芽分化良好。同时，及时除草和防治病虫害。如此培育的幼苗，定植前一天喷硼肥（花果旺），可在 9 月上旬至 10 月份定植于生产田。

假植前要注意喷陪嫁药，上遮阳网；土坨大小适中，适量断根，一般情况下，断 1/3 草莓根。假植会明显提高根数和根长增加，植株长势易于控制，子苗生长整齐度更好。甜查理草莓子苗假植能提早始花期、盛花期和始果期，增加产量。对苗子大小进行分级假植，便于集中定向管理，提高苗的整齐度和质量（表 7-1）。过小的苗子，可以作为第二年的种苗，假植 7 d 后定植，裸根定植时根系一定舒展开，不能硬插。因基质与土壤的温度、透气性、透水性不同，基质苗定植时，只需保留少量基质进行定植。

表 7-1　假植对宝交早生草莓苗生长发育的影响（王忠和）

处理	叶片数量（片）	叶柄粗度（cm×cm）	叶柄长度（cm）	根系（一级）		株重（g）	花芽（mm）		
				粗度（cm）	数量（条）		花序高度	花序直径	花蕾直径
假植	6.8	0.33×0.29	14.5	1.3	26.5	29.3	4.7	2.3	1.6
未假植	4.7	0.25×0.22	15.9	1.2	23.0	13.9	3.1	1.5	1.0

（二）匍匐茎营养钵（槽）压茎育苗

营养钵（槽）压茎育苗是把匍匐茎压在钵（槽）容器中，使其生根发育，成苗后带土定植的方法。此法培养的苗根系发达，根茎粗，花芽分化早，定植后成活率高，既能提早成熟，又能提高产量。

1. 营养钵（槽）准备

营养钵（槽）可用塑料钵或槽。营养钵（槽）口径 10 ~ 15 cm，高 10 cm，营养槽长度以 1 m 长为宜，每隔 20 cm 钻一个小孔。营养钵（槽）内装营养土。营养土用无病虫害的园土或大田土，加 40% 腐熟的有机肥和少量蛭石等混合而成。也可用专用育苗基质。

2. 母苗的栽植方法

同育苗圃露地繁育栽植方法。

3. 压茎

4月下旬，当母苗返青后，将营养钵埋在母苗周围或将营养槽摆放在母苗周围，在不切断匍匐茎的情况下，把匍匐茎苗定植在营养钵（槽）中，每个营养钵中定植一棵匍匐茎苗，每个 1 m 长的营养槽中定植 5 棵匍匐茎苗。匍匐茎苗以具有 2 ~ 3 片展开叶和 2 ~ 3 条白根为好。当要出苗前，切断匍匐茎，将匍匐茎苗带土（基质）挖出，移栽于大田中。

4. 管理

生长前期追肥不宜过早，从 7 月上中旬开始，隔 7 ~ 10 d 喷施一次 500 倍液氮素肥料，连续 4 ~ 5 次。花芽分化较早的品种，8 月中旬要停止追施氮肥；花芽分化晚的品种，可在 8 月下旬停止追施氮肥。确认花芽分化后，要及时施用稀释的速效氮磷钾复合肥的水溶液。花芽分化后，缺肥会影响花芽的发育，延迟采收期，降低产量。

匍匐茎苗生长期内不能缺水，也不能积水，雨天应搭设防雨棚或遮阴棚，防止积水，雨后及时去除遮盖物。除雨季外，基本上要天天浇水，否则营养钵（槽）过分干燥，导致茎苗生育停止，大大延迟花芽分化期。

采取营养槽压茎育苗的，也可采用水肥一体化技术，可以大大减轻劳动强度，提高劳动效率和肥水效果。

（三）匍匐茎育苗圃防雨育苗

防雨棚是在多雨地区（主要包括山东南部、江苏北部和长江流域各省区等）的夏、秋季节，利用塑料薄膜等覆盖材料，扣在大棚或小棚的顶部，四周不封闭塑料农膜或封闭防虫网，使草莓苗免受雨水的直接淋洗。

1. 建设防雨棚。建造技术同塑料中拱棚，只是四周不封闭农膜。

2. 繁育方法同育苗圃露地繁育或匍匐茎营养钵（槽）压茎育苗。

（四）匍匐茎育苗圃大拱棚育苗

匍匐茎育苗圃大拱棚育苗是在露地育苗不能安全越冬的情况下，为了延长育苗时间，提高育苗数量和质量的一种越冬保护措施育苗方法。主要适宜于京津冀等地区。

1. 建设大拱棚。建造技术同塑料中拱棚，四周要封闭农膜。

2. 繁育方法同育苗圃露地繁育或匍匐茎营养钵（槽）压茎育苗。

3. 秋季母苗栽植后，越冬期间要覆盖地膜和密闭大拱棚。

（五）匍匐茎生产田育苗

利用生产田培育草莓匍匐茎苗，就是将果实采收后的生产田植株，经过一定处理及一系列管理措施来培育草莓苗的方法。在尚未建立育苗田的地方，用苗量大而劳力缺乏的农户，可以采用该方法。每 667 m^2 可生产 3 ~ 4 万株合格的生产用苗。

1. 选择地块

用作育苗的地块，要方便管理，便于供苗。草莓品种要纯正，植株生长正常、健壮、均匀，病虫害少，尤其是土传病虫害较轻。保护地促成栽培的植株，由于经过低温时间短，抽生匍匐茎少，不宜育苗用。

2. 选留母株

采果结束后的植株即育苗的母株，采果后要进行全园疏行、疏株。一般每隔一行去掉一行，在留用行内，每隔一株去掉 1 ~ 2 株，使行间、株间留有余地，为匍匐茎的抽生和幼苗的生长创造良好的条件。母株应选留生长健壮、性状典型、无病虫害的植株。

3. 管理

先清理掉选留母株基部的老叶、病叶和枯叶，然后在行间追施有机肥和少量化肥，接着进行中耕松土，整平地面，使肥土混合均匀，最后浇水。育苗期间酌情追施化学肥料和植物源生物刺激素等。育苗期正是夏季，降雨天气较多，雨后应及时排水，防止沤根。当遇到降雨少的年份，应及时浇水。当母株抽生大量匍匐茎后，应及时向四周拉开或沿一个方向摆布均匀，每株留 5 ~ 10 个匍匐茎。在匍匐茎抽生匍匐茎苗的偶数节位上，用土压茎，以利于幼苗扎根生长。早期和中期抽生的匍匐茎，每条上可选留靠近母株的 2 ~ 3 株幼苗后，摘心。晚抽生的匍匐茎上的苗，不易培养成壮苗的，要及早疏除。一般 7 月中下旬、8 月上旬匍匐茎苗达到 3 ~ 4 片以上复叶，具有一定数量的须根，单株重 30 g 以上，即可从母株上剪离，作为出圃定植苗。育苗期间要注意防治病虫害。出圃前适当控水蹲苗，以促进根系生长，利于定植后成活。

生产田育苗有许多弊病，结果后植株易衰老，生命力较弱，发根能力降低。土壤中留有大量枯茎、落叶和烂果，病菌多，一般病害较重。如遇夏季高温干旱或多雨年份，出苗率会大大降低，甚至黄苗、死苗现象常有发生。有的地区用提高留苗密度、扩大留苗面积来保证育苗数量，这样既浪费土地和劳动力，又不能育出优质壮苗。所以，现有条件下必须用生产田育苗的，要严格按操作规程进行，切忌对生产田不加任何处理，任其自然生长。

三、母株分株法育苗

母株分株法又称"分墩法"或"根状茎分株法"，即将带有新根的新茎、新茎分枝和带有米黄色不定根的二年生根状茎与母株分离，成为单独植株，进行栽植的方法。采用母株分株法繁殖，出苗率较低，每棵三年生的母株，可分出 8 ~ 14 株营养苗。根状茎上部有 7 ~ 8 片健壮的叶片，下部有生长旺盛的不定根，栽后缓苗快。分株繁育不需要建立母本园，也不需选苗、压土或选留匍匐茎等工作，生产管理上能节省人力物力。一般当草莓园需换地重栽或缺乏合适的秧苗时，可采用此法，对于匍匐茎萌发较少的一些品种可采用此法繁育。

利用母株分株法繁育草莓苗，多在生产田进行。其实育苗圃等处的母株不继续留作繁育匍匐茎苗用时，也可分株，作为苗用。在浆果采收后，应加强植株的管理，7 至 8 月份，当老株地上部有一定新叶抽出，地下部有新根生长时，将老株挖出，剪除下部黑色的不定根和衰老的根状茎，将 1 ~ 2 年生的根状茎、新茎、新茎分枝逐个分离，成为单株。不管从哪一级分开，要求各株有 5 ~ 8 片健壮展开叶，下部有 4 ~ 5 条 4 cm 以上米黄色生长旺盛的不定根。分株后除去病虫叶、衰老叶，进行定植，加强管理，第二年能正常结果，产量较高。

还有一种利用母株繁育新茎苗的方法，在植株采果后，带土挖出，重新栽植。畦栽或垄栽，畦宽 70 cm，可栽 2 行，相距 30 cm，行内每隔 50 cm 挖一个穴，每穴栽植两棵。缓苗一个月后，母株上发出匍匐茎，当每株长出 2 ~ 3 条匍匐茎时，掐去茎尖，促使母株上的新茎苗加粗。去匍匐茎要反复进行。这样栽植的二年生苗，每穴至少可分生 4 ~ 6 个新茎苗。新茎上着生的花序，加上新茎苗周围匍匐茎苗上的花序，比单纯栽匍匐茎的花序要多 1/3 以上，产量也显著增加，而且还节省苗、土地和劳动力。果实采收后，把三年生植株去掉，结一年果的二年株又可利用。

四、组织培养法

（一）病毒与草莓病毒病

1. 病毒

"病毒"是一种非细胞形态的专性寄生物，是最小的生命实体，仅含有一种核酸和蛋白质，必须在活细胞中才能增殖。因此，病毒只能是借助于电子显微镜放大 10 万倍，才能观察到它的形态。病毒是极小的生命体，是不能单独存在的，也不能靠自身的力量主动侵入植物细胞，只有借助外力，通过植物细胞的微伤或刺吸式口器昆虫的口针，把病毒送入植物细胞内。进入细胞内的病毒，繁殖方式也非常特殊，是以复制

自己的方式不断增殖，不断蔓延，最后侵染全株。

2. 草莓病毒

在园艺作物中，特别是无性繁殖作物，都很容易受到一种或一种以上病毒的侵染。已知草莓能感染 62 种病毒和类菌质体。病毒的侵染不一定都会造成植株死亡，很多病毒甚至可能不表现任何症状，然而植株中病毒的存在给草莓种植带来的危害十分严重，影响草莓产量和品质，可以引起草莓品种特性退化，使植株长势衰弱，果实变小，产量降低，果实风味变淡。

草莓植株非常容易受病毒的感染，栽培草莓中存在着广泛的病毒，据王国平等调查，目前我国各草莓种植区均有草莓病毒存在，带毒株率达 80% 以上。多数品种，特别是一些老品种，其大部分病株同时感染多种病毒，危害面广，容易造成产量大幅下降甚至绝产，经济损失十分严重。草莓植株感染病毒后，尚无有效的治愈办法，只能采取预防措施控制病害的蔓延。栽培无病毒苗是防治草莓病毒病的主要途径。无病毒苗同常规苗相比，植株粗壮高大，生长旺盛，产量高，一般每 667 m² 增产 20% ~ 30%。因此，生产上应大力推广脱毒技术，培养利用无病毒苗。

3. 草莓病毒病

草莓病毒病是由多种草莓病毒借助蚜虫等内吸式口器的昆虫为传播媒介，侵染栽培植株的重要病害。迄今为止，我国已确认有 6 种草莓病毒及类菌质体。根据它们在指示植物上的表现症状，分别命名为斑驳病毒、轻型黄边病毒、皱缩病毒、镶脉病毒、伪轻型黄边病毒和丛叶病毒。其中皱缩病毒、斑驳病毒、轻型黄边病毒和镶脉病毒是我国草莓病毒病的主要侵染源。

以上草莓病毒都属于潜隐性病毒，只有在特别的植物上才表现出症状，这些特别的植物就是指示植物。如果栽培品种只被一种病毒侵染，难以明显地看出症状。但被多种病毒复合侵染时，则会表现出病毒危害的症状。草莓植株如果受到三种以上病毒的复合侵染，造成的危害和损失大大高于只带一种病毒侵染的植株。草莓病毒由蚜虫传播，也可通过嫁接传染，有的菟丝子也能侵染。

草莓病毒的侵染感病随品种的栽培年限延长而增加。这是因为蚜虫的普遍存在，而使病毒极易传播，草莓后代随营养繁殖而带毒，使植株的感病率随之增加。草莓病毒侵染感病率随地理纬度的升高而增加。这是因为草莓病毒在高温下失去活性。例如，带毒植株在35℃温度下放置12 d，可使斑驳病毒全部失活。利用这个特性，可以将带毒植株脱毒，培养无病毒苗木。

草莓新品种多为杂交育成，以杂交种子育苗，种子不带病毒，所以新育成的品种，其病毒侵染感病率低于栽培多年的老品种。

（二）组织培养

1. 基本概念

所谓组织培养，就是在实验室无菌条件下，将植物某一器官或组织接种到试管里的人工培养基上，使之分化，最后长成完整植株的技术。组织培养也叫"离体繁殖"。草莓通常采用匍匐茎顶端分生组织（茎尖）和花药进行离体培养。

2. 组织培养的优点

（1）繁殖速度快。一个分生组织一年可获得上千株，甚至上万株苗木。这样可以在短期内获得大量苗木，满足生产要求。能快速地推广新品种，降低育苗成本。

（2）培养无病毒苗。病毒侵入植株体后，随着营养物质的输导，分布于大部分的器官中。由于病毒在感染植株上分布不一致，生长点约0.1 ～ 1.0 mm 区域范围则几乎不含病毒或病毒非常少，这是因为病毒增

殖运输速度与茎尖细胞分裂生长速度不同，病毒向上运输速度慢，而分生组织细胞繁殖快，这样就使茎尖区域部分的细胞没有病毒，切下后进行培养，即可获得无病毒植株。

（3）占地少，节省土地。

（4）生产灵活。组织培养不受季节限制，能够全年进行，根据生产要求，随时可以获得苗木。但是组织培养需要一定的设施、设备，技术要求比较高，投资大。

3. 组织培养常用的设施

组织培养要建造专用的实验室。实验室是组织培养最主要的设施。实验室按其功能可分为不同的部分，一般分为准备室、接种室和培养室三部分。

（1）准备室。是为接种进行培养作准备的地方。准备室还可根据功能和要求分为洗涤室、培养基制备室、灭菌室、药品室等部分。准备室中主要进行培养材料的洗涤等处理，器具的洗涤、干燥、存放和蒸馏水的制备，培养基的配制、分装、包扎、高压灭菌，试管苗的出瓶、清洗和整理工作。药品室用于药品的存放、天平的摆放及各种药品的配制。准备室的设备多而杂，工作内容多，处理项目数量大，面积应适当大些，安排要合理、方便、实用。

（2）接种室。也称无菌操作室，主要用于无菌条件下工作，如外植体的表面灭菌、接种、继代转苗等。设备有超净工作台和无菌的接种工具，安装紫外线灯以便杀菌，还要有照明装置及插座。室内有一个小的操作台，放置各种接种工具。还有离心机、酒精灯、广口瓶（存放70%酒精棉球）、试管架、三角烧瓶等。无菌室要求干爽清洁、明亮安静，保持无菌或低密度有菌状态。接种室要单独设立，室内封闭，安装移动门，使空气不流动。墙壁应光滑平整，地面平坦无缝。

（3）培养室。培养室是培养试管苗的场所。培养室周围墙壁要求绝热，防火性好。要安装自动调节温度设备，一般用空调机，使温度保持在 20 ~ 30℃，并且全室内温度均衡一致。培养室要有培养装置，固体培养需要培养架，液体培养需用摇床或转床。培养装置的安装要充分利用空间。光源设备以普通白色荧光灯为好。放在培养物的上方。还应有杀菌设备。

另外还需要有培养材料的来源，如相应的种质资源圃，以及组培苗的炼苗移栽（驯化）场所，如温室、塑料大棚和苗圃。

组织培养常用的实验仪器设备和器械用具：

①大件设备。包括普通医用高压蒸汽灭菌锅、电炉、煤气炉、分析天平、冰箱、超净工作台、培养架、蒸馏水装置、pH 计、烘箱、显微镜、解剖镜、离心机等。

②常用玻璃器皿与器械用具。主要有试管、三角烧瓶、移液管、量筒、容量瓶、烧杯、玻璃漏斗、试剂瓶、培养皿、镊子、剪刀、解剖刀、钻孔器、接种针等。

③试剂及药品。还应有培养基常用的培养母液、试剂及各种化学药品。

组织培养的培养基配制：

①配制前的准备。培养工作中，所用的一切玻璃器皿必须洁净。用清水冲洗后，浸入热肥皂水或洗衣粉水中刷洗，再用清水内外冲洗，使器皿光洁透亮，然后用蒸馏水冲 1 ~ 2 次，最后烘干备用。封盖玻璃试管、三角烧瓶的棉塞用包有纱布的棉花团做成，长椭圆形，顶端膨大能盖住管口或瓶口，松紧要适中。用前放入 140℃烘箱中烘 2 h 灭菌，取出后置干净处备用。另外，准备好高压灭菌锅等器具。

②培养基组成。草莓组织培养的基本培养基为 MS 培养基（表 7-2），它既含有草莓生长所需的大量元素氮、磷、钾，也有微量元素锌、铜、

铁、钼等，还含有对生长发育起促进及调节作用的有机物质和激素等。在这些营养成分中加入琼脂，使其凝固。

表 7-2 MS 培养基配方

化合物	用量（ml/L）	化合物	用量（ml/L）
硝酸钾（KNO_3）	1900	碘化钾（KI）	0.83
硝酸铵（NH_2NO_3）	1650	钼酸钠（$Na_2MoO4.2H_2O$）	0.25
磷酸二氢钾（$K_2H_2PO_4$）	170	硫酸铜（$CuSO4.5H_2O$）	0.025
氯化钙（$CaCl2.2H_2O$）	440	氯化钴（$CoCl2.6H_2O$）	0.025
硫酸镁（$MgSO_4$）	370	硼酸（H_3BO_4）	6.2
铁盐：7.45 g 乙二胺四乙酸二钠（Na2-EDTA）和 5.57 g 硫酸亚铁（$FeSO4.7 H_2O$）溶于 1L 水，每升培养基取液 5 ml		甘氨酸	2.0
		盐酸硫胺素	0.4
		盐酸吡哆素	0.5
		烟酸	0.5
		肌—肌醇	100.0
		蔗糖	30000
硫酸锌（$ZnSO4.7H_2O$）	8.6	琼脂	100000
硫酸锰（$MnSO_4.4H_2O$）	22.3	pH	5.8

草莓茎尖培养诱导植株分化的培养基成分为 MS+6- 苄氨基腺嘌呤（6-BA）1 ml/L+ 吲哚丁酸（IBA）0.1 ml/L+ 赤霉素（GA3）0.1 ml/L、蔗糖 30 g/L、琼脂 6 g/L，pH6.0 左右。

花药培养诱导愈伤组织和植株分化的培养基成分为 MS+6- 苄氨

基腺嘌呤（6–BA）1 mg/L+萘乙酸（NAA）0.2 mg/L+吲哚丁酸（IBA）0.2 mg/L、蔗糖 30 g/L、琼脂 6 g/L，pH6.0 左右。

小植株增殖培养基成分为 MS 培养基 +6—苄氨基腺（6–BA）1.0 mg/L+ 吲哚丁酸（IBA）0.5 mg/L。诱导生根培养基成分为 1/2 MS+IBA0.5 mg/L。

③培养基配制。

A 制备母液。为了减少每次称取大量药品的麻烦，可把各种药品一次先配制成所需浓度的 10 倍或 100 倍的母液，用时按比例稀释。如配制硝酸钾溶液，可一次扩大称取量 100 倍，即称 1900 mg×100=19 g，溶解于 1 升蒸馏水中，用时如配制 1L 培养基，或吸收母液的 1/100，即 10 ml。可把各种混合物单独配制成一定倍数的母液，母液配好后，放在低温下可保存几个月，发生混浊或出现霉菌，则不宜再用。

B 煮化琼脂。用少于所做培养基体积的蒸馏水，加热溶化琼脂，加热时需不断搅拌，直到琼脂全部溶化为止。

C 混合药剂。用量筒或移液管取出所需量的母液，放入烧杯中，记下液面体积数，和蔗糖一起加入溶化的琼脂中，不断搅拌使其混合均匀，现加蒸馏水定容至所需的体积。

D 调整酸碱度。用 pH 计或 pH 试纸测定配制的溶液的 pH，草莓培养基的 pH 为 5.8。溶液偏酸时，pH 过小，滴入 0.1 mol/L 的氢氧化钾溶液或氢氧化钠溶液调整。溶液偏碱时，pH 过大，需滴入 0.1 mol/L 的盐酸溶液调整。

E 分装。将调配好的培养基趁热用漏斗或分装器，分装到培养用的试管或 100 ml 三角烧瓶中，装入量约为容器的 1/5 ~ 1/4，随即塞上棉塞。

④培养基灭菌。装好的培养基待稍微冷却后，用酸性纸或牛皮纸把试管口包扎好，再将几支试管捆在一起。所需用的无菌水及其他接种用具也

包好，一起放入灭菌锅中灭菌。用高压蒸汽灭菌锅灭菌，使用的水应符合灭菌用水的质量要求，电热的大型高压蒸汽灭菌锅水应加到水位线标志部位。加好水后，盖好锅盖，按相对方向拧紧螺栓，然后检查排气阀是否有故障。接通电源，开始加热。加热后，当气压指针上升到5时，放气一次，或一起打开放气阀，加热至冒出大量热气，以排出锅内的冷气，然后关上气阀，继续加热。当高压灭菌锅标记盘上显示 120℃ ±1℃、1.05 kg/cm² 压力时，保持此压力 15 ~ 20 min。此时注意不能使蒸汽压上升过高，以免引起灭菌锅爆炸或培养基中有机物质的破坏。之后切断电源，使锅内压力慢慢减下来，或缓慢打开放气阀，使锅内压力接近于零，这时完全打开放气阀，排出剩余热气，打开锅盖取出培养基等物，冷凝后，培养基表面水分稍干，即可接种。

⑤培养基保存。已灭菌的培养基通常置于冷凉清洁避光的地方保存，最好置于 4 ~ 5℃低温保存，1 ~ 2 周内用完，保存期最多不能超过一个月，否则一些生长调节物质等的效力会降低。

4. 组织培养的接种和培养

（1）接种前的准备。接种和培养是在灭菌条件下进行的。接种所用的接种杯、接种针、尖头镊子、酒精灯、棉球、烧杯、剪子等，必须彻底灭菌，接种前连同培养基、茎尖和花药等接种材料一起放入灭菌室或接种箱内。初次用灭菌室或接种箱，应先用甲醛蒸气熏 5 h 以上，再用紫外线灯照射 40 ~ 60 min。以后每次接种前，均用 5% 来苏儿喷雾消毒，再用紫外线灯照射 20 ~ 40 min。

（2）茎尖材料的准备。

①材料来源。取材料时间以每年 6 ~ 8 月匍匐茎生长充实、尖端生长良好时为宜，温室草莓则一年四季均可取材料。匍匐茎取 4 ~ 5 cm 长先端，植株取新茎。茎尖分生组织在小于 0.3 mm 的情况下可以得到脱毒的苗。

②材料处理。材料取回后，先用手剥去新茎或茎尖外的叶片，然后将茎尖在自来水龙头下冲洗 2 ~ 4 h 或更长时间，在超净工作台或无菌室的无菌条件下，将已冲洗后的材料再截取先端 2 ~ 3 cm 进行表面消毒。消毒有两种方法，一是用 70% 酒精漂洗一下，再用 0.1% ~ 0.2% L 汞水（氯化汞）或 6% ~ 8% 次氯酸钠浸泡 2 ~ 10 min，时间长短以材料老嫩而定，最后把材料移到超净工作台上操作。二是用 70% 酒精漂洗一下，再用 0.1% 新洁尔灭浸泡 15 ~ 20 min，接着用 1% 过氧乙酸浸泡 2 ~ 5 min，最后移到超净工作台上操作。

③花药材料准备。大量实验证明，花药不带病毒，草莓花药培养所得的植株有 95% 以上的是能开花结果的多倍体，且生长发育优于母株，脱毒率高，可以省去病毒鉴定工作。草莓开花前，摘取发育不同程度的花蕾，用醋酸洋红染色，压片镜检，当花粉发育到单核期时，即可采集花蕾。根据外部形态判断，可采集大小为 4 ~ 6 mm 花冠尚未松动，花药直径 1 mm 左右的花蕾，此时正处于单核期。采集的花蕾先用自来水冲洗数次，再在无菌条件下消毒，放入无菌三角瓶中用 70% 酒精浸泡 1 min 或用酒精棉擦洗蕾面以灭菌，然后用 0.1%L 汞水消毒 10 min，再用无菌水冲洗 3 ~ 5 次。

④接种。接种在接种箱或无菌室中进行。接种时将接种纱布铺在接种操作台上，把器具放在纱布上。用酒精严格对双手消毒，特别是指头和指甲处更要严格消毒。接种用的尖头镊子要在酒精灯上消毒，用毕放入酒精瓶内，整个过程如此反复进行，以保证无菌效果。接种材料表面消毒后，在超净工作台上用无菌水冲洗三次。茎尖用尖头镊子夹到已高压灭菌，盛有滤纸的培养皿中，置于放大 10 ~ 20 倍的双筒解剖镜下，用细解剖针一层层剥去幼叶，直到露出圆滑的生长点，将生长点先端切下 0.2 ~ 0.3 mm，可带 1 ~ 2 个叶原基。经过热处理的材料，可

带 2～4 个叶原基，切生长点长约 0.5 mm。切下的生长点用细长的解剖针挑出，放入盛有培养基的试管或烧瓶中。每瓶放 5～6 个茎尖。通常脱毒效果与茎尖的大小呈负相关，切取茎尖越小，脱毒效果越好。而培养成活率与茎尖大小呈正相关，切取茎尖越大，成活率越高。接种花药时，取出花蕾，剥离萼片，取出花药接种到培养基上，每个培养瓶可接种 30～50 个花药。接种材料置于培养基上的方法有两种，一是取下材料直接放在培养基上。二是在瓶口轻击镊子先端，使材料掉下，然后用接种针将其分离摆平摆匀。无论哪种方法，切忌将琼脂培养面弄破，或将培养材料在培养基上翻滚，粘连过多培养基。一般将培养材料均匀分散开即可。操作完毕，瓶口和棉球用酒精灯消毒灭菌、塞口，接种瓶上写上日期、编号，然后在适当温度下进行培养。

⑤培养。接种后在培养室内培养，室温 20～25 ℃，相对湿度 50%～70%，用日光灯照射。前期微光，长苗后光照强度 1000～2000 lux，每日光照 10～12 h。茎尖接种在诱导分化培养基上，培养 30 d 左右，即开始分化新芽，新芽不断生长和增殖，便形成一堆幼嫩的小芽丛。

花药接种在诱导愈伤组织和分化培养基上，培养 20 d 后即可诱导出小米粒状乳白色大小不等的愈伤组织。愈伤组织产生的多少，因品种而异。有些品种的愈伤组织不经转移，在接种后 50～60 d 可有一部分直接分化出绿色小苗。这样可以省略一种分化培养基，减少一次分化植株的培养程序。一般愈伤组织诱导率越高，植株分化率也高。

草莓组培苗的培养和转移驯化：

①基本概念。组织培养的苗叫"组培苗"。草莓通常采用匍匐茎和新茎顶端的分生组织、花药等培养组培苗。其操作过程主要包括配制培养基、消毒、接种、继代培养、植株的转移和驯化等程序。草莓的组织

培养，可利用其繁殖快和产生无病毒苗的两个特点，进行无病毒苗工厂化生产。组培苗要进行无病苗鉴定与检验，确认无毒后，进行保存、利用、繁殖，提供大量无病毒苗用于草莓生产。

②断代培养。由茎尖、花药或叶片培养得出的再生植株，都可根据需要移到新的培养基上继续培养，这种转移称为"断代培养"。

接种的茎尖在培养基中培养 30 ~ 75 d，即分化出 1.5 ~ 2 cm 高的无根苗 20 ~ 30 株。将这些无根苗再转移到增殖培养基上，进一步扩大繁殖。分别放入 5 ~ 10 瓶培养基中，经过 15 ~ 20 d，又可长满无根苗，继续扩繁，一直可连续几十代。一般平均每月可以 1 ∶ 10 的增殖倍数进行繁殖。继代繁殖的次数根据生产用苗时间和数量来决定。根据需要可以一部分进行生根培养，一部分仍继代培养，陆续供用。

花药培养愈伤组织分化植株以后，就及时将植株切取下来，转移到增殖培养基上，多数品种可在 20 ~ 30 d 以 4 ~ 5 倍的增殖系数进行增殖，如"宝交早生"、"春香"、"女峰"等品种。但也有少数品种，如"索非亚"增殖效果较差，还需要进一步筛选适宜的培养基。

将组织培养的无根苗在生根培养基中促进生根，长成完整的植株称为"生根培养"。草莓茎尖试管苗生根很容易，一般在继代培养基上即可生根。或者将未生根的试管苗长到 3 ~ 4 cm 长，切下来，直接栽到蛭石为基质的容器中进行瓶外生根，效果也非常好，省时省力，降低成本，移栽成活率可达 90% 以上。也可在生根培养基上进行培养生根。

花药组织培养的小植株上比较易生根，有时可在增殖培养基上边增殖边生根，但这些根系基部往往带有愈伤组织，影响植株移栽成活和正常生长。因此，应将增殖的植株切取下来，转移到生根培养基中，进行诱导生根，2 ~ 3 周以后，几乎 100% 的植株均可诱导生根，而且根的质量好，很容易移栽成活。

③组织培养苗的转移驯化。发根的组织苗或称试管苗，从试管或烧瓶中移出，在温室中栽培，至苗长大，发生 5 ~ 6 片叶的植株为止的过程为转移驯化阶段。这是草莓组培苗从异养到自养的阶段。组培苗移出前，要加强培养室的光照强度和加长光照时间，进行光照锻炼。一般 7 ~ 10 d，再打开瓶盖，让试管苗暴露在空气中锻炼 1 ~ 2 d，以适应外界环境条件。移栽基质最好用透气性强的蛭石或珍珠岩，如果栽植在土壤中，土壤应为疏松的沙壤土、砂土掺入少量有机质或林地的腐殖质土。用营养钵育苗，可用直径 6 cm 的塑料营养钵。移栽时选择株高 2 ~ 4 cm，3 ~ 4 片叶的健壮试管苗，将根部培养基冲洗干净，把过长的老根剪断栽入基质中。如果是瓶外生根，将植株基部愈伤组织去掉，用水冲洗一下，直接插入基质中。试管苗出现复叶是适合移栽的形态指标。移栽后浇透水，加塑料罩或塑料薄膜保湿，营养钵可放在温室或塑料大棚中，适当遮阴避免曝晒。保持环境温度 15 ~ 25℃，空气相对湿度 80% ~ 100%，后期可降低。半月后去罩，掀膜，初期不浇水不施肥，此时无毒苗已扎根成活，2 ~ 3 个月后成苗，成活率可达 90% 以上。若整畦育苗，组培苗移栽后，浇透水，并支小拱棚覆盖塑料薄膜保湿。从第三周开始，每天短时间放风一次，锻炼小苗，放风强度逐渐加大，至移栽后第四周，去掉覆盖物。根据室温，每天或隔天喷水一次，保持土壤湿润而不积水为宜。

组培苗在温室中驯化一般需 2 ~ 3 个月，长到 4 ~ 5 片较大叶片，株高可达 4 ~ 5 cm，有长度 10 ~ 12 cm 的根系 6 ~ 7 条，即可移出，盆栽移植成活率达 100%，这就是无病毒原种苗的母株。至此，组织培养育苗完成。母株栽植到防虫网室中，以做病毒鉴定和无病毒原种保存。移至育苗田，作进一步繁殖苗用。也可栽至生产田，直接用来作结果株用。

草莓无病毒苗的鉴定和检验：

采用各种脱毒技术获得无病毒苗后，其植株是否真正脱毒，还需进行病毒病的鉴定和检测，确认为无病毒后，方可作为无病毒苗进行扩大繁殖，推广应用到生产上。由于草莓病毒在栽培品种上不表现明显症状，而且又不能通过机械传染，缺乏鉴别寄主，因此，草莓病毒的鉴定和检测只有借助指示植物和蚜传试验。

①小叶嫁接法。把被检验的草莓植株上的叶片嫁接到指示植物上，观察其表现，判断是否带有病毒。

A 指示植物及其应用。目前国际上通用的草莓的指示植物，主要有林丛草莓中的 UC ④、UC ⑤、UC ⑥和深红草莓中的 UC ⑩、UC ①、UC12 共六个单系，其中以 UC ④和 UC ⑤应用范围最广。不同的指示植物，鉴定病毒的种类各不相同，但在实际上，植株多为几种病毒的复合侵染，而各种指示植物一般对几种病毒都有反应。所以，症状变化比较大。因此，在鉴定明确病毒种类时，需用成套指示植物，至少要用 UC ④、UC ⑤、UC ⑥、UC ⑩四种单系同时进行，并比较分析。

B 指示植物的保存。指示植物应在防虫网室中隔离栽培，采用匍匐茎繁殖，定植时可适当加大植株行距。8 月中下旬挖取匍匐茎苗，栽于盆中，注意防虫，精细管理。如果全年进行病毒鉴定，9 月上中旬将盆栽苗移于温室中，防止休眠，使其全年生长。若 2 月中下旬以后进行病毒鉴定，可将苗假植于室外，11 月中下旬结冰前，移至 0℃以上低温环境中渡过休眠期，1 月上旬在温室内盆栽，生长 30 d 左右，即可嫁接接种。

C 嫁接。从被检验的草莓植株上采集完整成熟的复叶，装入小塑料袋中或放入盛有清水的烧杯中，以免萎蔫，并注意挂好标签。当天进行嫁接。先剪去左右 2 片小叶，将中央小叶带 1 ~ 1.5 cm 长的叶柄，用锐利刀片，把叶柄削成楔形，作为接穗。选取生长健壮的指示植物叶片，剪去中央小叶，在左右两小叶叶柄中间向下纵切一条长约 1.5 ~ 2 cm 的切口，然后把接穗插入切口内，用蜡质薄膜或塑料袋包扎。每一株指示植物至少嫁接 2 个接穗。为了促进接穗成活，嫁接后把整个花盆罩上塑料袋，进行保温保湿。在 25℃背阴处，放置 2 ~ 3 d，然后再移到有阳光处，放置 7 ~ 10 d，去掉塑料袋。一般秋季经过 14 ~ 20 d，冬、春季经过 25 ~ 30 d，嫁接小叶不萎蔫、不枯死，即表明嫁接成活。成活后剪去指示植物未嫁接的老叶。

D 症状观察。嫁接成活后，定期观察新长出叶上的症状表现。发症调查连续进行 1.5 ~ 2 个月。如接穗带有病毒，则在接种后 1 ~ 2 个月，在指示植物新展开的叶片和匍匐茎上出现前述病症，然后在老叶上出现。不同病毒病在指示植物上症状出现早晚不同，最早为草莓斑驳病毒，一般在嫁接成活后 7 ~ 14 d 表现症状，其次是草莓镶脉病毒和草莓轻型黄边病毒，分别于嫁接成活后 15 ~ 30 d 和 24 ~ 37 d 后表现症状。草莓皱缩病毒通常在嫁接成活后 39 ~ 57 d 才能表现出来。

②蚜虫传毒鉴定法。蚜虫不但直接危害草莓，而且还是传染草莓病毒的主要媒介。蚜虫传毒鉴定，主要用于鉴定和分离复合侵染的多种草莓病毒。因为草莓病毒有些可借蚜虫传染，有的则不能传染。病毒种类不同，蚜虫得毒时间和保毒时间也各不相同。因蚜虫种类不同，对不同种类病毒传染的难易程度也不一样。因此，可用蚜虫接种分离复合侵染中的病毒。传染草莓病毒种类最多的是 Chaetosiphon 属蚜虫。

③电子显微镜检测法。利用电子显微镜检测病毒比小叶嫁接法更直观，而且速度快。其方法是利用负染色法及超薄切片法处理待测叶片，然后在电子显微镜下观察，如果被测叶片中含有较多病毒粒子，可直接观察到。

草莓无病毒苗的保存和繁殖：

①无病毒原种的保存。草莓无病毒原种培育非常不容易。要经过脱毒培养、鉴定检测等烦琐的过程，所以一旦培养得到，就应很好地隔离

保存。无病毒原种保存得好，可以利用5～10年，在生产上就可以经济有效地发挥作用。

保存的关键是防止病毒重新感染。为此，无病毒原种通常种植在温室或防虫网室中，防虫网以40目尼龙纱网为好，可以防止蚜虫侵入。栽培床的土壤种植前应进行消毒，周围环境也要清洁，及时打药，保证材料在与病毒严密隔离的条件下栽培。有条件的地方可以找合适的海岛或高岭山地，气候凉爽，虫害少，有利于无病毒原种的保存和繁殖。

②无病毒苗的繁殖。选择无病毒原种苗作母株，在隔离条件下利用匍匐茎繁殖法培养无病毒草莓生产用苗。原种苗从保存的无病毒原种上获得。隔离网室可以利用大棚钢架覆盖隔离网纱。土壤要经过严格消毒，前茬不能栽植过草莓，定期喷洒杀蚜虫药，管理上参照匍匐茎育苗圃的方法，主要措施有从母株基部培土，厚度以埋上新根而露出苗心为准，以保证植株生长。育苗期间及时疏除花序。匍匐茎发生前期，灌水后土壤容易板结，采取浅中耕除草，便于新生小苗扎根；大量发生期人工拔除杂草，同时要摘除草莓黄叶、枯叶，减少养分消耗和水分蒸发，促进通风透光；匍匐茎发生后期，控制匍匐茎苗生长，保证茎苗健壮充实。从8月开始，叶面喷施抑制剂清鲜素1000 mg/L 或 0.6%～0.12%矮壮素，抑制匍匐茎的发生和营养生长，促进生殖生长。无病毒原种苗可供繁殖3年，以后再繁殖，则需重新鉴定检测，确认仍无病毒后，方可继续用作繁殖母株。

预防无病毒草莓植株再侵染：

草莓无病毒苗在生产中的利用，重要的是要防止病毒的再侵染。为保证我国草莓产区不再受病毒的侵染，需要做好以下工作。

①推广无病毒苗。草莓病毒与其他果树病毒一样，都可借嫁接途径传染，并随着无性繁殖材料和接穗、自根苗、匍匐茎苗等的传播而扩散。因此，培育无病毒母株，栽培无病毒苗是防止草莓病毒病发生、控制病

毒扩展和蔓延的根本措施。发达国家过去 3 ~ 4 年更换一次无毒苗，而现在几乎每年更新一次，使病毒再侵染率大大下降。因此我们要在全国范围内建立无病毒育苗基地，推广无病毒苗，用无病毒苗代替普通苗，更换已被感染病毒的植株。

②做好病毒检疫。进行植物检疫，是防止病毒病害传播扩散的重要措施。首先要加强无病毒原种和繁殖母株的保存和管理，定期进行病毒检测，制定一套培育无病毒苗的规程，保证无病毒苗的质量。其次，要制定病毒检疫对象，重视口岸检疫，从国外引种以及去外地买苗，都要了解当地的发病情况，加强检疫，严防将病毒带入。

③加强栽培管理。草莓无病毒苗要实行无病毒化栽培，防止因病毒感染而失去脱毒苗的作用。防止病毒再侵染的措施主要有：栽植无病毒苗的生产园，至少应与老草莓园间隔 1500 m；前茬不能种植茄科作物，不能重茬；进行土壤消毒，防治病虫害；彻底根除传播草莓病毒的蚜虫，蚜虫吸食草莓叶柄、叶背的汁液，短时间内即可传毒。蚜虫的发生消长因种类而异，但为害草莓的主要传毒蚜虫，多在 5 ~ 6 月发生，匍匐茎旺盛生长期也是病毒侵染的时期，应特别注意防治。地面也可用银色反光膜覆盖以驱虫。一般在新种植区周围无老草莓园，大致 4 ~ 5 年可换种一次，否则 2 ~ 3 年就应换种。

五、实生繁殖法

实生繁殖法也叫"种子繁殖法"，指经过播种种子育成草莓苗的方法，这样的苗叫实生苗。草莓一般为自花授粉，所以实生苗后代，基本上能保持母株的特性，但也会使原有的优良性状发生性状分离，致使品种群体混杂退化，株苗不整齐，导致产量、品质下降。实生苗生长快，根系发达，适应性强，不容易衰老，一般经过 10 ~ 16 个月的生长，开始结果。实生繁殖法成苗率低，生产上不宜采用种子繁殖。此法多用于杂交育种或选育新品种，远距离引种或有此优良品种不易得到营养苗的情况下，也可采用。具体操作技术如下。

（一）选果取种

5 至 6 月份果实采收后，从优良单株上选取发育良好、充分成熟的浆果，供采种用。手工取种时，用切片将果皮连同种子削下，然后平铺在纸上，晾干后将种子刮下，保存备用。或削下后放入水中，洗去浆液，滤出种子，晾干，放阴凉通风处保存。也可把浆果包在纱布内揉搓，挤出果汁，用水清洗，摊开晾干，除去杂质。手工取种比较费工，且种子容易发霉。机械取种是把浆果去果梗后，在清水中冲洗干净，然后按果实与水 1 ∶ 1 的重量比例混合，倒入高速组织捣碎机中，用慢速搅拌 20 s，静置 3 ~ 5 min 后，可使种子捣碎液分离。为了加速捣碎液的澄清，在搅拌前可加入 2% 的食盐。此法脱粒，不损坏种子，对发芽无影响。每 1 kg 鲜果可获得 10.2 ~ 11.2 g 种子。脱净率在 95% 左右，工效比手工取种提高 8 ~ 10 倍。种子处理好后，装入纸袋或布袋，贴上标签，写上采收日期、品种、数量等信息，放阴凉干燥处保存。草莓种子的发芽力在室温条件下可保持 2 ~ 3 年。

（二）处理种子

草莓种子无明显的休眠期，可随时播种或隔一定时间播种都能萌发。以采后立即播种的萌芽率为最高。存放后的种子，在播种前进行处理，能提高发芽率和整齐度。可在播种前对种子层积处理 1 ~ 2 个月。也可把种子放在纱布袋内浸种 24 h，再放在冰箱 0 ~ 3℃ 的低温下，处理 15 ~ 20 d。山东省诸城市老梧村的做法是：先将种子倒入 60 ~ 70℃ 温水中浸洗，并不停搅动，直到水温降到 25℃ 左右时停止。然后继续浸泡 2 ~ 3 h，捞出用手揉搓，至种皮干净呈现光泽为止，再用清水漂洗干净，用几层湿纱布盖好，放在 25 ~ 30℃ 条件下进行催芽，每天早、午、晚

三次用温水浸湿纱布，以保持种子的湿润环境。待 60% ~ 70% 的种子露白后即可播种。

（三）播种

因草莓种子小，播种时必须精细。一般用能渗水的花盆或播种盘在室内播种，内装营养土，营养土为筛过的细砂壤土混合一部分较细的腐殖质土，或用草灰土和腐殖土 2 份、粗砂 1 份混合过筛配成。花盆底部垫一瓦片，为便于排水，瓦片周围放一层玉米粒大小的石块。营养土装到容器沿以下 1.5 ~ 2 cm 处。如在苗床播种，土壤要平整细碎，畦宽 1 m，长 8 ~ 10 m，多施腐熟厩肥，施肥量每㎡ 3 ~ 5 kg，加入少量复合肥。播种前先浇透水，用容器育苗可将其置于浅水池中，待水慢慢渗入盆内土壤后取出。然后在土面上均匀撒播草莓种子，数量为每㎡ 2.5 ~ 4.5 g，便于分苗为宜，播后覆以 0.2 ~ 0.3 cm 厚的细土，最后用塑料薄膜盖严，以保持湿度。

（四）苗期管理

发芽过程中，应始终保持土壤湿润。干燥时，每天用细口喷壶洒水一次，亦可将容器放在水槽中，让水从底部小洞渗入。在温度 25℃ 的条件下，播种后两周即可出苗。幼苗生长 2 ~ 3 个月，长出 1 ~ 2 片真叶时进行分苗，把苗带土移入营养钵或穴盘中，每穴或钵 1 株，放于苗床。钵苗期要精心管理，特别注意水分供应，不使土壤干燥，同时浇一些稀薄液肥。苗长到 4 ~ 5 片叶时，即可去钵带土移栽到大田或育苗圃中，进一步培养。苗床育苗，注意适时适量浇水、及时去除杂草。小苗长到 3 ~ 5 片真叶时，可进行间苗移栽，疏密补稀。小苗长到 6 片真叶时，进行第一次追肥，以尿素为好，随水撒施或用 0.3% ~ 0.5% 的浓度叶面喷施。第一次追肥，用量宜少，以后每 20 ~ 30 d 追一次肥。随着苗的长大，用肥量可适当增加。一般春季播种，秋季可定植大田或育苗圃，第二年春天结果。秋季播种的要在翌年春季才能定植。

六、草莓扦插育苗

草莓扦插育苗是把尚未生根或发根少的匍匐茎苗以及未成苗的叶丛植于水中或土中，促其生根，培养成苗的方法。（图7-11、图7-12）

扦插时间一般在秋季，在茎节上有两片以上正常叶片时即可扦插。将叶丛剪下，插在水中，使叶丛基部接触水面，隔天换水一次，待基部长出5～6条根后，即可栽植于土中或营养钵中。

在安装喷雾设备的温室或塑料棚内，保持一定的空气湿度，形成适宜的湿度环境，可把叶丛扦插在雾室内的沙箱或沙床上。雾室内温度不宜过高，因草莓根系在20℃以下发根快。无降温条件时，只宜在春秋进行。约10 d左右，叶丛发根后，移入营养钵或育苗圃中。如果是扦插在土中，也可以直到育成合格苗。

生产中还有的把叶丛和小苗直接植于营养条件较好的土壤中进行育苗，但应保持一定的温度和湿度，一般半月以后可长出新根，成苗后进行栽植。还可将小苗移入冷床或温床中，使其冬季继续生长。

只要有匍匐茎苗，扦插随时都可以进行，以目的、条件而定。现多在秋季进行，未生根的匍匐茎上的叶丛和生根很少的匍匐茎苗，在露地结束生长之前，难以成苗，扦插可以充分利用这部分资源苗。早长成的苗可以秋栽至生产田，小苗采取保温措施，可冬季继续生长，供春季移栽。

图7-11　扦插

图7-12　扦插

第八章
草莓不同生育时期的环境调控

草莓栽培过程中离不开温、光、水（含土壤水分和空气湿度）、肥、气、土等环境，不同生育时期对外部环境的要求也不同，同时每一个环境因子又分为7个基点。以温度为例，可分为"致死温度、受害温度、最低温度、最适宜温度、最高温度、受害高温、致死高温"。很多的病、害的发生也有外部环境息息相关。充分考虑草莓不同生育时期正常生长发育的环境条件，结合病害预防来进行环境调控。

第一节　草莓定植后的环境调控

一、定植后的温控

草莓定植在8月下旬，温度较高，在定植前一周下棉被降低土壤温度，使得土壤温度降到26℃以下，土壤空气含量25%，有利于根系吸收养分水分，促进生长发育，南方地区没有棉被的用3针或4针遮阳网代替。定植后管理的重点是草莓苗快速缓苗成活。上午落棉被促进缓苗，10是到16时掀棉被，下午4时落棉被，天黑后再掀起来，持续时间7 d。

一般情况下，定植后浇透定根水1次，浇水量以土壤充分湿润为限，缓苗水 1 ~ 2 次，浇水后及时中耕松土。在适宜条件下，定植后第二天心叶便会竖起来，3 ~ 4 天后会陆续长出 1 ~ 2 毫米长的白色细根。

二、定植后的养根

缓苗后到现蕾期都是养根的关键时期，根系会吸收营养和消耗养分，土壤温度调控到 12 ~ 25℃，土壤 pH 范围在 6.0 ~ 6.5，土壤空气含量 25% 左右，17 种必须元素均衡，有益微生物丰富，土壤持水量为 70 ~ 80% 左右，定植 5 ~ 7 天后，草莓叶柄夹角呈 45°，叶色逐渐变深，植株直立生长，新根开始冒白，进入到快速生长时期。

三、定植后的控旺

合理株行距（18 ~ 20 cm），控制氮肥施用量；划锄控水，根据长势调整控制叶片面积（去除老弱病残等寄生叶），调整上膜的时间、大通风；大通风合理调控夜温、合理施肥，（补充硼、磷、钾、钙肥）；喷施生长延缓剂：季铵盐类的矮壮素、甲哌鎓、环己烷羧酸类的调环酸钙，三唑类的多效唑、己唑醇、戊唑醇、苯醚甲环唑等进行化控。

四、促花芽分化

7 至 10 月份上旬，是草莓的花芽分化期，通过"上遮、下断、中控"综合管理手段促进花芽分化。10 月下旬花蕾初现，覆盖黑色地膜后，整理打断的叶片，顺便掰一下侧芽，降低养分过度分流，促进草莓苗早开花早结果。

上遮：合理使用遮阴网、棉被等，减少到 12 小时以下短日照。每日经 8 小时光照和 10 ~ 16℃低温处理，经 13 天即可形成花芽。

中控：控制水分，花芽分化期不宜浇水，控制温度在 10 ~ 20℃，控制氮肥的施用量，增施硼肥、钾肥的。高氮素营养条件下进行花芽发育，雌蕊数量过多，容易出现畸形果、鸡冠状果的发生。

下断：断根、划锄。

第二节　扣棚时期的确定

大棚薄膜覆盖时间就是腋化芽进入分化的时间，在正常气候条件下，覆盖薄膜的时间应为10月下旬至11月初。南北方温度差异较大，以实际下霜为准，前7天左右扣大棚膜，大通风降温，气温与露天保持一致。在现花蕾10～20%时覆盖地膜，覆膜前先打药，以不损伤花蕾，中午10：00以后开始扣地膜，扣地膜前杜绝浇水。（图8-1）

气温20℃，土壤温度15～20℃情况下，5天可长出一片新叶，当秋季温度降到10℃以下生长减弱。及时摘除老叶和枯叶，促进生长。

图8-1　扣大膜

第三节　扣棚后的环境调控

一、扣棚初期

大棚膜扣上初期，温度逐渐下降，不必担心草莓旺长现象。白天温度维持在 25 ~ 30℃，夜间维持在 12 ~ 17℃。花芽分化要求 10 ~ 12 h 的短日照和较低温度，诱导花芽的转化。如果人工给予每天 16 h 的长日照处理，则花芽分化不好，甚至不开花结果。气温控制在 5 ~ 15℃时才开始花芽分化，降到 5℃以下又会停止分化利于花芽分化，秋季温度降到 10℃以下生长减弱。

为了防止早期的果实发生畸形，要在开花前几天把蜜蜂引入保护地内，进行辅助授粉。进入开花期后，最高温度控制在 25 ~ 27℃，晴天时，温室或大棚内温度如上升到 27℃以上时，可适当通风。阴天中午也宜适当通风，以利授粉。单株侧花枝与花蕾过多，营养不足，植株生长衰弱，常出现无效花、小果和畸形果，从蕾期开始，每株保留 2 ~ 3 个侧花枝，每花枝留果 3 ~ 5 个，单株 5 ~ 14 个，余者疏除。开花前用地膜或麦秸等进行铺垫，防止果实被泥污染与腐烂，提高商品果率。

花期温度控制在 15 ~ 25℃，湿度控制在 60%，合理营养，确保蜜蜂出勤率高，提高授粉效率，注意在花期做到不打药、不浇水、不施肥。

施肥按照"平衡施肥、按需供肥、不偏施肥"的原则进行。定植后从发苗期、壮苗期、花期、果期到采收期，遵循前期磷肥为主，中后期钾肥为主，根据长势和叶片颜色全程补氮（量要控制好），花期前后追施钾肥的同时还需要补充钙、硼、锌等中微量元素。

二、冬春季环境调控

冬季负载量大、温度低，重点调控温度。温度控制采取五段降温法，空气温度：一段控温（6 时 ~ 10 时）5 ~ 22℃，二段控温（10 时 ~ 14 时）25 ~ 34℃，三段控温（14 时 ~ 18 时）34 ~ 18℃，四段控温（18 时 ~ 23 时）12 ~ 8℃，五段控温（23 时 ~ 6 时）12 ~ 5℃。土壤温度：一段控温（6 时 ~ 10 时）12 ~ 16℃，二段控温（10 时 ~ 14 时）17 ~ 22℃，三段控温（14 时 ~ 18 时）22 ~ 16℃，四段控温（18 时 ~ 23 时）20 ~ 12℃，五段控温（23 时 ~ 6

时）16 ~ 12℃。

早春或早冬，配合腰风口放风。天气预报降至5℃时及时关闭腰风口，等升至5℃时再打开，打开的大小视温度高低适当调节。

立春后气温开始升高，晴天光照强，气温高。在11时~14时间遮阳处理，大通风，降低棚内热容量，及时整理植株寄生叶片，去掉旺长最高的叶片、果柄、侧芽，增加通风透光，同时控制夜温不能太高，结合着叶喷适量硼肥，冲施促根产品。

越冬后草莓萌芽生长，应视土壤墒情适当灌水。现蕾期到开花期应满足水分供应，以不低于土壤田间持水量的70%为宜，此时水分不足则花期缩短，花瓣卷于花萼内不展开，而出现枯萎。草莓果实膨大期需水量较大，应保持田间持水量的80%左右，此时水分不足，果实变小，品质变差。此期应满足土壤供水，但应防止空气湿度过大，以免烂果。保护地中可采用地膜覆盖、暗灌水、滴灌等方法。果实成熟期应适当控水，以免造成果实脱落和腐烂，不利于果实成熟和采收。冬季浇水，尽可能减少温度差，在晴天上午10时~13时为宜。要注意在盛花期、控旺期、采收前、雨雪前、花芽分化关键期、极端天气地温过低时不浇水或少浇水。及时摘除老、弱、病、残、枯叶，去弱芽，摘除匍匐茎，畸形果，喷生长调节剂和防霜防寒等农事做到及时。

三、春夏季环境调控

草莓苗旺长，气温过高时，加大顶风口放风强度的同时，不能把棚内温度降低到目标温度18 ~ 25℃，调整腰风口大小来辅助调控棚内温度，降低夜温在8 ~ 12℃之间。适当延长浇水间隔期，控制浇水量，有条件的可以安装吊喷设施，进行空间补水，达到控旺增产的目的。防止白天促进光合作用，积累干物质，在夜间叶片养分再分配，晚6时–12时的地温控制在5 ~ 12℃，有利于养分回流根部养根。当夏季来临时，过强光照导致草莓出现光合"午休"现象，光合速率降低，用遮阴 50% 方式处理，最有利于草莓的净光合产物的积累。还可降低地温，提高草莓根系活动能力。（图 8-2、图 8-3）

图 8-2　棉被遮阴　　　　　　　　图 8-3　棉被遮阴

棚内高温高湿度或者低温高湿是病害发生的主要外部环境，在设施栽培草莓时，控制棚内湿度是预防草莓疾病的关键环节，有以下几种控制湿度的方法：地膜覆盖、铺稻壳、大棚骨架弧度、用无滴膜、合理放风、控制浇水量、控制浇水间隔期、基础设施建设（滴灌、微喷、喷带）、挖好棚外排水沟，应对极端天气。浇水的原则是不缺水不浇水、需浇水浇小水。夏季浇水时间需在晚上 10 时以后，或早上 11 时以前。

第九章
现代草莓栽培模式

第一节　露地草莓栽培模式

一、露地栽培的概念

露地栽培又称常规栽培，是指在田间自然条件下，不采用任何保护设施（如日光温室、塑料大棚和小拱棚等）的一种栽培方式。露地栽培的过程是夏季培育壮苗，秋季定植于生产田，在露地条件下生长，冬前进行营养生长并形成花芽，冬季休眠，自然越冬，第二年春季开花，春夏季收获。

目前，露地栽培仍然是我国草莓的主要栽培方式，是实现草莓周年供应中不可缺少的一种栽培方式。加工用草莓的生产主要是在露地栽培，草莓保护地栽培的种苗多是在露地条件下培育的。另外，草莓选种、杂交育种、引种等都离不开露地栽培。

露地栽培是一种最简单、最基本的栽培方式，在全国各地都适合。管理简单，成本低，不需要很多人为的设施材料，省工、省力，适于规模经营，经济效益较高，是最容易推广应用的栽培方式。露地草莓果实风味好，耐贮运，除供应附近市场外，还可有计划地弥补较远地区的市场消费及产品加工，且鲜果上市正值其他果品较少的淡季，因此，价格稳定，但上市期集中，价格波动较大，又不耐贮运，损失率大。露地栽培的采收期主要取决于当地的气候条件，温暖地区收获早而冷凉地区收获期晚，上市期气温较高，贮运性受影响，货架期寿命短。露地栽培产量不稳定，由于从展叶吐蕾到果实成熟是在很短时间内加速进行的，这个时期的自然条件和植株的营养状况，对产量影响很大。花期遇异常低温，生育过程中日照不足以及受到风灾、降雨、病虫等影响，造成每年的产量和收益都有较大差异。

因此，露地栽培应选大城市附近、旅游观光区或交通方便的地区种植，有加工企业或签订收购合同的地区也适宜发展露地栽培。露地栽培要实现优质高产，就要选用适合品种，改进栽培技术，改善采收、运输、销售途径，积极防御自然灾害，才能进一步提高露地栽培的经济效益。

二、露地栽培制度

我国露地草莓栽培，一般采用两种不同的栽培制度，即一年一栽制和多年一栽制。

（一）一年一栽制

一年一栽制也称一年一倒茬。第一年秋季定植，翌年收获一茬果实后，将草莓耕翻掉，种植其他作物，秋季另选地块重新栽植草莓苗。一年一栽制能提高土地利用率，增加经济收入，植株生长旺盛，果实较大，品质好，产量高，病虫害少。不仅有利于草莓苗的更新复壮和轮作倒茬，还可间作套种和夏播作物。实行一年一栽制，一般要求3～5年的轮作，即种植草莓的地块，3～5年后才能再种。在人多地少的草莓产区，3～5年有困难，可两年一轮。轮作作物以瓜类、菜类和豆类为好，在多施有机肥的条件下，高产的小麦茬也可种草莓。避免与茄果科作物如番茄、茄子和辣椒等连作，以免连发共同性病害。

（二）多年一栽制

多年一栽制也叫多年一倒茬。栽植一次，连续收获多年。每年果实采收结束后，清理植株，可选留母株更新，也可待母株抽生匍匐茎苗后，去掉母株，选留健壮的匍匐茎苗更新。连续栽植几年后，待植株衰老、产量下降，将植株铲除，改种其他作物，另选地块重新栽植草莓。这种栽培方法一般在土壤杂草少，地下害虫不多，地广人稀，劳动力缺乏，大面积集中栽培时采用较多。多年一栽制不必每年育苗移栽，但每年的肥料施用、中耕除草和病虫害防治等田间管理工作不方便。如果从外地引种，常因秧苗质量差，栽植稀，第一年产量不高，第二年才获得丰产。长到第三年，草莓生活力明显衰弱，产量降低，果实变小，品质下降，病虫害发生多，经济效益降低，所以，露地栽培草莓以二年一栽较为适宜。

多年一栽制根据栽后对匍匐茎的处理方法不同，有两种主要栽植方式，可根据当地种植方式、育苗数量及劳动力多少等实际情况来决定。

1. 定株栽植

按一定植株行距栽植后，植株发出的匍匐茎全部摘除。第二年可于结果后留母株，除去匍匐茎。第三年结果后，保留匍匐茎苗作为新株，疏去母株，按固定植株行距选留健壮的新苗。此方式多用于高垄种植，可使植株养分集中，有利于提高产量和质量，且就地更新，换苗不换地，产量较稳定。但需苗量大，摘除匍匐茎用工多。

2. 地毯式栽植

定植时植株行距较大，让植株长出的匍匐茎在株间扎根生长，直到均匀地布满畦面，形成地毯状。也可让匍匐茎在规定的范围内扎根生长，延伸到规定范围外的一律去除，形成带状地毯。这种方式多用于平畦种植，在苗不足、劳动力紧缺的情况下考虑采用。栽后第一年由于株苗不足，产量较低，故不宜栽植太稀，翌年可获较高产量。

三、露地栽培规划

草莓具有喜光性，但也具有耐荫蔽、喜水、喜肥、怕涝、怕旱等特点。草莓园应选择光照良好、地势稍高、地面平整、排灌方便、土壤疏松肥沃的地块。在北方冬季寒冷地区，应选背风向阳的地方。而在高温湿润的南方，宜选背阳凉爽的地方。山坡地坡度最好不超过 2 ~ 4°，坡向以南坡和东坡较适宜。地下水位较高的水田，可开挖沟渠栽植。土壤最好选择土层深厚、土质疏松通气、保水保肥强的壤土或沙壤土。土壤质地过砂、过黏均不适宜。土壤以 pH5.5 ~ 6.5 的酸性土壤为宜，有机质含量在 2% 以上为好。

在茬口选择上，草莓园应选择与草莓无共同病虫害的前茬作物，一般以豆类、瓜类、小麦和油菜较好。有线虫为害的葡萄园和已刨去老树的果园，未经土壤消毒，不宜种植草莓。番茄和马铃薯与草莓有共同性病害，其前茬地也不宜种草莓。草莓地连作也不合适，要间隔 1 ~ 2 年。

草莓是多年生浆果植物，不耐长途运输和贮藏。因此，为了便于果实的销售和运输，应建立商品生产基地。大面积栽培的草莓园，园地最好建在交通方便，道路平坦的大城市郊区、大型工矿企业人口集中的地区和果品加工厂、冷冻贮藏库附近。发展面积要根据当地消费水平和加工、冷冻贮藏能力考虑，以免造成不必要的损失。

草莓采收期用工集中，应根据当地劳动力、资金和市场销售等情况来确定种植规模的大小。同时，还要规划好兼种的其他作物的茬口和布局，以充分利用土地潜力。

四、露地栽培技术

（一）整地技术

草莓种植前应进行土壤整理，主要是结合清除杂草、杂物，实施整平、施肥、耕翻、耙平、沉实和作畦等作业措施。如果草莓地杂草多，可在

耕翻前半个月左右，每 666.7 m² 用 10% 草甘膦 0.5 kg 加水 50 L，喷洒杂草茎叶，待草枯死后，施入肥料，再耕地。耕前要整平地面。

耕翻时间宜早，最好在伏前晒垡，使土壤熟化。耕翻深度以 20 ~ 30 cm 为宜。耕翻过的土壤必须强调整地质量，要求耙平盖实，土层深厚，上暄下实，细碎平整。以免栽后浇水引起幼苗下陷，埋住苗心或幼苗被冲、被埋，影响幼苗成活。

（二）土壤修复技术

在连作情况下，草莓栽植前应进行土壤处理，以调节土壤物理化学性质，消除土传病害，特别是提高草莓抗逆性，提高产量和品质，具体操作技术见第八章现代草莓栽培的关键技术三：草莓土壤修复技术部分。

（三）施肥技术

1. 遵循以有机肥料为主的原则。

草莓根系浅，根系耐肥力差，但对肥料的要求比其他果树高。栽植的植株行距小，大量营养生长和花芽分化主要在冬前进行，需要营养多。施用化肥过多或不当，易造成生理障碍或烧根。因此，草莓地耕翻前要施足底肥，主要是以有机肥料为主，以提高土壤肥力，满足草莓整个生长期对养分的需求。一般每 666.7 m² 施腐熟优质农家肥不少于 5000 kg（2 ~ 3 m³），如土壤缺乏微量元素，还应补充相应的微量元素肥料。

2. 增施农用微生物肥料。

土壤速效养分的转化和释放多数是在微生物的作用下进行的，同时农用微生物还具有增加草莓的抗病性，抑制多种病害的发生，提高草莓的品质等功效。因此，在施用有机肥料的同时，一定要配合农用微生物肥料的施用，在移栽前结合整地，一般每 666.7 m² 施用多功能微生物菌剂（> 2.0 亿 / g）200 ~ 300 kg。

3. 酌情施用大量元素和微量元素肥料。

（1）底肥。移栽前，根据土壤矿物养分丰缺情况，一般每 666.7 m^2 结合整地，施用大量元素肥料 30 ～ 50 kg、硫酸锌 0.5 至 1.0 kg、硼砂 0.25 ～ 0.5 kg。

（2）追肥。采果初期，结合浇水，每 666.7 m^2 冲施平衡型（20-20-20）水溶性肥料 5 ～ 1 kg；盛果期，结合浇水，每 666.7 m^2 冲施高钾型（12-6-40）水溶性肥料 5 ～ 1 kg。

4. 增施植物源生物刺激素。 移栽后，结合浇缓苗水，每 666.7 m^2 冲施植物源生物刺激素（如木醋液氨基酸水溶性肥料）5 ～ 10 kg。

（四）定植技术

1. 定植前准备

（1）选择优质壮苗。匍匐茎苗要求无病虫害，有较多新根，至少有 4 片展开的叶，中心芽饱满，叶柄短粗，叶色浓绿，单株鲜重 30 g 以上，地下部根重约占全株的 1/3。不能用叶柄长的徒长苗。如果采用老株的新茎苗，必须具有较多的新根，否则栽后很难成活。

（2）起苗。起苗前土壤过干，应提前浇透地水，以利起苗操作及减少根系损伤。露地育苗起苗时用尖齿钉耙或小铲，连匍匐茎带苗全部起出，然后用剪刀剪下草莓苗，也可先把匍匐茎剪断再起苗。剪断匍匐茎时，要在匍匐茎苗靠近母株的一方 2 cm 长的匍匐茎做记号，定植时依此确认方向，另一方向的匍匐茎剪除。（图 9-1、图 9-2）

图 9-1　起苗

图 9-2　起苗

就近栽植的，最好随起苗，随栽苗，要保护好苗的根系。起苗时要带土坨，这样定植后缓苗快，成活率高。但也易带入病菌，从而引起连作障碍，故带土坨移栽，须选用无重茬的农田或经土壤消毒的农田和育苗田培育的苗。不需长途运输的苗，多不用带土坨。

草莓苗从育苗圃起出后，将土去掉，适当疏除基部叶片，每50 ～ 100株捆成一捆，然后用水浸湿置于筐、箱等容器中待运，搬运时最好连容器一同搬运。长途运输应选择气温较低的天气，草莓苗不宜堆装的过高，堆中要留一定排气散热孔，防止发热烂苗。运输过程中要用湿苫布将苗木覆盖好，注意车厢内的湿度和温度，防止因风大吹干根系。对依靠外地或远距离供应苗的，要事先把园地整理好，栽植人员提前到位，准备好栽植工具、浇水设备等，苗到即栽。

2. 定植时间

草莓栽植时间因地而异，要根据作物茬口、草莓苗生育状况、现场环境温度和湿度，以及栽植后草莓苗是否有充分的生长发育时间等因素综合考虑。

（1）秋栽。秋栽时间长，便于茬口和劳动力的安排，有大量当年生匍匐茎苗供应，能使外界环境条件与草莓对环境条件要求相协调。秋季空气湿度大，温度适宜，天气凉爽，昼夜温差大，利于缓苗，成活率高。

秋栽后，有较长时间的营养生长期，冬前能继续生长积累营养，形成大量根系，保证植株健壮，形成大量的饱满花芽，有利于安全越冬，为来年生长和开花结果奠定基础。秋栽时间北方宜在立秋过后，长江中下游地区可在 10 月上中旬栽植。如黄河故道地区和关中地区适宜的定植期在 8 月下旬至 9 月上旬；河北、山东和辽南地区在 8 月中下旬；沪杭一带在 10 月上中旬。早栽，气温高影响成活。晚栽，成活率高，但缩短了栽后的生长发育时间，越冬前不能形成壮苗，影响翌年产量。

（2）春栽。有条件的情况下，可以春栽。春栽成活率比较高，在北方省去了越冬防寒措施。但春栽利用冬贮苗或春季移栽苗，根系容易受损伤，单株产量比秋栽苗低。栽植时间应在土壤化冻时，一般在 3 月下旬至 4 月上旬，采用冷藏苗，栽植时期可根据计划采收期向前推 60 d 左右。

3. 定植规格

为便于管理，草莓露地栽培多作畦栽植。常用的有平畦和高畦两种。北方一般采用平畦栽植，畦长 10 ～ 20 m，畦宽 1.2 ～ 1.5 m，畦埂高 15 cm 左右，畦埂宽 20 cm 左右。草莓最忌大水漫灌，因此畦不宜过长，并要做成"顺水畦"，即靠灌水口一头稍高些，以便浇水顺利。平畦的优点是灌水方便，中耕、追肥、防寒等作业比较容易。缺点是畦面不易整平，灌水不匀，局部地段会湿度过大，通气不良，果实易被水淹而霉烂。降雨或灌水后畦面常积水，易污染叶面和果实，造成果实腐烂，着色不良，降低品质。

南方地区由于雨水多，地下水位较高，为便于排水，多采用高畦或高垄栽培。北方草莓产区，地膜覆盖栽培多采用高畦。保护地栽培同样运用这种方式。高畦和平畦标准差不多，只是把畦埂修成畦沟。高垄栽培要求垄高 25 cm 以上，垄面宽可根据栽培模式不同，确定相应的宽度，

有垄面 30 cm 宽的，也有 50 ㎝宽的，垄沟宽 20 ~ 30 cm。

高垄畦栽培的好处有以下几点，一是增加土层厚度，扩大草莓根系生长范围；二是利于增加土壤通气性，促进根的生长；三是草莓果实挂在高畦两边，有利于受光和通风，降低果实表面温度，不易被泥土污染，造成霉烂；四是改善果实品质并减轻果实病害；五是利于覆盖地膜和垫果，增强地膜覆盖的增温效果；六是草莓根系生长部位的土壤白天升温快，夜间降温快，昼夜温差大，有利于果实养分积累，提高品质和产量；七是排灌方便，能保持土壤疏松。缺点是易受风害和冻害，有时会出现水分供应不足。北方地区采用高畦栽培必须注意防旱，定植初期要保证草莓苗的水分供应。

整地作畦后，应灌一次小水或适当镇压，使土壤沉实，以免栽植后浇水时植株下陷，埋没苗心，影响幼苗成活。

4. 定植方法

（1）草莓苗处理。栽苗前，摘除苗的部分老叶，只保留新叶 2 ~ 3 片，疏除黑色的根状茎及须根，以减少水分蒸发，刺激新根发生，有利于成活。摘叶时，不要擗叶，要留一段叶柄，以保护根茎。

（2）定植方向。草莓栽植时要注意定向栽培，因为发育良好的植株新茎基部匀略呈弓形，花序从新茎上伸出有一定的规律性，即从弓背方向伸出，利用这一特性，可以控制结果的位置。为了便于垫果和采收，应使每株抽出的花序均在同一方向。因此，栽苗时，应将新茎的弓背朝固定的方向。平畦栽植，边行植株花序方向应朝向畦里，以防花序伸到畦梗上，影响作业。畦内行花序朝一个方向，便于用竹签、挡隔板或拉绳将花序与叶分开，有利于花朵授粉，减少畸形果，同时有利于果实着色。高垄栽植，花序方向应朝向垄沟一侧，使花序伸到垄的外侧坡上结果，有利于受到通风透光，减少果实表面湿度，改善浆果品质并减轻果实病虫害，减少病果率，便于垫果和采收。

花序伸出与匍匐茎抽生方向相反，起挖匍匐茎苗时，尽可能将匍匐茎保留一小段于草莓苗上，作为栽苗时判断栽植方向的依据，栽植时将这一段匍匐茎同朝一个方向，将来花序就同朝匍匐茎相反的方向发出。

（3）定植深度。栽植深度是草莓成活的关键。栽植过深，苗心被土淹没，易造成烂心死苗；栽植过浅，根茎外露，不易产生新根，容易引起草莓苗干枯死亡。适宜的栽植深度为苗心的茎部与地面平齐，使苗心不被土淹没。如果畦面不平或土壤过暄，浇水后易造成草莓苗被冲或淤心现象，降低成活率。因此，栽植前特别强调整地质量，必须整平畦面，沉实土壤，栽植时做到"深不埋心，浅不露根"。

（4）栽植方法。栽苗时，先按植株行距确定位置，然后把土挖开，将根舒展置于穴内，再填入细土，压实，并轻轻提一下苗，使根系和土壤紧密结合，立即浇一次透水，如发现植株有露根、淤心现象，以及不符合花序预定伸出方向的植株，应立即调整，重新栽植。漏栽的应及时补苗，以保证全苗。如果带土移栽，将苗在土坨上调整好栽植深度，埋土深的切去一层土，将土坨栽入相应大小的穴内，用土封严。

（5）栽后管理。为保持土壤湿润，缩短缓苗时间和提高成活率，定植3 d内每天灌一次小水。特别是第一次缓苗水，一定不要浇清水，要冲施植物源生物刺激素，如木醋液氨基酸水溶肥，每666.7 m² 冲施5 ～ 10 kg。经4 ～ 5 d后，改为2 ～ 3 d浇一次小水。但也要防止土壤过湿，造成通气不良，影响根系呼吸，导致沤根、烂苗，影响幼苗成活和生长。定植成活后，可适当晾苗，但刚成活的幼苗仍不耐干旱，还要适时供水，促进生长。

栽后遇晴天烈日，在补水的同时，可采用遮阴措施，防止植株水分过分蒸腾，影响成活。可用苇帘、塑料纱、带叶的细枝条、稻草等覆盖，有条件的可以采用塑料遮阳网、绿色或银灰色塑料薄膜扣罩成临时小棚。成活后，要及时晾苗，注意通风，以免突然撤除遮盖物时灼伤幼苗。3～4 d后方可撤棚。撤棚的同时要检查缓苗情况，发现露根、淤心苗要及时埋土或清理。漏栽和没有成活的，应及时补苗。（图9-3）

图9-3　遮阳网

5. 定植密度

定植密度是指单位面积上栽植的数量。定植密度要根据栽植制度、栽植方式、品种特征、土壤条件、株苗质量和管理水平来决定。一年一栽制，栽植密度大，多年一栽制则小。定株栽植密度大，地毯式栽植密度小。品种生长势强，土质好，肥力高，底肥足，苗壮，管理水平高，能较好发挥个体的潜在生产能力，密度宜小；反之，株型小，长势较弱的品种，幼苗质量差，土壤肥力及管理水平不高，可适当密些。适当密植，有利于丰产。密度过大，对防病不利，尤其是开花期遇雨较多时，病害较重。

据江苏省农业科学院试验，壮苗（鲜重30 g以上）栽植密度以每666.7 m² 栽6000株为好；一般苗（鲜重10～20 g）每666.7 m² 栽8000株为好（见表9-1）。北方地区栽植密度每666.7 m² 在6000～10000株范围内选定。一般宽1.2～1.5 m的平畦，每畦栽4～6行，行距20～25 cm，株距20～25 cm。垄栽时，垄宽50～55 cm，每垄栽2行，行距25 cm，株距15～20 cm。带状单行栽植，行距60 cm，株距20 cm，每666.7 m² 栽5000～5500株。带状宽窄行栽植，宽行行距

60 cm，窄行行距 20 cm，株距 20 cm，每 666.7 m² 栽 8000 ~ 8500 株。

表 9-1　草莓苗质量和栽植密度对产量的影响（段辛梅等，1987 年）

单位：kg

密度（株 /666.7 m²）	4000	6000	8000	10000
大苗	1050.0	1934.1	1934.2	1845.4
中苗	1148.6	1583.8	1851.2	1801.8
小苗	1014.1	1151.6	1007.5	1575.0

（五）田间除草技术

1. 中耕除草：草莓属多年生草本植物，根系浅，喜湿润疏松的土壤。中耕有利于土壤通气和增加土壤微生物的活动，促进有机物的分解，从而丰富土壤养分，促进根系和地上部的生长。中耕同时消灭杂草，减少病虫害。早春中耕还能减少水分蒸发，提高地温，创造根系生长的良好条件。中耕是保证草莓优质高产的一项重要技术措施。

中耕常常在栽植成活后，早春撤除防寒物及清扫后、雨后、浇水后、采收后和杂草发生期进行。一年全园一般进行中耕 7 ~ 9 次。

（1）在定植成活后的 9 月份进行浅中耕，有利于发根，积累养分，同时整平地面。对老草莓园，这次中耕以清除杂草为主。结合中耕，生产田内可排除匍匐茎，缺苗的地方补齐苗。繁殖圃内则借此机会，在匍匐茎上压土，选留壮苗和摘除多余的匍匐茎。

（2）在 10 月份，结合追肥和灌水，进行松土除草，除去病株弱株，给根系生长和花芽分化创造良好的条件。

（3）在上冻前的 11 月中旬，结合施肥浇水，进行浅中耕除草，并做好防寒工作。

（4）在翌年开春，3 月中下旬，草莓返青以后，首先清除覆盖物和

草莓越冬死亡的植株，清理时要注意防止损伤植株的顶芽。结合追肥浇水，进行一次细致的浅中耕工作。

（5）在4月上中旬，草莓开花前灌水后，进行中耕。

（6）在5月中旬，果实成熟前灌水后，中耕松土，结合拔去株间的杂草，以及进行垫草、铺地膜等工作。

（7）在6月中下旬，果实采收后，进行中耕。首先清除垫草或地膜，清除病弱株，摘除匍匐茎，然后追肥、浇水和中耕。

（8）在6月份以后，由于降水集中，天气炎热，杂草生长旺盛，要及时进行2～3次中耕，中耕以清除杂草为主。

中耕次数和时间因不同草莓园的具体情况而定。在杂草少、土壤疏松的新草莓园，次数可少些，全年可进行5～6次，以做到园地清洁，不见杂草，排灌畅通，土壤疏松为准。

中耕深度以不伤根、又除草松土为原则，一般3～4 cm为宜。春季和秋季，根系生长旺盛，中耕宜浅；早春和果实采收后，土壤板结，根系生长缓慢，可适当深些，采后可加深到8 cm左右，此时伤根后能促发新根；果实成熟前行间深，近株浅耕；雨季适宜浅耕，以清除草荒为主。

2.化学除草

（1）移栽前土壤处理。可用48%氟乐灵乳油2200～2500 ml/ha，兑水750 kg定向喷洒土壤，喷后混土，以防光解。

（2）茎叶处理。茎叶处理剂可有效防除禾本科杂草及阔叶杂草，使用时期为杂草出齐苗后。

A 防除禾本科杂草。可选用的药剂有15%精稳杀得670 ml/ha、10.8%高效盖草能乳油450 ml/ha、5%精禾草克乳油750 ml/ha等。在气温低、土壤墒情差时施药，除草效果不好；在气温高、土壤墒情好、杂草生长旺盛时施药，除草效果好。

B 防除阔叶杂草。草莓地防除阔叶杂草须慎重，要针对草莓的生长发育时期，选用不同除草剂，并调整除草剂用量。草莓栽后到越冬前，可用 24% 克阔乐 300 ml/ha 兑水 450 kg 均匀喷雾，能有效防除马齿苋、板枝苋、灰绿藜等阔叶杂草；草莓采后田间的阔叶杂草，可用 24% 克阔乐 375 ml/ha 兑水 450 kg 喷雾。当禾本科杂草与阔叶杂草混生时，克阔乐和精稳杀得要错开施用，二者避免混施，否则会产生药害。

（六）田间管理技术

1. 水分管理

草莓是需要水分最多的浆果植物，对水分要求较高，整个生育期均要求足够的水分。在降水较少的地区，灌溉能补充土壤中水分的不足，促进植株的正常生长，增大果实，提高产量。浇水是草莓高产稳产的重要因素之一，但土壤水分过多，也不利于草莓的生长发育。浇水要根据土壤湿度、天气情况和植株生长发育状况来进行。砂质土壤持水保水能力差，应注意及时浇水，防止干旱。施肥应与浇水结合进行。3 至 6 月份，北方干旱多风，蒸发量大，又是草莓开花结果需水量多的时期，必须保证水分供应。7 至 9 月份，降水较多，这期间土壤温度高，含水量多，一般不需浇水。10 月份以后，降水量减少，应适当浇水。草莓定植后，保持土壤和空气的湿度有利于成活。营养生长期水分要满足供应，花芽分化前适当控水，防止生长过旺。春季萌芽和展叶期需水量较多，但灌水量不宜过大，以免降低地温，影响根系生长。开花期到果实成熟期是全年生长过程中需水量最多的时期，但水分过多，又会引起果实变软，不利贮运，还会导致灰霉病的发生蔓延。采收后也需要一定的水分，要注意灌水，有利于匍匐茎发生和扎根，形成新株。

根据草莓生长发育需求，一般灌水时期和次数主要考虑如下：栽植苗成活后结合施肥浇水；花芽分化后，越冬前 11 月份浇水；春季 3 月中下旬，萌芽展叶期浇水，灌水量不宜过大；4月中旬，叶片大量发生和开花期浇水；4月下旬至5月上旬，开花盛期和果实膨大期浇水；5月中下旬，果实大量成熟期灌水，是至关重要的一次；多年一栽制草莓园，6月份采收后浇水。雨季要注意排水。

（1）灌水方式。目前主要以滴灌为主，滴灌在草莓园有特殊意义，可以避免浆果沾泥土。据报道，国外草莓园采用滴灌，可增加好果率15%～20%，节省用水30%左右，且操作方便，土壤不易板结。

（2）灌水量。灌水量要适当，不可过大，否则水分过多，会使土壤通气不好，影响草莓根系的生长，且叶片和果实也易感染病害，使果实风味变淡，硬度降低，不利贮运。因此，浇灌距离不宜过长，以免近水处积水。雨水过多时，要及时排除，做到雨停田干。早春为提高地温，灌水量不宜过大。开花结果期，在水分管理上，要掌握小水勤浇，保持土壤湿润的原则，该期要使土壤田间持水量达到80%左右，在土壤表面见干时就要浇水。但在果实膨大期要适当控制浇水。果实成熟期，应在每次采果后的傍晚进行，浇水量宜小不宜大，以浇后短时间内渗入土中，畦面不留明水为原则，切勿大水漫灌。高畦栽培浇水时，在沟中进行，以不漫过高畦面为原则。

2. 肥料管理技术

草莓施肥以底肥或基肥为主。一年一栽制草莓施足底肥。多年一栽制草莓在施足底肥后，从第二年或第三年起，每年要施基肥。施基肥应在秋季结合中耕、培土等工作进行，其施入数量和种类参照底肥。

栽植前已施入大量优质有机肥及速效肥作为底肥，栽后当年或第二年可不施或少施追肥。底肥或基肥不足，要及时进行追肥。追肥主要考虑以下各时期。

（1）秋季。幼苗成活后，应及时追肥，以促苗早发，促进植株营养生长，为花芽分化奠定基础。施肥时间要适宜，施肥过早，新根刚刚长出，耐肥水弱，易造成烧根；施肥过晚或氮肥过多，易使幼苗徒长，不利于早发壮苗和花芽分化。花芽分化前，应停止施用氮肥，并且要控制浇水，进行蹲苗，使苗充实，提高植株体内碳氮比率，促进花芽分化。一般在 8 至 9 月份，有两片叶展开时，进行追肥。为促进营养生长，增加顶花序花数，增强越冬能力，花芽分化后，黄河故道地区约在 10 月中旬，还可再追一次肥。每 666.7 m^2 追施复合肥 15 ~ 20 kg 或尿素 7.5 ~ 10 kg，氮肥不可太多。施肥方法为浅沟施、穴施或将肥料溶于水中施用，以避免烧苗，提高肥效。施肥后随即浇水，以提高肥效，促进吸收。也可进行叶面喷肥。

（2）春季。早春在草莓新芽萌发至现蕾期，大约在 3 月底 4 月初追肥，主要是促进植株的前期生长，尽快形成足够大的叶面积，增加有效花序数量，促进开花坐果。每 666.7 m^2 施高氮复合肥 10 ~ 15 kg，有条件的可施草木灰 75 ~ 100 kg/666.7 m^2。在 4 月中旬，草莓进入初花期，适时追肥对保证植株生长，提高坐果率，提高果实质量，增加产量有显著作用。追肥以磷钾肥为主，兼施适量氮肥，如磷酸二铵、硫酸钾、尿素或高钾复合肥等。土壤施肥采用沟施或打孔施入，也可进行水肥一体化施肥。草莓从萌芽生长至果实发育期，均可进行叶面喷肥，可结合喷药，半月左右 1 次。喷施氮磷钾肥料的时间与土壤追肥一致，微量元素应有针对性地施用，喷施浓度（见表 9-2）。

表 9-2　草莓根外施肥的肥料浓度

肥料名称	浓度（％）	肥料名称	浓度（％）
尿素	0.3 ~ 0.5	硼砂	0.1 ~ 0.25
硫酸铵	0.1 ~ 0.3	硼酸	0.1 ~ 0.5
腐熟人尿	5 ~ 10	硫酸亚铁	0.1 ~ 0.4
过磷酸钙	1 ~ 3	硫酸锌	0.1 ~ 0.5
草木灰	1 ~ 5	柠檬酸铁	0.1 ~ 0.2
磷酸二氢钾	0.2 ~ 0.3	硫酸镁	0.1 ~ 0.2

叶面喷施一般前期以尿素溶液为主，花期和采果期以喷施磷酸二氢钾和硼砂溶液，还可针对当地的土壤情况选用微量元素。据调查，花期前后叶面喷施 0.3% 尿素或 0.3% 磷酸二氢钾 3 ~ 4 次，可提高坐果率 8% ~ 19%，增加单果重，并改善果实品质。据西北农林科技大学试验，初花期和盛花期喷施 0.2% 硫酸钙加 0.05 硫酸锰（体积比 1 : 1），比对照增产 14% ~ 42%。试验表明，草莓喷施含量 38% 的硝酸盐稀土一般可增产 10% 以上，维生素 C 和糖度及游离氨基酸含量都有增加的趋势。在开花期、幼果期和果实膨大期喷施 7 ~ 10 mg/kg 钛肥，有促进着色、提高品质和增产的作用。喷施时间宜在傍晚叶片潮湿时进行，要以喷叶背面为主。

（3）夏季。果实采收以后追肥，时间在 6 月中旬，多年一栽制或结果后准备用作扩大繁殖苗的草莓园，果实采收后更需要追肥。为弥补结果造成的营养消耗，保持植株健壮生长，增强生长势，促进匍匐茎的抽生与生长，应及时追肥。肥料种类以氮肥为主，配合磷钾肥，每 666.7 m² 追施尿素 5 kg 或高氮复合肥 10 kg。可在离植株根部 20 cm 处开沟施用。

追肥次数要根据土壤肥力、植株生长发育状况等情况确定。底肥和基肥充足，植株生长健壮，可少施，否则次数宜多。一般应重点抓住花芽分化前、萌芽前、开花前、采果后等几个时期。

3. 植株管理技术

（1）摘除匍匐茎。匍匐茎是草莓的营养繁殖器官，但在生产园中，过多的抽生匍匐茎，会消耗母株大量的养分。如果任其生长，势必削弱母株的生长势，影响花芽分化，严重影响产量，并对植株越冬抗寒能力有较大影响。尤其是在干旱年份或土壤条件差的情况下，匍匐茎长出后，其节上形成的叶丛不易发根，生长依靠母株供应营养，影响会更大。据报道，摘除匍匐茎后，一般能增产 5 ~ 6 成。另据试验，在同样情况下，摘除匍匐茎的植株，叶片大而多，能增产 1.6 倍，越冬成活率提高 50% 左右。

栽植制度和栽植方式不同，对匍匐茎的处理也不同。密度适宜的草莓园，匍匐茎一律除去，栽植较稀的园区，留一些靠近母株的健壮幼苗，以达到栽植密度要求，有利于提高产量。在育苗田里，母株后期发生的匍匐茎以及早期形成的匍匐茎苗上延伸的匍匐茎，要及时摘除。因为匍匐茎苗布满整个田地后，后期抽生或延伸的匍匐茎就无处扎根而悬空生长，不但消耗母株养分，还使早期已扎根的匍匐茎苗及母株的生长受影响。

6 月上旬至 9 月上旬是匍匐茎的发生盛期，应每隔 20 d 左右摘除匍匐茎一次，共摘除 3 ~ 4 次。为减少管理用工，避免对土壤多次践踏，摘除时间与次数应合理安排，可把摘除匍匐茎与摘除老叶、病叶，中耕除草等工作尽量结合在一起进行，同时进行 3 ~ 4 次。

（2）摘叶。在一年中，草莓新叶不断发生，老叶不断枯死。在生长季节，当发现植株下部叶片呈水平着生，并开始变黄，叶柄基部也开始变色时，说明老叶已失去光合作用的机能，应及时从叶柄基部去除，同时摘除病叶。据报道，草莓新叶与老叶制造的物质不同，老叶具有形成较多抑制花芽分化的物质，及时摘除，更有利于促进花芽分化，改善光照条件和节约养分。特别是越冬老叶，常有病原体寄生，在长出新叶

后应及早除去，以利通风透光，加速植株生长，减少病虫害。

另外，在草莓采收后，割除地上部分的老叶，只保留植株上刚显露的幼叶，每株只留 2 ~ 3 片复叶。一般割叶后 20 d 左右，新叶陆续长出，植株很快恢复。这一措施可减少匍匐茎的发生，刺激侧芽多发新茎，增加植株的顶芽生长点，从而增加花芽数量，达到翌年增产的效果，同时可减少摘除匍匐茎的用工。对病害较严重的园区，割叶后可减少病害的发生。割叶后，要加强肥水管理，促进新叶生长。

（3）疏花疏果。每株草莓一般有 2 ~ 3 个花序，每个花序着生 3 ~ 30 朵花。先开的花结果好，果实大，成熟早。随着花序级次的增多，果实变小，畸形果增多。高级次的花开的晚，往往不能形成果实而成为无效花。即使形成果实，也由于果实太小，而成为无效果。据研究，草莓的产量主要由前三个级序上的果组成，占总产量的 90% 以上。因此，要进行疏花，在开花前，花蕾分离期，最迟不晚于第一朵花开放，疏去株丛下部抽生的弱花序和同一花序中高级次的小花蕾，一般每个花序上保留最大的 1 ~ 3 级花果，每个花序结果不超过 12 个。

疏果是在幼果青色的时期，及时疏去畸形果、病虫果。疏果是疏花的补充。

通过疏花疏果，减少植株养分消耗，便于集中营养，使坐果整齐，果个大小均匀，提高果实品质和商品果率。还可防止植株早衰，使果实成熟期集中，减少采收次数，节约采收用工。

（4）垫果。草莓植株矮小，随着果实增大，果序下垂，果实触及地面，易被泥土、肥水污染，影响着色和品质，又易引起腐烂和病虫害。因此，露地栽培不采用地膜覆盖的草莓园，应进行垫果，开花后 2 ~ 3 周，在草莓株丛间铺草，垫于花序下面，每 666.7 m² 大约需用碎稻草或麦秸 100 ~ 150 kg，或把切成 15 cm 左右长的草秸围成草圈，将 2 ~ 3 个花序上的果实放在草圈上，采果完毕后撤除，比地膜覆盖效果还好。垫果不仅有利于提高果实商品等级，还对防止灰霉病有一定效果。

4. 多年一栽制草莓间苗、培土与清园更新

（1）间苗。间苗限于多年一栽园应用。植株上瘦弱的不能形成花芽开花结果的新茎即营养茎，要疏除。新梢过多，也影响生长与结果，应及时间苗疏除，以减少养分消耗，使植株健壮生长。在初秋，按定植时的植株行距，每窝留苗1墩，把多余的苗丛全部挖除，留下的最好是健壮的匍匐茎苗，同时除去植株上的瘦弱新茎。

（2）培土。草莓定植后，根状茎不断产生新茎分枝，生长部位逐年上移，使3至4年生草莓园里根状茎暴露在地面，须根外露，影响植株生长发育对养分的吸收，严重的导致植株干枯死亡，或在越冬期因低温而冻死。所以，多年一栽制草莓园，尤其是垄栽草莓，应在果实采收后，初秋新根大量发生之前，结合中耕除草，进行培土，以利新根发生。培土高度以露出苗心为标准。培土时可顺便施些有机肥，用土盖住，对促进新根产生和吸收养分，保证翌年增产十分有利。

（3）清园更新。一年一栽制草莓园果实采收后，可直接把茎叶耕翻入土，作为后茬绿肥。每666.7 m² 草莓鲜茎叶约500 kg左右，鲜茎叶含氮量为0.59%，相当于施纯氮2.95 kg。草莓鲜茎叶还含有磷、钾等其他营养元素。

多年一栽制草莓园，由于地力消耗大，病虫害多，杂草发生量大，清园时应把草莓茎叶集中焚烧。如换种旱作，耕地时应把土壤中的草莓根全部捡净，播种前最好进行土壤消毒，以消火病虫杂草。

5. 越冬防冻技术

草莓生长至深秋，便逐渐进入休眠期。草莓根系能耐 –8℃的地温和短时间 –10℃的气温，温度再下降，就会发生冻害，严重时造成植株死亡。北

方栽培草莓越冬要注意防寒，主要是进行覆盖。越冬覆盖防寒又保墒，利于植株生长。不认真进行覆盖，越冬后植株虽未冻死，但表现出萌芽晚，生长衰弱，产量明显降低。而在良好的防寒条件下，草莓叶片冬季仍能保持绿色，并继续生长和制造养分，翌春生长快，开花早，果实成熟早，产量高。（图9-4）

图9-4　极端天气

（1）越冬覆盖时间。在初冬，当草莓植株经过几次霜冻低温锻炼后，温度降到-7℃时之前进行覆盖，即土壤"昼消夜冻"时覆盖最适合。一般覆盖时间在11月份。过早，气温尚高，会造成烂苗；过晚，会发生冻害。在覆盖防寒物前先灌一次防冻水，防冻水一定要灌足灌透。灌防冻水时间在土壤将要进入结冻期，辽宁地区大约在11月初，北京地区约在11月上中旬。灌水后一周，进行地面覆盖。

（2）覆盖材料。覆盖材料因地制宜，可用各种作物秸秆、树叶、软草、腐熟马粪、细碎圈肥土等。如用土覆盖最好先少量覆一层草，再覆土，以免春季撒土时损伤植株，覆盖材料尽量不要带有种子的杂草，否则会带来草荒。覆盖厚度以当地气候条件及覆盖材料的保温性能而定，一般3～5 cm，并要将全畦植株盖严。每666.7 m² 用草约200～300 kg。覆盖最好分两次进行，浇完封冻水后，先盖上一部分材料，过几天再全部

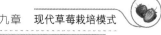

盖严，以防气温回升伤苗。

在积雪稳定地区或密植草莓园，株丛稠密，可以架设风障防寒，而不进行地面覆盖。风障每隔10～15 m设一道，用高粱秆、玉米秸、芦苇席等做风障材料，障高2～2.5 m。也可在园地周围设风障。

（3）覆盖物撤除。覆盖物撤除，在翌年春季开始化冻后分两次进行。第一次可在平均气温高于0℃时进行，撤除上层已解冻的覆盖物，以便阳光照射，提高地温。尤其是冬季雨雪过多的情况下，更要及时除去，以蒸发过多的水分，有利于下层覆盖物的迅速解冻。第二次可在地上部分即将萌芽时进行，过迟撤除防寒物，易损伤新茎。覆盖物全撤完，待地面稍干后，进行一次清扫，将枯茎烂叶及残留物集中清除，以减少病虫害的发生。

采用地膜覆盖，不但能保护草莓安全越冬，保墒增温，且能使越冬苗的绿叶面积达80%以上，果实早熟7～10 d，增产19%左右。但果实成熟期，在气温高的地区，果实会有灼伤现象。此外，由于覆盖后花期提前，在有晚霜危害的地区，易受霜害影响，需要注意加强保护。地膜可用0.008～0.015 mm厚的聚乙烯透明膜。国外采用黑色膜或绿色膜比透明膜的效果好。在草莓浇封冻水后，待地表稍干，整平畦面，使畦面土壤细碎无坷垃，然后按畦的走向覆盖地膜，地膜要拉紧，铺平，与畦面紧贴，膜的四周用土压严，中间再盖小土堆，以防风吹透膜。采用地膜覆盖，膜上面再加覆盖物，效果很好。在冬季长、气候寒冷干燥、有积雪的黑龙江省，采用在植株上直接覆盖10 cm厚的麦秆或茅草，其上再覆盖塑料薄膜，比先盖薄膜后覆麦秆的效果好。但翌春必须及时分次撤除覆盖物，待气温比较稳定后全部撤完。

6.间作套种技术

（1）间作套种的概念。间作和套作都是作物种植在耕地平面上的分布方式。一个生长季内，在同一块田地上分行或分带间隔种植两种或两种以上生育期相近作物的种植方式叫间作。在草莓生产田的行或畦间栽种另一种作物为草莓的间作，这时草莓是主栽作物，其他作物为间作物。也可以在其他种植作物中间作草莓，这时草莓是间作物。从管理方便考虑，草莓一般不宜间作。因草莓植株小，果实采收早，倒是可以以其他作物为主，草莓作为间作物。（图9-5）

图 9-5　套种

在前季作物生育后期，在其株、行间播种或移栽后季作物的种植方式叫套作。在草莓生长的前期或后期，行间或畦间栽植另一种作物，前一种作物利用后一种作物生长前期较大的空间进行生长，或后一种作物生长于前一种作物的后期，一种作物收获前立即栽种另一种作物，前后茬衔接非常紧密。草莓既可作为前茬作物，亦可作为后茬作物。

（2）间作套种的意义。

A 间作和套作通过不同作物在生育时间上的互补特性，充分利用生长季节，延长群体光合时间和增加群体的光合势，增加单位面积的产量；

B 合理的间作和套作，利用不同时空分布特点的作物组成复合群体，如植株一高一矮，叶片一宽一窄，生理上一阴一阳，最大叶面积出现时间一早一晚等等，这些生物学上的互补性，有利于提高群体光能利用率；

C 采用高矮作物间作套作，改善通风条件，加速二氧化碳（CO_2）

的交流和扩散，影响空气湿度，减少病虫害发生；

D 间作套作使单一的生物相变成了复杂的生物相，因而有利于抗击自然灾害和不良生态环境。

（3）间作套种注意事项。间作和套作必须要合理。合理的间作和套作应该使作物之间有较强的互补性，因而提高单位面积的产出量。

A 不同作物共生期间的生长发育互不影响。一般是间作物生长期短，吸收养分较少，大量需肥水期与主栽作物错开，不争夺养分；

B 充分利用土地和空间。一般间作物较矮小，耐阴，不影响主栽作物光照；

C 具有可持续性。前茬作物有利于保护环境，有利于增肥地力，起码不破坏土壤，不增加后茬作物的病虫害，前后茬作物无共同的病虫害；

D 投资少，成本低，管理方便，经济效益高。

（4）间作套种模式。

A 果树与草莓间作套种。草莓属于果树，草莓园当然也是果园。在其他果园中种植草莓，或在草莓园中种植其他果树，都属于果树的混栽。果树绝大多数是木本，草莓是草本，在生物学特性和栽培技术上与木本果树有较大不同，而更接近于蔬菜，所以习惯上的果园主要指木本果园，也有的将在木本果园中混栽草莓叫间作。

幼年木本果园，树体小，行间空地较多，间作草莓能够提高土地利用率。种植草莓管理容易，无争劳动力矛盾，通过以短养长，增加收入。间作可以改善果园局部小气候，有利于木本果树的生长。同时木本果树有遮阴降温作用，有利于减轻高温季节的酷热天气对草莓幼苗生长的抑制。同时防止土壤冲刷，减少杂草危害，增加土壤肥力。

种植时，草莓与木本果树间要保持一定距离，木本果树留足树盘，一般距树 0.3 ~ 0.5 m。随着树体长大，草莓种植面积随之减少。果树进

入结果期，停止种植草莓。对木本果树与草莓要按各自的要求分别加强管理。

苹果、梨、海棠、柑橘幼年园均可在行间栽植草莓。草莓也可在桑园中间作。桃园中不宜种植草莓，因桃蚜可传播草莓病害。桃树根系较浅，分布范围大，物候期早，生长量大，花期与草莓有一定重叠，两者对肥水的要求高峰期和管理也有一定矛盾和影响。幼龄葡萄园行间可以种植草莓，葡萄与草莓都属浆果，草莓是开花最早、果实成熟最早的果树，葡萄盛花前，草莓已经采收完，两者生育期错开。葡萄根系深广，草莓根系浅，主要需肥期与吸肥层次不同。葡萄修剪较重，且发芽较晚，不影响草莓生长前期的通风透光，草莓具有一定的耐荫性，后期葡萄遮阴对草莓的生长影响不会太大，对一些不耐高温暴晒的品种如春香、达娜等还很有利。

以上栽植形式的草莓，均可以根据具体情况与生产目的进行地膜覆盖，架设小拱棚进行保护地生产，以提早上市，错开上市时间，提高经济效益。

B 草莓育苗田套作春大豆和玉米。这是长江流域的一种套作形式。草莓专用育苗田于4月下旬起垄定植母株，垄宽 3～4 m，在垄两边各栽 1 行草莓。随即在垄间种植大豆和玉米，间种带宽 2～2.5 m，采用春大豆品种，并在大豆行间稀播紧凑型玉米品种。草莓生长前期，匍匐茎及匍匐茎苗在垄面上覆盖比例小，玉米不影响草莓生长，且玉米具有一定的遮阴作用，能减轻夏季烈日对草莓匍匐茎的灼伤，还可抑制杂草生长。当大豆植株的青豆荚可以采收时，草莓匍匐茎已伸进大豆行株间，应随时拔除青大豆植株，直至 7 月中下旬全部拔完黄熟大豆植株。在采收青豆荚的同时，玉米植株上的嫩玉米也开始采收，直到 8 月上旬收完黄熟玉米。草莓不断生长，至 9 月份接近爬满整个垄面。

C草莓套作棉花。江苏、河南、四川等省的棉区，都有这种套作形式。草莓选择植株较矮的早熟品种，或进行地膜覆盖栽培。草莓春季正常管理，5月中下旬采果高峰期过后，在草莓中间种植棉花，或把棉花营养钵苗移栽至草莓行间。草莓收获结束后，把草莓植株处理掉，或选择植株移入育苗田育苗，或将地上部铲除，根茬留在土中作肥料。并用原来覆盖草莓的地膜覆盖棉田。草莓与棉花均分别按正常程序与要求进行田间管理。棉花黄萎病菌也能侵染草莓，所以在黄萎病高发区，草莓不宜与棉花套作。

D草莓套作生姜。山东省五莲、日照、莒县、诸城等地有草莓套作生姜的习惯，经济效益也比较可观。草莓每666.7 m^2 施有机肥5000 kg、复合肥60 kg、硫酸钾15 kg，然后耕翻耙平作畦，畦宽1.5 m。10月上旬，选草莓4～5叶大苗，带土坨移栽，植株行距20 cm×60 cm，每666.7 m^2 栽植5000株。定植后浇水，3天后再浇一次，连浇3～4次。草莓苗长出新叶后，每666.7 m^2 再撒施复合肥25 kg左右，然后中耕浇水。11月中旬覆盖地膜，翌年3月上旬，在地膜上抠洞放苗。春季应及时浇水，防治病虫害。4月下旬果实九成熟时，采收上市。选优质良种姜块作种，4月1～5日开始利用土坑或温室催芽，催芽注意调控温度。前期（芽眼膨大）约10 d，温度20～22℃；中期（芽眼露白尖）约10 d，温度22～25℃；后期（姜芽长出0.5～1.5 cm）约10 d，温度22～25℃。相对湿度保持在70%～75%。芽长0.5～1.5 cm即可播种。生姜正常播种期为4月15日前后，与草莓套作，播种期晚15 d。5月初（立夏前）在草莓行间开沟施肥种姜，沟深5 cm，植株行距14 cm×60 cm，一芽一株，覆土2～3 cm，每666.7 m^2 用姜种50 kg左右。播种后20 d左右出苗，草莓收获后，剪除匍匐茎，清理老叶，只保留基部叶片（草莓每两年更新一次），清除地膜。随后每666.7 m^2 施提苗肥复合肥 30 kg。当姜苗长到"三股权"时，结合培土，每 666.7 m² 追施豆饼 100 kg、复合肥 30～40 kg。立秋后，每 666.7 m² 追施尿素 30 kg，同时叶面喷施磷酸二氢钾 300 倍液。姜出苗率达 60%～70% 时，要浇水，苗期浇水要少，立秋后要多浇勤浇。注意中午不要浇水，涝时要及时排水。按生姜一般栽培要求，及时防治病虫害。

E 草莓套作西瓜和晚稻。这是浙江宁海等地采用的一年三熟制栽培模式。平均每 666.7 m² 产草莓 658 kg，西瓜 1580 kg，晚稻 512 kg。比传统的小麦—早稻—晚稻种植模式，净收入增加 299.8%。草莓于 10 月中旬，最晚于 11 月中旬前栽植，注意越冬保苗，12 月下旬覆盖地膜。翌年 4 月上旬开始采果，在 5 月下旬结束。西瓜于 4 月上旬育苗，5 月上旬套入草莓行间，7 月中下旬收获，有七八成熟时即采收。晚稻 7 月下旬移栽，10 月中旬收获。

F 草莓套作蔬菜或粮食。山东省烟台郊区多年一栽制草莓园，采用过二年一倒茬大畦小背与蔬菜套作栽培法。草莓畦宽 66 cm，背宽 24 cm，每畦栽 3 行，株距 15 cm，每 666.7 m² 栽 12000 株左右。第一年果实采收后，将中间行刨掉，套作蔬菜或粮食；第二年果实采收后，全部刨掉换茬。这种方式能连续获得两个高产年，第一年利用密植创高产，第二年是自然高产年，连续两年草莓产量每 666.7 m² 达 1250～1500 kg。

草莓可与多种蔬菜进行间作和套种。如冬季在草莓行间作套作菠菜、大蒜（收青苗）、大葱和甘蓝等。草莓不宜与茄科植物，如番茄、茄子和辣椒以及烟草等间作，因为这些作物有共生的黄萎病。草莓灰霉病也危害黄瓜、莴苣和辣椒等作物，这些作物也不宜与草莓间作。因此，草莓的间作和套作，应根据不同作物的生长发育特点、病虫害防治、投资成本等综合考虑，做到充分利用土地和空间，合理安排茬口，实现不同作物共生期间的生长发育互不影响，有利于培肥地力，保护生态环境，不会增加后茬作物的病虫危害而影响品质和产量。

7. 轮作技术

（1）轮作的意义。轮作是指在同一地块上，有顺序地轮换种植不同作物的种植方式。与轮作相反，在同一块田地上连年种植相同作物的种植方式叫连作，即重茬。连作不利于作物的生长，在同一园地土壤上，前作果树使后作果树受到抑制的现象，叫果树的连作障碍。连作障碍的原因有生物的、化学的和物理的原因。轮作可以消除或减轻连作障碍的发生，使草莓保持持续高产优质高效。

A 轮作可以减轻病虫草害。许多病虫草害都是通过土壤感染的，每种病害的病原菌都有一定的寄主，害虫也有一定的专食性和寡食性，有些杂草也有相应的伴生者或寄生者。据河北省满城县调查，第二年重茬种植草莓地发病率可达 89.2%，植株发病率 55% ~ 91.6%；第三年发病率 100%，植株发病率 90% ~ 100%。草莓重茬种植发病后，减产达 50% ~ 90%，严重者甚至绝产、绝收。轮作能减轻这些病虫害的发生，比如，粮菜轮作、水旱轮作，可以控制土传病害。种植葱蒜类蔬菜之后，再种大白菜，可以减轻软腐病的发生。

B 轮作可以均衡利用营养，实现种地与养地相结合。草莓与其他作物要求养分的种类和数量不同，吸收利用的能力也不同。轮作能避免土壤养分的偏耗，提高土壤养分利用率，减少缺素症的发生，避免某些有害盐类和有害物质积累造成危害。另外，连作引起的作物根际土壤微生物菌群和土壤酶活性变化，也影响养分的状态与吸收，从而影响作物产量。

C 轮作可以改善土壤的理化性状。作物的残渣、落叶和根系是补充土壤有机质的重要来源，不同作物补充有机物的数量和种类不同，质量也有区别。因此，轮作能调剂土壤有机物供应的种类和数量。根系的形态不同，对不同层次土壤的穿插挤压作用不同，因而对改善土壤物理性

状的作用也不同。

D 轮作可以避免某些作物根系分泌物的毒害作用。轮作能够避免某些作物通过向环境排出化学物质，而对同种或另一种作物造成直接或间接危害。不同作物根系的分泌物不同，有的分泌物有毒害作用。番茄、黄瓜和西瓜等蔬菜根系分泌物能引起自毒作用。大豆根系分泌氨基酸较多，使土壤噬菌体增多，它们分泌的噬菌素也随之增多，从而影响根瘤的形成和固氮能力，这也是大豆连作减产的重要原因。

E 轮作可以促进土壤中对病原物有拮抗作用的微生物的活动，从而抑制病原物的滋生。另外，前茬作物根系分泌的霉菌素，可以抑制后茬作物病害的发生。如甜菜、胡萝卜、洋葱、大蒜等根系分泌物可抑制马铃薯晚疫病的发生。

F 轮作可以提高光能利用率，提高土地利用率，提高复种指数，提高经济效益。

（2）草莓轮作形式。

A 一年一栽制草莓园。一年一栽制草莓园的轮作有两种情况：一是年内轮作，即一年之内草莓收获后接着种植另一种作物。这样不论是以种植草莓为主，还是草莓与粮食并重的地区，均可连年种植草莓。这种形式有：

a 蔬菜园种草莓，即蔬菜与草莓轮作倒茬。

b 草莓和水稻轮作。秋季（9月上中旬）水稻收获后，整地作畦，种植草莓。草莓采收后，把植株翻入田内作绿肥，灌水沤制7天后，再整田插水稻秧。

c 草莓和中稻、甘薯轮作。这种方法已在四川、贵州等地推广应用。5月上中旬草莓采果后，立即翻压鲜茎叶作绿肥。中稻于6月初插完，8月上旬收割后，接着种植甘薯。11月种植草莓。如不种甘薯，也可种植萝卜等蔬菜。

二是年间轮作，即不同年份分别种草莓和其他作物。种植草莓为主的地区，草莓连年种植一般不超过 2 ~ 3 年，其他地区可一年一轮作。如河北省正定县草莓产区，不少人采用草莓与小麦轮作的方法，小麦收获后整地种植草莓，草莓收获后整地种小麦。且在畦埂上适时播种玉米，玉米收获后，才开始秋季旺盛生长。第二年草莓收获后翻掉植株，在另一块地上再重新种植。

B 多年一栽制草莓园。也有两种情况，一是全区轮作，草莓连续收获多年后，全部清除或耕翻掉，再种植其他作物，不能连作；二是分区轮作，把土地划分若干小区，不同的小区间逐年进行轮作。根据国外栽培经验，在专业生产的草莓园里或是在大面积混栽的果园里，适宜施行分区轮作。其轮作方法是：第一区，种植牧草或绿肥，6月份以前深耕休闲，秋季栽植草莓；第二区，为草莓结果第一年；第三区，为草莓结果第二年；第四区，为草莓结果第三年；第五区，为草莓结果第四年，采果后将老苗挖掉，深耕后播种牧草或绿肥；第六区，为牧草、绿肥或粮食作物。

（七）草莓病虫害防治技术

1. 土传病害（红中柱根腐病、黄萎病、青枯病、线虫病）和盐渍化障碍等，见第八章现代草莓栽培关键技术二、草莓土壤消毒技术或三、草莓土壤修复技术部分。

2. 常见病害与常用药剂（见表9-3）：

表 9-3　草莓生产中常见病害与常用药剂一览表

病害种类	药剂名称	倍数	药剂名称	倍数	备注
真菌性病害	10% 苯醚甲环唑 WG	600 ~ 800	60% 吡唑代森联 WG	800 ~ 1200	
	30% 苯甲·丙环唑 EC	1500	70% 代森锰锌可 WP	600 ~ 800	
	25% 苯甲·嘧菌酯 EC	1500	70% 甲基硫菌灵 WP	600 ~ 800	
	40% 氟硅唑 EC	5000	75% 百菌清 WP	600 ~ 800	
	430 g/L 戊唑醇 SC				
灰霉病	50% 咯菌腈 SC	2500 ~ 3000	400 克/升嘧霉胺 SC	1000	
	50% 乙霉威·多菌灵 WP		25% 啶菌噁唑 EC	600 ~ 800	
	50% 腐霉利 WP		50% 农利灵 W g	500 ~ 600	
病毒性病害	4% 嘧肽霉素水剂 6%		1% 香菇多糖水剂、		
	寡糖·链蛋白 WP 20% 盐酸吗啉胍粉剂		60% 马呱乙酸铜性片剂		

备注: EC: 乳油; W g: 水分散粒剂; WP: 可湿性粉剂; SC: 悬浮剂。

（3）常见虫害与常用药剂（见表9-4）：

表9-4　草莓常见虫害与常用药剂一览表

虫害种类		药剂名称	倍数	药剂名称	倍数	备注
双翅目	蚜虫绿盲蝽	21% 噻虫嗪 SC 2.5% 高效氯氟氰菊酯 EC 4.5% 高效氯氰菊酯 EC 25 g/L 联苯菊酯 EC		10% 吡虫啉 WP 25% 吡蚜酮 SC 70% 啶虫脒 WG		喷雾
蜱螨目	红蜘蛛	10% 阿维螺螨酯 CS 12% 阿维乙螨唑 SC 25% 三唑锡 WP 5% 噻螨酮 EC		10% 四螨哒 SC1.8% 阿维甲氰 EC5% 阿维菌素 EC		
鞘翅目	蛴螬	3% 辛硫磷颗粒： 0.5% 噻虫胺颗粒剂：	75 ~ 120 kg/ ha 45 ~ 60 kg/ ha	4% 二嗪磷颗粒剂	45 ~ 60 kg/ ha	移栽前结合耕地撒施
柄眼目	蛞蝓	6% 四聚乙醛颗粒剂	3.0–6.0 kg/ ha	80% 四聚乙醛 WP	1000 倍	喷雾

备注：EC: 乳油；WG: 水分散粒剂；WP: 可湿性粉剂；SC: 悬浮剂。

（4）露地草莓病虫害综合防治方案：

①施药原则。预防为主，综合防治。首先，"预防为主"是我国植保工作的指导思想，病虫害防治方案的制定和实施，各类防治措施的综合运用，病虫害防治技术水平和效果的衡量，都要以预防作用的体现程度来做出评价。要判断"预防为主"体现程度，先要弄清"防"与"治"的区别界限："防"就是在病虫害大量发生为害以前采取措施，使病虫害种群数量较稳定地被抑制在足以造成作物损害的数量水平之下，体现在稳定、持久、经济和有效地控制病虫害的发生以及避免或减少对生态环境的不良影响。而"治"仅是要求做到在短期内控制病虫的为害，指采取措施控制病虫害大量发生为害之前。

其次，所谓"综合防治"是对病虫害进行科学管理的体系，是从农业生态总体出发，根据病虫害和环境之间的相互关系，充分发挥自然控制因素的作用，因地制宜，应用必要的措施，将有病虫害控制在经济受害允许水平之下，以获得最佳的经济、生态和社会效益。因此，综合防治应从农业生态系统整体观出发，以预防为主作前提，创造不利于病虫害发生而有利于作物及有益生物生长繁殖的条件。在设计综合防治方案时，必须考虑所采取的各种防治措施，对整个农业生态环境的影响，这就是从全局观点（或生态观点）来理解。同时，应以综合观点，去认识各种防治措施的优点和局限性，任何一种方法都不是万能的，不可能期望单一的措施解决所有的问题，而且也不是各种措施的简单累积。必须因时、因地制宜，根据病虫害发生规律，综合运用各项必要的防治措施，达到取长补短，充分发挥各项措施最大效能，取得最好的防治效果。

最后是经济观点和安全观点。综合防治的目的是控制病虫种群数量，防治病虫的目的是保护草莓生产，使农产品的数量和质量不受影响。因此，从农业生态环境总体出发，根据有害生物和环境之间的相互关系，充分发挥自然控制因素的作用，使植物、动物和微生物形成一个完整的、无污染的生态链，把害虫压低至安全和经济允许水平之下，而不是要求把害虫灭绝。要使防治措施对环境、作物、有益生物等不利作用减少到最低程度。这就达到了防治目的。

②露地草莓农业综合防治措施。

A 轮作。正确的轮作，可提高地力，给草莓生长创造良好的条件，提高草莓的抗病虫害能力。

B 深耕。移栽前，结合施肥进行深耕25～30 cm，这样能打破犁低层，增加土壤耕层的空隙度，提高土壤有益微生物的活性，改善草莓生长环境，促进草莓的根系发育，提高草莓的抗病虫害能力。

C 清洁田园。杂草常常是病虫越冬繁殖为害的寄主和"庇护所"，是害虫为害农作物的桥梁。遗株和枯枝落叶中往往潜藏不少病虫，所以清洁田园对防治害虫有很大作用。

D 测土配方施肥。测土配方施肥是以养分归还（补偿）学说、最小养分律、同等重要律、不可代替律、肥料效应报酬递减律和因子综合作用律等为理论依据，以确定不同养分的施肥总量和配比为主要内容的施肥方法。现代草莓栽培的测土配方施肥方法主要采取的是目标产量法，包括养分平衡法和地力差减法。即根据草莓产量的构成，由土壤本身和施肥两个方面供给养分的原理来计算肥料的用量。先确定目标产量，以及为达到这个产量所需要的养分数量，再计算作物除土壤所供给的养分外，需要补充的养分数量，最后确定施用多少肥料。施肥必须与选用良种、肥水管理、种植密度、耕作制度和气候变化等影响肥效的诸因素结合，形成一套完整的施肥技术体系。通过这种科学施肥方法，可以减少肥料的不合理施用，提高肥料的利用率，充分发挥肥料的最大增产效益。

③化学防治（见表9-5）。

表9-5　草莓露地栽培中常见病虫害与防治方案

阶段	靶标		方案
缓苗后至显蕾阶段	病害	叶斑病、褐斑病、轮纹病、炭疽病、蛇眼病、芽枯病等	1. 药剂和施用方法（见表9-3）； 2. 间隔期7～10 d； 3. 轮换施用推荐药剂； 4. 配合施用木醋液水溶性肥料200～300倍，效果更佳。
	虫害	蛞蝓	发现有蛞蝓时，使用（表9-3）推荐药剂。
		绿盲蝽	发现有虫害发生时，单独或和杀菌剂混合使用（表9-3）推荐药剂。
开花后至采收阶段	病害	叶斑病、褐斑病、轮纹病、炭疽病、蛇眼病、白粉病、灰霉病等	1. 药剂和施用方法（见表9-3）； 2. 间隔期7～10 d； 3. 轮换施用推荐药剂； 4. 配合施用0.2%磷酸二氢钾，效果更佳。
	虫害	蛞蝓	发现有蛞蝓时，使用（表9-3）推荐药剂。
		绿盲蝽、蚜虫	发现有虫害发生时，单独或与杀菌剂混合使用（表9-3）推荐药剂。
		红蜘蛛	发现有红蜘蛛发生时，单独喷雾使用（表9-4）推荐药剂。

第二节　设施草莓栽培模式

一、草莓栽培设施类型

现代草莓栽培的设施是指采用各种材料建造成具有一定空间结构，又有较好的采光、保温和增温效果的设备。我国地域广阔，有些地方冬季最低气温在0℃以下，特别是北方有些地区最低温度在 -20 ~ -50℃，露地栽培根本无法进行正常生产，采用保护地设施栽培，能够创造草莓生长发育的各种条件，进行"超时令"或"反季节"草莓生产，使草莓提前或延后成熟，以满足人们生活的需要。

现代草莓促成栽培对设施有严格的要求，所用设施因地而异，不是任何设施都能进行草莓促成栽培的。在我国北方宜采用高效节能日光温室塑料大棚，在冬季基本不加温的情况下，使草莓上市期从12月份开始一直延续到翌年3月份。而在长江流域进行草莓促成栽培，宜采用塑料大棚，内部再加盖小拱棚和地膜覆盖，有条件的可增加保温被等覆盖物。

半促成栽培所用设施，北方多为普通塑料棚（大、小、中拱棚）和日光温室塑料大棚，南方多采用塑料薄膜大中拱棚。

（一）塑料棚

塑料棚是塑料薄膜拱棚的简称，是将塑料薄膜覆盖在特制的支架上而搭成的棚。与温室相比，塑料棚具有结构简单，建造和拆装方便，一次性投资较小的优点，在生产上应用普遍。根据塑料棚的大小和管理人员在棚内操作是否受影响等因素，塑料棚可分为小棚、中棚和大棚。各种棚的划分很难有严格的界限，各地标准也有差异，下面的规格仅供参考。

（二）日光温室塑料大棚

日光温室完全靠自然光作为能源进行生产，或只在严寒季节进行临

时性人工加温，生产成本比较低，适于冬季最低温度 –10 ～ –15℃以上或短时间 –20℃左右的地区。日光温室塑料大棚经过几十年的发展，逐步实现了由低级、初级到高级，由小型、中型到大型，由简易到完善，由单栋温室到几公顷的连栋温室群的转变。基本实现了结构多样化、生产规模化、布局区域化以及配套设施现代化。

日光温室有普通型日光温室和改良型日光温室两种类型。普通型日光温室前屋面采光角度比较小，增温、保温能力不及改良型日光温室，保温能力一般在 10℃左右，在严寒地区，只能用于春秋生产。改良型日光温室，也称为冬暖型日光温室、节能型日光温室，其前屋面采光角度大，白天增温快，墙体厚，保温能力强，一般保温能力可达 15 ～ 20℃，在冬季最低温度 –15℃以上或短时间 –20℃左右。

二、草莓设施栽培技术

（一）草莓半促成栽培技术

1. 土壤处理与消毒技术（参考见第六章）。

2. 施肥技术

半促成栽培是在低温和短日照的条件下，促进植株生长发育，并使植株连续开花结果的栽培方式。为防止保温后植株生长过旺，半促成栽培一般将开始保温时期适当提早，即在自然休眠完全打破之前进行。在定植前半个月清理前茬作物后，就要整好地。结合整地，施足有机肥，以培养地力。一般每 666.7 m² 施充分腐熟的优质圈肥 3000 ～ 5000 kg、多功能农用微生物菌剂（＞ 2 亿 /g）200 ～ 300 kg，施肥后耕翻土壤，使土肥充分混合。

3. 移栽技术

（1）定植时间。草莓普通半促成栽培定植时间的主要决定因素是气候条件，一是在草莓花芽分化以后，要尽可能早定植；二是根据当地的气候条件，定植的自然气温以 15 ~ 17℃为宜。而花芽分化决定于日照长度和温度，所以归根结底受气候的影响。定植时期的迟早对草莓坐果与产量影响很大，与畸形果的发生也有密切关系。定植过早，花芽尚未进行分化，或即将结束花芽分化的不安定时期，移栽断根容易引起过早现蕾而形成畸形果，影响品质和产量；定植过晚，则气温和地温都已降低，草莓休眠期来临，新根生长会受到抑制。普通半促成栽培的定植时期，北方地区大约在 10 月上旬，南方地区大约在 10 月中下旬，即 10 月 15 至 25 日。

（2）定植方法。土壤整平后作畦，高畦宽 60 ~ 70 cm，高 15 ~ 20 cm，垄沟宽 30 ~ 40 cm。起苗前一天，假植圃充分浇水。植株摘除病叶、老叶和侧芽，留 4 ~ 5 片叶即可。带土起苗，用小铲切成正方体，尽量少伤根系。要定向栽苗，使苗的新茎弓背朝向畦的两侧，以便花序伸向畦两侧，每畦栽 2 行，行距 25 ~ 28 cm，株距 15 ~ 20 cm，每 666.7 m² 栽 6000 ~ 8000 株。如果定植苗较小，栽植密度可适当加大。也可采用"计划密植"的办法，即先密植后间苗，定植密度为每 666.7 m² 1 万 ~ 1.2 万株，待第一批果实采收后，将生长不良株、感病株、徒长株、过密株间去，每 666.7 m² 保留 6000 ~ 7000 株。这样可提高前期产量，增加经济效益，但需要定植苗数量大，增加了劳动强度。

（3）栽后管理。定植后要及时浇水，沉实地面，保持土壤湿润，促进根系的生长，保证成活率。浇第一次缓苗水时，一定不要浇清水，一般每 666.7 m² 要冲施植物源生物刺激素（木醋液氨基酸水溶肥）5 ~ 10 kg，第一次浇水后，一般每隔 3 ~ 7 d 浇水一次。有条件的，可安装喷灌或滴灌设备，要保持土壤处于湿润状态。从定植到保温前的草莓生长发育和露地栽培完全一样，管理上也一样。主要任务是使植株生长发育健壮，在自然条件下顺利通过自然休眠，基本满足其低温要求。保温前，结合

追肥浇封冻水。

4. 保温管理技术

草莓半促成栽培的棚室保温时间要根据品种的特性、当地的气候条件、生产的目的以及保温设施等来确定。应结合实际情况，掌握时机，使各方面相互配合，适时保温。

草莓不同的品种休眠期对低温的需求量不一样。从定植到保温的一个月期间，草莓生长发育和露地栽培一样，在自然条件下通过休眠。这样一旦覆膜保温，便进入真正的半促成栽培。扣棚保温过早，休眠浅，温度尚高，植株容易生长过旺；扣棚过晚，外界温度低，休眠程度深，如果低温量不足，尽管设施过早保温，植株仍处于矮化状态。相反，低温量过多，植株生长旺盛，易产生疯苗。从理论上讲，保温赶时间最好在腋花芽分化的时间。假若保温过早，草莓休眠浅，环境温度较高，就会造成植株生长过旺，而且还会抑制腋花芽的形成，从而变成匍匐茎抽生；如保温过晚，外界温度低，草莓进入深休眠，即使给予高温条件，植株也难以在短期内恢复正常发育状态，导致成熟期推迟。此外，由于草莓花芽分化需短期低温和短日照，而分化后则需要高温和长日照来促进其花芽发育，如果在顶花芽分化刚开始时保温，虽然促进了顶花序的发育，但腋花芽分化被推迟，造成顶花芽和腋花芽果实成熟期相差过大，达不到高产高效的目的。

以早熟为目的，保温宜早，在夜间气温低于15℃以下时，应及时覆膜。如以丰产为目的，可稍迟一些，不影响腋花芽的发育即可。北方地区扣棚可在11月中上旬至12月，沪杭等地为10月中下旬。

保护地栽培设施不同，其保温性能差别较大，因而用作半促成栽培其保温适期也有所不同。以河北省满城县为例，日光温室扣棚保温期以12月中旬至1月上旬为宜。中小拱棚在不加外覆盖物的情况下，应避开

1月至2上旬的严寒期，扣棚保温期可延迟至2月中旬开始。

为保持地温和增进产品品质，扣棚以后应立即覆盖地膜，也可提前先覆盖地膜。

5. 温湿度管理技术

草莓在不同的物候期需要不同的环境条件，半促成栽培保温后，设施内的温湿度直接影响草莓的生长发育和品质及产量。大棚内的湿度与温度密切相关。温度低时，相对湿度就大；温度高时，相对湿度就小。因此温湿度管理是一项极其重要而又细致的工作。

（1）保温开始至现蕾期。保温以后，要及时将盖在地膜下的植株通过破膜提到地膜上面。保温初期的温度要求相对较高，以加强光合作用，促进植株生长，防止矮化，并使花蕾发育充实均匀。在不发生烧叶的情况下，就应密封设施保温。适宜温度白天为28～30℃，夜间为9～10℃，最低8℃。当白天气温超过40℃时，应及时通风降温。夜间温度达不到要求，须再加盖草帘等保温措施。在保温开始后的10～15 d内，只要设施内土壤墒情良好，便可保持较高的空气湿度，一般不用放风。

（2）现蕾期至开花期。当有2～3片新叶展开时，温度要逐渐降低。一般通过通风换气降温，日光温室通过顶部放风，塑料大棚通过肩部放风，中小拱棚通过两个棚头放风。现蕾期白天温度保持25～28℃，夜间保持8～10℃，白天不能有短时间35℃以上的高温。土壤含水量不应低于最大持水量的70%，要求空气湿度40%～60%。这个时期正处在草莓花粉四分子形成期，对温度变化极为敏感，容易造成低温或高温障碍，这个时期放风管理要十分细致。

（3）开花期。保温25 d左右，新叶展开3～4片时开始开花。开花期适宜温度白天为23～25℃，夜间为8～10℃。正在开放的花朵对温度极为敏感，当气温达到 30 ~ 35℃以上时，花粉发芽力低下，授粉能力降低；在近 0℃以下时，则雌蕊受害变黑不结果。空气湿度过高不利于花药开裂，花药开裂的最适湿度为 20%。而花粉萌发以 40% 的空气湿度为宜，湿度低于或高于 40%，花粉萌发率会降低。设施在密闭情况下，空气湿度早晚均可接近 100%。因此，室内一定要覆盖地膜，垄沟也应盖上旧地膜，以降低室内的空气湿度。开花期放风管理要精细进行，防止出现过高过低温度，同时控制好棚室内空气湿度。

（4）果实膨大期。果实膨大期温度要求低些，适宜温度白天为 20 ~ 25℃，夜间为 5 ~ 8℃，地温保持在 18 ~ 22℃为宜。气温低于地温的时间长了，茎叶繁茂，开花晚。夜间温度大于 8℃，果实着色快，但易长成小果。所以，在接近果实成熟时，要经常通风换气调节温度，白天保持在 20℃左右，夜间保持 5℃左右。在冬季低温时期，要努力保持最低温度在 2 ~ 3℃以上。这个时期温度高，则果实小，采收早；温度较低，则果实大，采收迟。所以，温度管理可根据市场需求灵活掌握。果实膨大期要求有充足的土壤水分供应，但对空气湿度并无严格要求。空气湿度大，易导致病害发生，尤其是灰霉病，应结合药剂进行防治。同时应加强通风换气，保持适宜的温湿度。

6. 肥水管理

保温前草莓已进行多次追肥浇水，加之有地膜覆盖，所以保温前期，肥水管理并不是重点。如果前期追肥不足，植株生长较弱，在保温开始后 10 ~ 15 d，可追施 1 次氮肥。保温管理期间，蒸发和蒸腾量大，如果土壤水分不足，棚内干燥，则影响新叶叶柄伸长，叶片小而卷曲，初蕾的萼片先端或叶片褐变枯死。这种现象在覆膜后 7 ~ 10 d 内最容易发生。因此，要注意浇水，有条件最好用管道进行滴灌，以免垄沟灌水加大棚内湿度，引起草莓病害。果实膨大期至采收期，植株需肥需水量增多，是肥水管理的关键时期。应根据植株长势，结合浇水追肥 1 ~ 2 次，一般在第一茬果采收后要行补肥。追肥以氮、磷、钾复合肥为宜，每次每 666.7 m² 追肥 10 ~ 15 kg。可掀开膜，在畦的两侧开沟施入后，再将膜盖好；也可在畦面打孔，干施后浇水；还可以配成液肥随水冲施。大棚草莓施用稀土微肥，有促进早熟的作用。喷施浓度为 0.3%，在初花期和盛花期各喷施 1 次。果实膨大期至成熟期除结合追肥浇水外，还要经常在畦面浇小水，以保持土壤湿润，促进果实膨大。

7. 植株管理

植株萌芽生长，顶芽萌发，侧芽也萌发。萌芽过多，易消耗营养，影响果实前期增大。所以要把后期发生的侧芽和过多的侧芽及早掰去，尤其是宝交早生等品种。同时疏松地膜孔洞处的土壤，防止死秧。

半促成栽培草莓每株能发出 5 ~ 6 个花序，在结果期需要 10 ~ 15 片叶来制造养分。对多余的基部叶片，要随新叶的展开及时摘除，摘除老叶、病叶一般进行 2 ~ 3 次。应及时摘除出现较晚且成长较弱的侧芽，摘除侧芽时一并摘除老叶，有利于集中养分，提高果实质量。

8. 疏花疏果

疏花疏果是半促成栽培中一项必不可少的工作。草莓植株结果能力有限，而半促成栽培中的环境不佳，低温弱光使植株光合产物减少。栽培中应根据品种的结果能力和植株的长势来决定留果数。过多的花序要疏去，一般第一花序留果 8 ~ 12 个，第二花序留果 6 ~ 8 个，各花序去掉高级次小花，去掉畸形果和病果。

（二）草莓促成栽培技术

1. 土壤处理与消毒技术

2. 施肥技术

定植前要施足底肥。结合整地每 666.7 m² 施充分腐熟的有机肥

3000 ～ 5000 kg，多功能农用微生物菌剂（＞2 亿 /g）200 ～ 300 kg，施肥后耕翻土壤，使土肥充分混合。

3. 移栽技术

（1）定植时间。促成栽培定植时间宜早，可在顶花序花芽分化后 5 ～ 10 d 定植。高山育苗，如果山下气温尚高，应在顶花序花芽分化后 15 d 后下山定植。草莓根系在地温 20℃左右生长最好，南方地区 10 月上中旬是根系生长的适温期，故可在 9 月下旬至 10 月上旬定植。

（2）苗木准备。促成栽培土壤质地不同，用苗标准也不一样。黏土地最好用大苗，要求有 8 片叶，根茎粗度 1.5 cm 以上，单苗重在 40 g 以上；沙壤土可用中苗，要求有 6 ～ 8 片叶，根茎粗度 1.2 ～ 1.5 cm，单苗重 25 ～ 30 g。

（3）定植方法。要带土定植，尽量少伤根。做到随起随栽。假植圃育苗，定植前 4 ～ 5 d 浇水，浇水后第二天，用小铲将苗带土切成方块土坨，土坨之间注意不要密接，并用遮阳网稍遮阴，这样不易散坨，有利于发根。塑料钵育苗则随栽随脱去塑料钵，这样不会损伤根系，成活率极高。选择在阴天移栽，尽量避开高温天气，更利于幼苗成活和缓苗。采用高畦定植，每畦栽两行，行距 30 ～ 35 cm，株距 15 ～ 20 cm，每 666.7 m² 栽 6000 ～ 8000 株。注意定植方向，应把草莓根茎的弓背朝向高畦的两侧，将来花序抽向畦两侧，且通风透光，减少病虫害发生，果实着色良好，提高果实品质，同时采收也方便。定植深度要按照"浅不露根，深不埋心"的原则，做到深浅适宜。过深，苗心被土埋住，易烂心死苗；过浅，根茎外露，不易发新根。

（4）栽后管理。定植后顺畦沟浇透水，切忌浇清水，可选择浇木醋液氨基酸水溶肥或腐殖酸水溶肥，每 666.7 m² 用 5 ～ 10 kg 随水冲施。同时，浇水时一定要将苗的土坨渗透。隔 2 ～ 3 d 再浇水一次，然后进行浅中耕，促进发根。不带土移栽的苗，除及时浇水，保持湿润，促使成活外，还可在棚室上覆盖遮阳网，这样根系恢复快，草莓苗成活率高。

定植后到保温以前的这段时期，是植株地上部和地下部迅速生长的时期，根系逐渐扩大，叶面积大量增加。所以要做好施肥浇水、摘除老叶及腋芽、中耕除草、铺地膜等工作。缓苗后，视土壤干燥程度，大约每周浇水一次。有喷灌和滴灌设施的，要经常向叶面喷水或向行间滴水，保持土壤湿润。地膜覆盖时间以 10 月下旬为宜，过早覆膜容易导致地温升高，伤害根系，也影响第二花序的分化。过晚，植株就要进入休眠期，会影响覆盖效果。地膜选用透明地膜或 0.03 ~ 0.05 mm 的黑色不透明地膜。两种地膜各有利弊，透明地膜升温快，成本低，但容易滋生杂草；黑色地膜提高土温效果不如透明膜，成本也高，但能有效防止杂草生长。

4. 温度调控技术

草莓促成栽培中最重要的工作之一是调控温度。覆盖塑料薄膜后，温度调控主要通过揭盖草苫、放风、临时加温、内设多层覆盖等措施来进行。在保温期，草莓对温度总的要求是前期高，后期低。

（1）保温开始至现蕾期。保温开始初期，温度要求相对高一些，白天为 28 ~ 30℃，超过 35℃时要放风。夜间保持 12 ~ 15℃，最低不低于 8℃。这样可以唤醒植株发出新叶，防止休眠矮化，并促进花芽的发育。原来在保温前已缩短的叶柄，向四周张开的叶，能很快伸长，并站立起来。这时如果温度低，叶柄不再伸长，仍然四下张开，呈萎缩状态，对生长发育不利。

（2）现蕾期至开花前。进入现蕾期，温度略有下降，白天保持 25 ~ 28℃，夜间保持 10℃。这个时期夜温不能超过 13℃，否则会使腋花芽退化，雌雄蕊发育受阻。因此，此时的温度既要有利于第一花序的发育，也要利于腋花芽，即第二花序的分化。

（3）开花期。开花期草莓花器对温度反应敏感，适温白天为23～25℃，夜间为8～10℃。这样既有利于开花，也有利于开花后的授粉受精。花粉发芽最适温度为25～30℃，低于20℃和高于40℃都受影响。此期温度过低，花药不能自然裂开飞散花粉，造成授粉受精不良，会增加畸形果的比例。

（4）果实膨大期。随着果实增大到采收期，温度逐渐降一点，以促进果实膨大，减少小果率。白天保持在20～25℃，夜间6～8℃为宜。进入果实采收期，白天保持在20～23℃，夜间保持在5～7℃。温度调节也应根据市场需求，合理调节果实采收期，以取得更好的经济效益。

促成栽培草莓不同发育时期的湿度指标要求与半促成栽培相同。请参照有关内容。

5. 肥水管理

促成栽培保温后是施肥的重要时期。草莓保温以后，正是花芽发育期，随后很快现蕾、开花、结果。12月份开始采收，翌年2月中旬第一花序坐果到采收结束。但腋花序又抽生并开花结果，植株负担重，缺肥缺水极易造成植株早衰矮化。据日本学者研究，春香草莓从9月份定植到翌年5月份，每株的肥料吸收量分别为氮（N）2.5 g、磷（P_2O_5）0.6 g、钾（K_2O）3.0 g，定植到收获始期以及到收获盛期时，肥料的吸收量分别占总吸收量的1/3和2/3。施肥应进行6～8次，时间分别在覆盖地膜前、果实膨大期、开始采收期、盛收期、采后植株恢复期、早春腋花芽现蕾期、果实膨大期、开始采收期等。一般生长前期每20 d追肥一次，后期每月追肥一次。地膜覆盖前，每666.7 m^2施氮磷钾复合肥8～10 kg，直接撒于畦面，轻轻中耕松土，随后配合浇水。地膜覆盖后，用滴灌设备滴灌液肥，用400～500倍的氮磷钾复合液肥，少施勤施，每666.7 m^2滴灌液肥 1500 ~ 3000 kg。

保温开始后，棚室内因温度高，植株蒸腾量大，土壤容易干燥缺水。需要注意的是，棚室内由于棚膜内侧和地膜内到处是水珠和水滴，土壤表面也很潮湿，但实际上植株根系分布层的土壤可能已经缺水。确定是否缺水或需要浇水，可通过早晨观察叶面水分来决定。如果在叶片边缘有水滴，即出现泌溢或吐水现象，可认定水分充足，根系功能旺盛。相反则表示缺水或根系功能差。草莓促成栽培重要的灌水期分别为保温开始前后、果实膨大期、收获最盛期过后，一般保温前和保温后，覆盖地膜前各浇一次水，以后应结合追肥浇水。装有滴灌设备的应每周浇水一次，保持土壤处于湿润状态。

6. 植株管理

草莓保温后，生长旺盛时容易发生较多的侧芽和部分匍匐茎，特别是一些容易发生侧芽的品种，应及时摘除。摘除时除主芽外，再保留 2 ~ 3 个侧芽，其余全部摘除。匍匐茎应全部摘除。同时要经常摘除下部的老叶、病叶和黄叶。

7. 花果管理

草莓植株每个花序有较多的花，开花过多，消耗营养多，使果实变小。疏花、疏果可以集中养分，促进留下果实的整齐增大。植株留果的多少，要根据品种的结果能力和植株的生长发育状况而定。一般第一花序保留 12 ~ 15 个果，第二花序保留 6 ~ 8 个果，摘除病果、畸形果和后期形成的花序上的高级次小花小果。

8. 辅助授粉

保护地栽培的环境不利于草莓的授粉。正值冬季或早春，室内温度低、湿度大、日照短、昆虫少，影响花药开裂及花粉飞散，授粉不良，易产生各种畸形果，严重影响草莓品质和产量。要创造良好的授粉条件，

除注意通风换气，降低空气湿度外，主要的还是利用蜜蜂进行辅助授粉。实践证明，采用蜜蜂授粉的温室草莓，坐果率明显提高，果实增产30% ~ 50%，畸形果数只有无蜂区的1/5。

放蜂前10 ~ 15 d，棚室内应彻底防治一次病虫害，尤其是虫害。蜂箱放进后，一般不能再施农药，尤其禁用杀虫药。在草莓开花前一周，将蜂箱移入棚室内。一般按一个棚室一箱，一株草莓一只蜜蜂的比例放养，蜂箱出口朝着阳光入射方向，放置时间宜在早晨或黄昏。蜜蜂在气温5 ~ 35℃时出巢活动，生活最适温度为15 ~ 25℃，蜜蜂活动的温度与草莓花药裂开的最适温度13 ~ 20℃相一致，温度不能太低或太高。当气温长期在10℃以下时，蜜蜂减少或停止出巢活动。当气温超过30℃时，应及时放风换气。在生产上应充分了解蜜蜂的生活习性，创造蜜蜂授粉的良好环境，尽量减少蜜蜂死亡率。

第三节　无土栽培草莓栽培模式

一、无土栽培的概念及意义

（一）无土栽培的概念

根据国际无土栽培学会的规定，凡是不用天然土壤而用基质或仅育苗时用基质，在定植以后不用基质而用营养液灌溉的栽培方法，统称为无土栽培。无土栽培也称为营养液栽培，是指以水、草炭或森林腐叶土、蛭石等介质作为植株根系的基质固定植株，作物根系能直接接触营养液的栽培方法。营养液可以代替土壤，向作物提供良好的水、肥、气、热等根际环境条件，使其能够正常生长发育，完成从苗期开始的整个生命周期。目前作为商业性生产的无土栽培都是在保护设施内综合调控环境下进行的，我国常用的栽培设施有玻璃温室、日光温室、塑料大棚、防雨棚及遮阳网覆盖等。所以，无土栽培也是保护地栽培或设施栽培中的特殊模式。

（二）无土栽培的意义

1. 产量高，品质好

无土栽培能充分发挥作物的生产潜力，可以人为调控营养液浓度，使产量成倍增长。可以使果实营养含量增加，改善外观，提高品质。由于无土栽培病虫害较轻，可少用或不用农药，环境条件清洁卫生，便于生产绿色草莓。

2. 节约水分和养分

无土栽培避免了水分的渗漏和流失，比传统土壤栽培节水50%～70%。避免营养元素的土壤固定和流失，比土壤栽培施肥方式节肥50%～80%。且不像土壤栽培那样由于各种元素的损失不同而使元素间含量失衡，而是通过人为配制营养液使营养元素保持平衡，从而提高了肥料的利用率。

3. 避免土传病害及连作障碍

草莓的一些严重的病害均可通过病残体和土壤传播。无土栽培不需要土壤作为栽培的必要条件，也不存在土壤中的病株残体，减少了病源。由于栽培设施系统的清洗、消毒及基质的更换非常方便，可以创造良好的根际环境以取代土壤环境，土壤盐分积累、病虫害加重、根系抑制生长的分泌物的增加等原因造成的连作障碍同样也不会发生。充分满足作物对矿质营养、水分、气体等环境条件的要求，人工配制的培养液，供给作物矿物营养的需要，成分易于控制，而且可以随时调节。因此采用无土栽培是解决保护地连作障碍的最佳途径。

4. 不受地区限制，充分利用空间

无土栽培摆脱了土地的束缚，在许多沙漠、荒原、海岛或难以耕种

的地区，都可以采用无土栽培。无土栽培也不受空间限制，可以在保护地内进行立体种植，也可以利用楼房的平顶进行种植，无形中扩大了栽培面积，改善生态环境。

5.省工省力，易于管理

无土栽培不需中耕、翻地、锄草等作业，省工省力。浇水追肥同时进行，管理十分方便，如果全程采用计算机自动化控制，会更省工、省力，操作更方便。

6.利于实现农业现代化

无土栽培摆脱了自然环境的制约，可以按照人的意志进行生产，是一种受控环境的现代农业生产方式。有利于实现现代农业向数字化、机械化、智能化方向发展，提高生产效率和单位产出率，推动传统农业向现代精准农业、智慧农业的转型。

除以上优点外，无土栽培还有以下特点：一次性投资高，技术性强，对管理人员素质要求高，必须有充足的能源保证，运行成本较高等。

二、无土栽培的类型

（一）根据营养来源不同分为无机营养无土栽培和有机营养无土栽培两种类型。

1.无机营养无土栽培

无机营养无土栽培草莓需要的营养主要来自各种无机盐的混合溶液。这种方法历史悠久，大多数作物已有较为确定的营养液配方，同时栽培方式多样化，栽培程序也规范化。但也存在着一些问题，第一，营养液配方变动大，不易掌握；第二，各种无机盐的用量要求准确，先后混合顺序要求严格，营养液管理技术要求较高，技术性较强，推广难度大；第三，需要专门的无机盐、栽培设施和灌溉设施，生产投资大，成本较高；第四，产品中的硝酸盐含量较高，产品不符合绿色食品要求；第五，排出的废弃液中，硝酸盐浓度偏高，对环境污染严重等等。因此，目前这种方法推广应用不多，在无土栽培中所占的比例越来越小。

2. 有机营养无土栽培

作物所需营养主要或全部来自有机肥。在整个栽培过程中，只需要定期施入有机肥和浇清水，管理比较简单。有机营养无土栽培是 20 世纪后期新兴起的一种全新的无土栽培形式。其设备简单，肥料来源广泛，可就地取材，生产成本低，施肥 zuow、浇水简便易行，整个管理过程与土壤栽培基本相似，技术简单，易于推广。另外，该法生产的产品中的硝酸盐含量较低，产品符合绿色食品的要求，同时排出的废弃液中硝酸盐含量极低，不会对环境造成污染。因此，有机营养无土栽培又被称为"有机生态型无土栽培"。

（二）按栽培基质的有无分为无基质栽培和有基质栽培两种类型。

1. 无基质栽培

是指除了育苗时采用固体基质外，定植后不用基质而仅用营养液的栽培方法。根据营养液供给方式不同又分为水培、气培和水气培三种方式。

（1）水培。草莓定植后，根系直接浸泡在营养液中，由流动着的营养液为草莓提供营养。水培主要有营养液膜法、深液流法、动态浮根法、浮板毛管法等。营养液膜法是草莓无基质栽培常用的主要方法。

（2）气培。也叫雾培或喷雾栽培、气雾栽培，它是将作物悬挂在一个密闭的栽培装置（槽、箱或床）中，利用喷雾装置将营养液雾化，使根系在封闭不透光的根箱内，悬空于雾化后的营养液环境中。

（3）水气培。是水培与气培的中间型。水气培既具有水培营养充分的特点又具有气培氧气充足的优势，两者结合形成了一种既管理方便又能使作物快速生长的新型无土栽培模式。在日本常用水气培技术来栽培各种巨型的蔬菜，这种方法让作物一部分根系浸泡在营养液中，一部分根系间歇性地处于气雾环境中，或者结合动态水位法，使根系处于浸露交替雾化结合的根域环境中。具有控制简单、管理方便、植株生长快的特点，可作为研究与挖掘作物增产潜能一种较为理想的方法。有条件的地方，可以通过水气培的栽培模式，栽植巨型南瓜树、番茄树、空中番薯等观赏性作物，开展生态农业观光旅游。

2. 有基质栽培

将草莓栽植在固体基质上，用基质固定植株并从中吸收营养和氧气。（图9-6、图9-7）

图9-6　高架基质栽培

图9-7　高架基质栽培

（1）基质的作用：

①固定植株。基质的主要作用是支持固定植株根系，使植株在基质中扎根生长时，不致沉埋和倒伏。

②保持水分。能够作为无土栽培作用的固体基质都有一定的持水能力。例如泥炭可以吸收保持相当于本身重量 10 倍以上的水分，在灌溉间歇期也能满足作物对水分的需求，不致失水而受害。

③透气作用。作物的根系进行呼吸作用需要氧气，固体基质的孔隙中存有空气，可以供给作物根系呼吸所需的氧气。

④提供营养。有机固体基质如泥炭、椰壳纤维等，可为作物苗期或生长期间提供一定的矿质营养元素。

营养液栽培在保持水分的同时，把水中的营养供给作物根系。

⑤缓冲作用。缓冲作用可以使根系生长的环境比较稳定，即当外来物质或根系在新陈代谢过程中产生的一些有害物质危害作物根系时，基质的缓冲作用会使这些危害化解。具有物理化学吸附功能的固体基质一般都具有缓冲作用，例如蛭石、泥炭等就具有这种功能。

⑥创造根系和营养液的黑暗环境。将根系埋住，使根系避免光线照射。

⑦克服土壤连作障碍。无土栽培只需清洗栽培床或更换基质，就可连续种植。

（2）基质要求：无土栽培对基质的物理和化学性质有一定的要求。

①具有一定大小的粒径。它会影响容重、孔隙度、空气和水分的含量。比较理想的基质粒径为 0.5 ～ 1.0 mm。

②具有良好的物理性状。基质必须疏松、保水、保肥，并且透气。总孔隙度＞55%，容重 0.1 ～ 0.8 g/ cm^3，空气容积25% ～ 30%，基质的水分比 1 ∶ 2 ～ 4 为宜。

③具有稳定的化学性质。本身不含有害成分，不使营养液发生化学变化。pH6～7最好，缓冲能力越强越好。

在无土栽培中，可使用单一基质，也可将几种基质混合使用。因为单一基质的理化状况并不一定完全符合以上要求，混合基质如搭配的好，理化性状可以互补，更适合草莓生长发育要求。

（3）无土栽培的基质类型：根据基质主要成分可分为有无机基质和有机基质。

①有机基质。主要包括草炭、锯木屑（锯末）、树皮、炭化（或奶牛场垫铺）稻壳、食用菌生产的废料、甘蔗渣、椰子壳纤维等，有机基质必须经过发酵后，才可安全使用。

A 草炭。是应用最广泛、效果较理想的无土栽培基质。它是一种无菌、无毒、无公害、无污染、无残留的纯天然绿色有机物质。含丰富的氮、钾、磷、钙、锰等多种元素，保水力强，但透气性差，偏酸性，一般不单独使用，常与木屑、蛭石等混合使用。

B 锯木屑（锯末）。锯木屑是木材加工的下脚料。各种树木的锯木屑成分差异很大。一般锯木屑的化学成分为：含碳48%～54%、戊聚糖14%、纤维44%～45%、木质素16%～22%、树脂1%～7%、灰分0.4%～2%、氮0.18%。pH4.2～6.0。锯木屑的许多性质与树皮相似，锯木屑作为无土栽培基质，在使用过程中结构良好，一般可连续使用2～6茬，每茬在使用后应加以消毒。作基质的锯木屑不应太细，小于3 mm的锯木屑所占比例不应超过10%，一般应有80%在3～7 mm之间。

C 棉籽壳（菇渣）。种菇后的废料，消毒后可用。

D 炭化稻壳。稻壳炭化后，用水或酸调节 pH 至中性，体积比例不超过25%。

②无机基质。主要包括岩棉、炉渣、珍珠岩、蛭石、陶粒等。

A 岩棉。岩棉是一种由 60% 的辉绿石、20% 的石灰石、20% 的焦炭混合，然后在 1500 ~ 2000℃的高温炉中熔化，将熔融物喷成直径为 0.005 mm 的细丝，再将其压成容重为 80 ~ 100 kg/m³ 的片，然后再冷却至 200℃左右时，加入一种酚醛树脂以减小表面张力，使生产出的岩棉能够吸持水分。岩棉的外观是白色或浅绿色的丝状体，孔隙度大，可达 96%，吸水力强。在不同水力下，岩棉的持水容量不同。岩棉吸水后，会依其厚度的不同，含水量从下至上而递减；相反，空气含量则自上而下递增。新的未用过的岩棉 pH 较高，一般在 7.0 以上，但在灌水时需加入少量的酸，1 ~ 2 d 后 pH 就会很快降下来。岩棉在中性或弱酸弱碱条件下是稳定的，但在强酸强碱条件下纤维会溶解。岩棉具有化学性质稳定、物理性状优良、pH 稳定及经高温消毒不带病菌等优点。

B 珍珠岩。珍珠岩是由一种灰色火山岩（铝硅酸盐）加热至 1000℃时，岩石颗粒膨胀而形成的。它是一种封闭的轻质团聚体，容重小，为 0.03 ~ 0.16 g/cm³，其中空气容积约 53%，持水容积为 40%。珍珠岩没有吸收性能，pH 为 7.0 ~ 7.5。珍珠岩是一般较易破碎的基质，在使用时粉尘污染较大，使用前最好先用水喷湿，以免粉尘危害。珍珠岩容重小且无缓冲作用，孔隙度可达 97%。

C 蛭石。蛭石为云母类硅质矿物，它的颗粒由许多平行的片状物组成，片层之间含有少量水分。当蛭石在 1000℃的炉中加热时，片层中的水分变成蒸气，把片层爆裂开，形成小的、海绵状的核。蛭石容重很小（0.09 ~ 0.16 g/cm³），孔隙度大（达 95%）。蛭石的 pH 因产地、组成成分不同而稍有差异，一般均为中性至微碱性，也有些是碱性的。蛭石的阳离子代换量（CEC）很高，并且含有较多的钾、钙、镁等营养元素，这些养分是作物可以吸收利用的。蛭石的吸水能力很强，每 m³ 可以吸收 100 ~ 650 kg 水。无土栽培选用的蛭石的粒径应在 3 mm

以上，用作育苗的蛭石可稍细些（0.75 ~ 1.0 mm）。蛭石透气性、保水性、缓冲性均好。

D 石砾。来源于河边石子或石矿场岩石碎屑。由于其来源不同，化学成分差异很大。一般选用的石砾以非石灰性的（花岗岩发育形成的）为好。如不得已选用石灰质石砾，可用磷酸钙溶液进行处理。石砾的粒径应选在 1.6 ~ 20 mm 的范围内，其中总体积一半的石砾直径为 13 mm 左右，石砾较坚硬，不易破碎。选用的石砾最好为棱角不太锋利的，否则容易使植物茎部受到划伤。石砾本身不具有阳离子代换作用，通气排水性能良好，但持水能力较差。

E 煤渣。煤渣容重为 0.7 g/cm³，总孔隙度为 55%。其中通气孔隙容积为 22%、持水孔隙容积为 33%。含氮 0.183%、速效磷 23 mg/kg、速效钾 203.9 mg/kg。酸碱度为 6.8。煤渣如未受污染，不带病菌，不易产生病害。煤渣含有较多的微量元素，如与其他基质混用，种植时可以不加微量元素。煤渣容重适中，种植作物时不易倒苗，但使用时必须粉碎，并过 5 mm 筛。适宜的煤渣基质应有 80% 的颗粒在 1 ~ 5 mm 之间。

F 膨胀陶粒。膨胀陶粒又称多孔陶粒或海氏砾石，它是用陶土在 1100℃的陶窑中加热制成的，容重为 1.0 g/cm³。膨胀陶粒坚硬，不易破碎。膨胀陶粒作为基质，其排水和透气性能良好，每个颗粒中间有很多小孔可以持水。膨胀陶粒常与其他基质混用，膨胀陶粒在连续使用后，颗粒内部及表面吸收的盐分会造成通气和养分供应上的困难，且难以用水洗去。

三、无土栽培营养液的组配

营养液是无土栽培的核心，必须认真地了解和掌握它，才能真正掌握无土栽培技术。营养液是将含有各种植物营养元素的化合物溶解于水中配制而成。其原料就是水和含有各种营养元素的化合物及辅助物质。

（一）营养液组成原则：

1.营养液必须含有植物生长所必需的全部营养元素。

2.营养液中各种营养元素的化合物必须是根系可以吸收的状态，也就是可以溶于水的呈离子状态的化合物。通常都是无机盐，也有一些是有机螯合物。

3.营养液中各营养元素的数量比例是符合植物生长发育要求的、均衡的。

4.营养液中各营养元素的无机盐类构成的总盐分浓度及其酸碱反应是符合植物生长要求的。

5.组成营养液的各种化合物，在栽培植物的过程中，应在较长时间内保持其有效状态。

6.组成营养液的各种化合物的总体，在被根系吸收过程中造成的生理酸碱反应，应是比较平衡的。

（二）草莓无土栽培营养液：

1. 配方

在一定体积的营养液中，规定含有营养元素或盐类的数量叫营养液配方。目前世界上已发表了很多营养液配方，其中以美国植物营养学家霍格兰氏研究的营养液配方最为有名，世界各地的许多配方都是参照其配方因地制宜的调整演变而来的。草莓无土栽培可选用山崎配方和园试配方（如表9-6）。

表 9-6 无土栽培草莓适用营养液配方

化合物名称	分子式	园试配方			山崎配方
		用量（mg/l）	元素含量（mg/l）	大量元素用量（？）	用量（mg/l）
硝酸钙	Ca（NO$_3$）24 H$_2$O	945	氮112，钙160	氮243	236
硝酸钾	KNO$_3$	809	氮112，（K）312	--	303
磷酸二氢铵	N H$_4$H$_2$PO$_3$	153	氮78.7，磷41	磷41	57
硫酸镁	MgSO$_4$·7H$_2$O	493	镁48，硫64	钾312	123
螯合铁	Na$_2$Fe-EDTA	20	铁2.8		16
硫酸锰	MnSO$_4$·4H$_2$O	2.13	锰0.5	钙160	~
氯化锰	MnCl$_2$·4H$_2$O	~	~		0.72
硼酸	H$_3$BO$_3$	2.86	硼0.5	镁48	1.2
硫酸锌	ZnSO$_4$·7H$_2$O	0.22	锌0.05	--	0.09
硫酸铜	CuSO$_4$·5H$_2$O	0.08	铜0.02	硫64	0.04
钼酸铵	（NH$_4$）$_6$Mo7O1$_2$	0.02	钼0.01		90.01

两种营养液在应用过程中所不同的是，园试配方pH随栽培过程而逐渐升高，山崎配方pH较低而稳定。

2. 无土栽培的营养液配制

（1）配制原则。营养液的配制，没有绝对的原则。一般是容易与其他化合物作用而产生沉淀的盐类，在浓溶液时不能混合在一起，但经过稀释后可以混在一起，此时不会产生沉淀。在制备营养液的盐类中，以硝酸钙最容易和其他化合物起化合作用，如硝酸钙和硫酸盐混在一起易产生硫酸钙沉淀，硝酸钙的浓溶液与磷酸盐混在一起易产生磷酸钙沉淀。

在大面积生产时，一般是先配成高浓度的母液，然后再稀释应用，这样配制使用方便。大量元素的母液浓度一般比植物能直接吸收的稀释营养液的浓度高 100 倍，微量元素母液浓度比稀释液高 1000 倍。

配制营养液的水源主要是自来水、井水、河水、雨水，要求水质和饮用水相当。无土栽培最好用软水，用硬水时一般以不超过 $10°$（$1°=10$ mgCaO/L），且应测出钙和镁盐的含量，配制营养液时，相应减少钙和镁盐的使用量。水的 pH 以 5.5 ~ 7.5 为宜。溶解氧使用前接近饱和。氯化钠含量小于 2 mol/L，重金属和有害元素含量不超过饮用水标准。

（2）配制方法。生产上配制营养液一般分为母液、栽培营养液或工作营养液。

①称取各种肥料。按配方要求准确称取各种肥料，然后分别放置在干燥的容器内或聚乙烯塑料薄膜上。配方中各类盐的用量均为纯浓度盐的用量，如果所用盐的浓度达不到浓度的要求，应按相应比例增加用量。

②调节水的 pH。向贮液池（罐）内注入总水量的 80%，用磷酸、硫酸、硝酸、氢氧化钾等校正水到微酸性（pH5.5 ~ 6.5）。

③配制母液。按照配制原则，母液一般分为 A、B、C 三种。A 母液以钙盐为中心，将不与钙产生沉淀的肥料溶在一起而成，浓度较工作浓度浓缩 200 倍。B 母液以磷酸盐为中心，将不与磷酸根形成沉淀的盐溶解在一起而成，浓度较工作浓度浓缩 200 倍。C 母液由铁和微量元素组成，浓度较工作浓度浓缩 1000 倍。配制母液用塑料桶，放入称量好的肥料，加水搅拌，直到肥料完全溶解，再倒入贮液罐，加水至母液总量。

④配制工作营养液。在贮液罐中，先加入一部分水，将 A 母液加入，再加入一部分水，混均匀。然后加入 B 母液混均匀，再加入 C 母液，最后加水至所需量，并充分搅拌均匀。用酸度计或试纸测定溶液的 pH，不

适宜时用酸或碱进行调节。

3. 无土栽培的营养液施用管理。营养液施用管理主要是指，在栽培作物过程中，对循环使用的营养液的监测和采取的措施予以调控。作物的根系大部分生长在营养液中，并吸收其中的水分、养分和氧气，从而使其浓度、成分、酸碱度、溶存氧等指标都不断发生变化。同时根系也分泌有机物于营养液中，并且有少量衰老的残根脱落于营养液中，致使微生物也会在其中繁殖。另外，外界的温度也时刻影响着液温。因此，必须对上述诸因素的影响进行监测和采取措施予以调控，使其经常处于符合作物生长发育需要的状态。

（1）营养液浓度的调整：营养液浓度直接影响作物的品质和产量。草莓是一种耐肥力较弱的作物，营养液浓度过高时，将影响根系生长，缩短寿命。不同品种及同一品种在不同生育期适用的浓度有差异（见表9-7）。草莓不同生育期需肥规律不同，适用浓度应根据需肥规律适当调整。生长初期需肥量很少，一般开花前以低浓度为主，可抑制畸形果和绿腐病的发生。开花后坐果负担重，需肥量逐渐增多，养分需要量急剧增加，为防止植株生长势衰败，宜增加营养液浓度。随着果实不断采摘，需肥量也随之增多，特别是对钾和氮的吸收量最多。草莓对肥料的吸收量，随生长发育进展而逐渐增加，尤其在果实膨大期、采收始期和采收旺期需肥能力特别强，因此在这几个时期要适当增加营养液浓度。

表9-7 草莓不同品种及不同生育期营养液管理浓度
（按山崎草莓配方1剂量为标准）

品种群		宝交早生、丰香、春香等	丽红、明宝等
管理浓度（%）	定植初期	0.4	0.8
	1周后至盖膜期	0.8 ~ 1.0	1.2 ~ 1.6
	盖膜至开花	1.2	1.8
	开花期以后	1.6 ~ 1.8	2.0 ~ 2.4

在营养液管理中，电导率（EC）值和pH的控制也是重点。草莓的适宜电导率（EC）=1.2 ~ 2.0 ms/cm。营养液中总盐浓度越高，溶液EC值越大。而草莓对盐胁迫十分敏感，一般开花前营养液的EC值应控制在 1 ~ 1.7 ms/cm，开花期和结果期可以适当提高营养液EC值至 2.5 ~ 3.5 ms/cm，结果后期则逐渐降低营养液EC值至2 ms/cm 左右。营养液pH 每周会升高约1.0，pH 过高或者过低都会伤害植株根系，影响植株生长。

草莓定植以后，营养液的水分和养分都会被吸收而使其浓度发生变化，这就需要定期补充水分和养分。

①水分的补充。应每天进行，一天之内应补充多少次，视草莓长势、每株占液量和耗水快慢而定。以不影响营养液的正常循环流动为准。在贮液池内标上水位刻度线，定时使水泵关闭，让营养液全部回到贮液池中，如其水位已下降到加水的刻度线，立即加水恢复到原来的水位线。

②养分的补充。应根据营养液浓度的下降程度而定。浓度的测定，要在营养液补充足够水分使其恢复到原来体积时取样。要经常用电导率测定仪检查营养液浓度的变化。可事先根据测定的标准营养液和一系列不同浓度营养液的电导率（EC值），画出电导率值、营养液浓度和母

液追加量三者之间的关系图。每次测定工作营养液的电导率值，查出相对应的母液追加量，对营养液进行调整。但是电导率测定仪仅能测出营养液各种离子的总和，无法分别测出各种元素的含量，尤其水培草莓生长期长达 8 个月（10 月至翌年 5 月），不能保证营养液中元素的均衡性。因此，有条件的地方，每隔一定时间要进行一次营养液的全面分析，矫正营养成分，或者更换新液。没有条件的地方，也要经常仔细地观察草莓的生长情况，看有无生理病害的迹象，若出现缺素或生理病害，要立即采取补救措施。另外，营养液养分的调整还可根据硝态氮的浓度变化，按配方比例推算出其他元素的含量变化，然后计算出肥料量并加以补充。还可根据水分的消耗量和养分吸收之间的关系，以水分消耗量推算出养分补充量，然后进行调整。

（2）营养液酸碱度的调整。营养液的 pH 酸碱度一般要维持在最适范围，尤其水培，对于 pH 值的要求更为严格。这是因为各种肥料成分均以离子状态溶解于营养液中，pH 高低直接影响各种肥料的溶解度，从而影响草莓的吸收。尤其在碱性状态下，会直接影响金属离子的吸收而发生缺素的生理病害。草莓要求营养液的 pH5.5 ~ 6.5 为宜。当营养液的 pH 上升时，用酸中和，中和的用酸量必须用实际滴定的结果来确定，不能用 pH 作理论计算方法确定。每吨营养液从 pH7.0 调到 6.0 需要98% 硫酸（H_2SO_4）100 ml，或 63% 硝酸（HNO_3）250 ml，或 85% 磷酸（H_3PO_4）300 ml。根据经验，草莓无土栽培 pH 在 5.0 ~ 7.5 范围内，不需调节。如果用酸碱调节，易造成酸碱度急剧升降，反而容易抑制草莓生长。

①营养液温度的调整。温度不仅影响根系的生长和根的生理机能，而且也影响营养液中氧的浓度和病菌繁殖速度等。草莓根系温度的变化主要受营养液温度变化的影响。营养液的温度应该是根系需要的适宜温度，而根系的适宜温度比地上部适宜温度的范围要小，变化幅度也小，

草莓最适根际温度为 8 ~ 21℃。冬季日光温室内,虽然夜间气温保持在 3 ~ 5℃,根际温度下降到 7 ~ 10℃,但只要白天根际温度能升到 18℃,并持续 4 ~ 5 h,就能保证草莓正常生长。液温管理上要注意调控营养液的最低温和最高温,调控白天和夜间、夏季和冬季的液温差,防止液温急剧变化,忽冷忽热。调整营养液温度的方法很多,如增加营养液的容量、贮液池设在地下、增添增温和降温设备等。如冬季温度偏低时,在池中安装电热器或电热线,配上控温仪进行自动加温。

②营养液含氧量的调整。营养液中的氧气含量直接影响根系对养分的吸收,营养液供氧不足会影响根系的正常生长,进而影响根系对矿质元素的吸收,甚至使根系腐烂死亡。尤其是夏季气温高,溶液中含氧量少,营养液往往供氧不足。向营养中补充溶存氧的主要途径有:

A 搅拌。此法有一定效果,但技术上较难处理,主要是种植槽内有许多根系,容易伤根。

B 营养液循环流动。此法效果好,生产上普遍采用。

C 用压缩空气通过起泡器向营养液内扩散微细气泡。此法效果较好,但主要在小盆钵水培上使用,在大生产线上大规模遍布起泡器困难比较大。

D 把化学试剂加入营养液中产生氧气,此法效果好,但价格昂贵。

E 降低营养液浓度。

四、 现代草莓无土栽培技术

(一)无土栽培草莓育苗的要求

1.无土栽培草莓苗的育苗方法

无土栽培草莓的匍匐茎苗获取有两种方式,一是从露地土培母株获取,再集中栽植培育;二是将匍匐茎苗引入盛有基质的塑料钵中,待扎根后剪断匍匐茎,再将塑料钵苗集中在一起进行培养。

无土栽培草莓育苗,常在 7 月上旬至中旬,从健壮的母株上采集有

2 ~ 3 片叶的匍匐茎苗，洗净根部的泥土，栽植于盛有基质的塑料育苗钵内，或植于水培育苗床，进行培养。

为了促进花芽分化，可于 8 月中旬至下旬降低氮素肥料的施用量。即从 8 月下旬将灌溉营养液改为灌溉清水。如果在中断氮肥施用的同时，给根际浇灌井水，人为造成根际低温，可促进花芽分化。

无土栽培育苗具有加速苗的生长，缩短苗期，利于培育壮苗和避免土传病虫害的作用。还可人为控制草莓植株体内的碳氮比，从而实现对花芽分化的人为控制。育苗期间要不断摘除植株上的老叶和新发出的匍匐茎，以减少营养的消耗，使苗根茎粗壮。

定植前将苗的根系用自来水冲洗干净，在加有少量培养液的容器中浸泡 1 ~ 2 周，待有新根发生后即可定植。

2. 无土栽培草莓的壮苗标准

草莓的无土栽培用苗与土壤栽培的用苗不同，对苗龄、苗质要求都比较严格。必须采用有基质的无土育苗或水培育苗来培育。要求草莓苗的生长势要强，应有 5 片叶以上，根茎粗度在 1 cm 以上，苗重在 30 g 以上，无病虫害。

（二）草莓基质栽培方法

1. 槽培

槽培是以栽培槽作为栽培床进行无土栽培的方法。为避免栽培过程中受土壤的污染，栽培槽要与地面保持一定的高度。无法保持高度或在地面放置栽培槽时，要用塑料薄膜覆盖地面进行隔离。另外，为保持槽底积液有足够大小的流动速度，设置高畦栽培槽时，栽培槽的进液口端要稍高一些，两端保持 1/60 ~ 1/80 的坡度。设置立体栽培槽时，栽培槽上、下层应保持一定间距，一般 50 ~ 100 cm 为宜。

基质常用沙、炉渣、蛭石、锯末、珍珠岩、草炭等根据作物生长需求按比例混合。一般在基质混合之前，应加入一定量的肥料作基肥。混合后的基质不宜久放，应立即使用。栽培槽装填基质后，布设输液和排灌系统，营养液从贮液池（罐）中通过水泵进入输液系统。也可把贮液池（罐）建的较高，靠重力和压差自动输液。

2. 岩棉栽培

岩棉栽培是将作物栽植于岩棉块上的栽培技术。采用岩棉块育苗，根据作物种类不同，岩棉块大小也不一样。除上下两面外，岩棉块的四周要用黑色的塑料薄膜包上，以防止水分蒸发和盐类在岩棉块周围积累，冬季还可提高岩棉块的温度。

定植用的岩棉垫一般长 70 ~ 100 cm、宽 15 ~ 30 cm、高 7 ~ 10 cm，装在塑料袋内。将一定数量的岩棉种植垫集合到一起，配以灌溉、排水等装置，组成种植畦，即可进行大规模生产。定植前先将温室内土地整平，为增加冬季的光照，可铺设白色塑料薄膜，以利用反射光及避免土传病害。放置岩棉垫时，要稍向一面倾斜，并在倾斜方向把包岩棉的塑料袋钻 2 ~ 3 个排水孔，以便多余的营养液排出。用滴管把营养液滴入岩棉垫中，使之浸透，然后就进行定植。定植后把滴管固定在岩棉块上，让营养液从岩棉块上往下滴，保持岩棉块湿润。当根系扎入岩棉以后，可以把滴管头插到岩棉垫上，以保持根茎部干燥，减少病害。

3. 立体栽培

草莓立体栽培模式有多种，主要有柱状立体栽培和层架式立体栽培等形式。

（1）柱状立体栽培按所用材料的硬度，立体栽培分为柱状栽培和长袋状栽培。

①柱状栽培。栽培柱采用石棉水泥管或硬质塑料管，在管四周按螺旋位置开沟，植株种植在孔中的基质中。也可采用专用的无土栽培柱，

栽培柱由若干个短的模型柱构成。每一模型柱上有几个突出的杯状物，用以种植植株。

②长袋状栽培。长袋状栽培是柱状栽培的简化。是用聚乙烯袋代替硬管，其他与袋状栽培相同。用 0.15 mm 厚的聚乙烯膜制成的栽培袋，直径 15 cm，长一般为 2 m，装满基质后将上下两端扎紧，悬挂在温室中。在袋周围开一些小孔，种植植株。

无论柱状栽培还是长袋状栽培，栽培柱或栽培袋均挂在温室上部的结构上，行距 0.8 ~ 1.2 m，水和营养的供应，由安装在每个柱或袋顶部的滴灌系统进行。

③立柱式盆钵无土栽培。将定型的塑料盆钵填装基质后上下叠放，栽培孔交错排列，供液管自上而下供液。

（2）层架式立体栽培分为传统架式栽培、改良架式栽培、高架床栽培、墙体栽培等形式。

①传统架式栽培。是利用 3 ~ 4 层分层式框架，在框架上放置栽培容器，在容器内种植草莓的一种栽培技术。这个分层式框架主要分为 A 字形和阶梯形两种。栽培架要按照南北向排放，为保证光照条件和减少遮光，排放时应选取适当的栽培架间距。架式栽培包括基质栽培和水培两种形式。

②改良架式栽培。分为移动式立体栽培草莓技术和开合式立体栽培草莓技术两种形式。

③高架床栽培。是指通过水培、基质培等方式，在现代设施大棚内将草莓置于高架培床上进行栽培，近年来，在日本、荷兰、美国等国家得到开发和应用，尤其是在日本发展较迅速，主要有栃木模式和长崎模式两种。

④墙体栽培。是利用特定的栽培设备附着在建筑物的墙体表面，不仅不会影响墙体的坚固度，而且对墙体还能起到一定的保护作用。在日

光温室后墙上设置通长的栽培管道，根据后墙高度可设置3~4排。后墙管道的采光条件较好，可充分利用太阳光，有利于草莓植株生长和果实品质的提高。

（三）草莓水培方法

1.营养液膜法（NFT）

是将草莓种植在浅层流动的营养液中的水培方法。营养液膜法不用固体基质，所用液层0.5~1 cm深，不断循环流动，植株放置于栽培槽的底部，其重量由槽底承载。根系平展于槽的底面，一部分浸在浅层营养液中，另一部分则暴露于种植槽内的湿气中。既保证了不断供给作物水分和养分，又解决了根系呼吸氧气的需求。

营养液膜法的设施主要由种植槽、贮液池、营养液循环流动装置三个主要部分组成。种植槽要有一定的坡度，使营养液从高端流向低端比较顺畅。槽底要平滑，以免积液。贮液池一般设在地平面以上，容量应足够供应全部种植面积。供液系统主要由水泵、管道、滴头及流量调节阀门等组成。此外，还可根据生产实际，选择配置一些其他辅助设施，如浓缩营养液罐及自动投施装置，营养液加温、冷却、消毒装置等。

2.深液流法（DFT）

是指植株根系生长在较为深厚并且是流动的营养液层的一种水培技术。种植槽中盛放约5~10 cm或者更深厚的营养液，将作物根系置于其中，同时采用水泵间歇开启供液使得营养液循环流动，以补充营养液中氧气并使营养液中养分更加均匀。

深液流法的水培设施由种植槽、定植网或定植板、贮液池、循环系统等四部分组成。其特点表现在：营养液循环流动，以增加营养液的溶存氧以及消除根表有害的代谢产物的局部累积，消除根表与根外营养液和养分浓度差，使养分能及时送到根部，更充分地满足作物的养分需要。

营养液的液层较深，根系伸展在较深的液层中，每株占有的液量较多，因此，营养液浓度、溶解氧、酸碱度、温度以及水分存量都不易发生急剧变化，为根系提供了一个较稳定的生长环境。植株悬挂在营养液的水平面上，使植株的根茎离开液面，而所伸出的根系又能接触到营养液，由于根茎被浸没于营养液中就会腐烂而导致植株死亡，故应做好悬挂植株的工作。

3. 浮板毛管法（FCH）

浮板毛管法是在吸收深液流法（DFT）和营养液膜法（NFT）优点的基础上，由浙江省农业科学院和南京农业大学研究开发的。它是在营养液较深的栽培床内放置浮板的一种水培方法。有效地克服了NFT的缺点，根际环境条件稳定，液温变化小，根际供氧充足，不怕因停电影响营养液的供给，节能，管理方便。

浮板毛管法由栽培床、贮液池、循环系统和控制系统四部分组成。栽培槽由聚苯板连接成长槽，一般长15～20 m、宽40～50 cm、高10 cm，安装在地面同一水平线上，内铺0.8 mm的聚乙烯薄板。槽内营养液深3～6 cm，液面漂浮浮板，浮板为1.25 cm厚的聚苯板，宽12 cm，浮板上盖一层无纺布漂浮在营养液面的表面，无纺布两侧伸入营养液内，通过毛细管作用，使浮板始终保持湿润状态。草莓根系一部分伸入营养液中吸收肥水，另一部分生长在无纺布的上下两面，在湿气中吸收氧气。槽的盖板即定植板，为2.5 mm厚打孔的聚苯板，其上按栽植株行距打孔，固定植株。栽培床一端安装进水管，另一端安装排液管。进水管处顶端安装空气混合器，增加营养液的溶氧量。贮液池与排水管相通，营养液的深度通过排水口的垫板来调节。

（四）无土栽培草莓管理技术

1. 无土栽培的定植技术

草莓无土栽培的定植时期为 9 月下旬。当栽培床确定后，即可将于苗床上培育的草莓苗移栽到种植床内，可按株行距 15 cm×20 cm 定植。定植后的管理主要是白天遮阳，减少叶面蒸发，促进成活。定植后先灌 2 ~ 3 d 清水液，随后再改为营养液。定植以后的管理技术按照所采用的基质不同，采取相应的方法进行。

2. 植株管理

参照现代草莓设施栽培部分。

3. 病虫害防治

参照现代草莓设施栽培部分。

第十章
草莓的采收与加工

第一节　草莓的采收

一、草莓的成熟标准

（一）发育天数标准

草莓从开花到果实成熟需要的时间为果实发育天数。在露地栽培条件下，果实发育天数一般为 30 d 左右，但早、中、晚熟品种之间有较大的差异，最短的 18 d，最长的 41 d。同一品种果实发育天数随温度的变化有所不同，平均气温 10℃时，果实发育天数为 60 d；平均气温 15℃，需要 40 d；平均气温 20℃，则需要 30 d；平均气温 30℃，20 d 即可成熟。因此，温度高，果实发育时间短；反之，果实发育时间长。另外，草莓的果实发育天数还与日照时数有关。据研究，四季草莓在长日照、高温条件下，果实发育天数为 20 ~ 25 d。在短日照的秋季，果实发育天数约 60 d。一般温度在 17 ~ 30℃范围内，有效积温达 600℃时，果实即可成熟。

（二）外观变化标准

草莓浆果成熟的最显著特征是果实着色。草莓果实在发育过程中，颜色会发生一系列的变化，最初为绿色，以后逐渐变白，最后成为红色至浓红色，并具有光泽。着色先从受光一面开始，而后是侧面，随后背光一面也着色，有些品种背光一面不易着色。在着色面上，先从果实基部开始着色，顶部后着色。同时，果实着色先表面后内部。随同果实着色，种子也由绿色逐渐变为黄色或红色，即完成成熟过程。只有个别品种的种子在成熟时保持绿色。随着果实的成熟，果实由硬变软，并散发出特有的香味。判断草莓成熟与否的标志是着色面积与浆果的软化程度。成熟度越高，品质风味越好。

（三）内部成分标准

果实在发育过程中，果实内部的各种物质成分也在发生变化。

1. 花青素

果实在最初的绿色和白色时没有花青素。进入着色期，花青素含量急剧增加，花青素显出彩色。

2. 糖

草莓果实中的糖，大部分为葡萄糖和果糖等还原性糖，蔗糖等非还原性糖含量较少。随着果实的逐渐成熟，含糖量逐渐增加。

3. 酸

草莓果实中的酸，大部分为柠檬酸，其次是苹果酸，二者之间的比例大约为 9 ： 1 左右。幼果含酸量较高，随着果实的成熟，含酸量急剧减少。未成熟的果实，采收后经贮藏到完全着色，含酸量仍相当高，因而吃起来比较酸。

4. 维生素 C

草莓中的维生素 C，大部分为还原型的，氧化型的比较少。草莓果实中的维生素 C 含量比较高，约为 80 mg/100 g 鲜果。随着果实的成熟，维生素 C 含量逐渐增加，完全成熟时，含量最高，以后随着时间的延长

而减少。

二、草莓采收方法

果实采收是草莓生产的最后一个环节，采收质量好坏直接影响其产量、质量和经济效益，应十分重视。草莓成熟后要及时、适时采收。采收过晚，浆果很易腐烂，造成不应有的损失；采收过早，尚未达到果实应有的品质，不利于销售。草莓的采收期应根据不同情况来决定。

（一）采收时间

1. 根据栽培方式确定采收期

栽培方式不同，草莓的采收期有很大差异。露地栽培在 5 月上旬至 6 月下旬；促成栽培为 12 月中下旬至翌年 2 月中旬；半促成栽培为 3 月上旬至 4 月下旬。

2. 根据品种、用途和销售等特点确定采收期

（1）鲜食用。一般鲜食用果以出售鲜果为目的，要力争在采收的当天或第二天清早上市，时间过长会影响草莓的商品价值。草莓的成熟度应以九成熟为好，即在果面着色部分达 90% 左右，果实向阳面尚未成紫红色时采收。如果采收时的外界气温较高，采收时果实的成熟度可适当降低。例如，当日平均温度在 16 ~ 19℃时，可在八成熟时采收；当日平均温度在 20℃左右时，可在七成熟进行采收。这样不同时期采收的鲜果，虽然成熟度不同，但到第二天上市时，都能有较好的成熟度，商品价值较高。硬肉型品种，如全明星、哈尼等，以果实接近全红时采收，才能达到该品种应有的品质和风味，也不影响贮运。供加工果酒、果汁、饮料、果酱、果冻的草莓，要求果实全熟时采收，以提高果实的糖分和香味，便于加工。

（2）加工用。用于加工整果罐头的，要求果实大小一致，果面着色 70% ~ 80%，即在八成熟时采收，这样果肉硬，颜色鲜。

（3）远距离运输。远距离运输的果实，在七八成熟时采收。就近销售时，在全熟时采收，但不能过熟。

3. 根据成熟情况确定采收期

草莓果实的成熟期约持续 20 ~ 30 d。第一批果实成熟后约 7 ~ 8 d，进入盛果期，必须分批分期采收。果实开始成熟时，每隔 1 ~ 2 d 采收一次，盛果期间可每天采收一次。

4. 根据天气情况确定采收期

采收草莓宜在清晨露水已干至午间高温来到之前，或傍晚天气转凉时进行。因早、晚的气温低，果实较硬，果梗较脆，容易采摘，并且在采摘及运输过程中不易碰破果皮，有效延长贮藏期。中午前后气温较高，果实的硬度较小，果梗变软，不仅采摘费工，而且易碰破果皮，果皮碰损后，容易受病菌侵染而腐烂变质，影响草莓的商品价值。采收时间过早，果皮沾有露水，也容易腐烂。

（二）采收方法

1. 采收前准备

采收前要做好充分的准备工作，如市场销售的安排，加工厂家的联系，采收及包装用品的准备，采收人员的组织与培训，采收成熟度及果实分级标准的制定等。采收草莓的容器一定要浅，底要平，内壁光滑。如果容器较深，采收时不能装得过满；若容器底不平，可事先垫上泡沫布等材料。目前市场上有一种浅塑料盘，高 10 cm 左右、宽 30 ~ 40 cm、长 40 ~ 50 cm，很适合于草莓采收用。

2. 采收时分级

为便于采收后分级和避免过多倒箱，采收时可进行分人定级采收，即前面的人采收大果，中间的人采收小果，后面的人把等外果全部采完。也可每人带 2 ~ 3 个容器，把不同级别的果实分开采摘。

目前我国还没有统一的草莓分级标准。分级可根据品种、单果重、色泽、果形和果面机械损伤程度等进行。现在通常按重量大小把草莓果实分为4级，即5～9.9 g为S级，10～14.9 g为m级，15～19.9 g为L级，20 g以上为LL级。

生产上一般把L级和LL级统称为大果，m级为中果，S级称为小果。5 g以下的果无经济价值，为废果或无效果。有的果品加工厂从草莓加工的角度提出，单果重10 g以上为一级果，6～9 g为二级果，5 g以下为三级果。

3. 采收操作技术

采收时用大拇指甲和食指甲把果柄掐断，把果取下，采一个往容器里放一个。采下的浆果应带有部分果柄，又不损伤花萼，否则浆果易腐烂。采果时不要硬拉，以免拉断果序和碰伤果皮，影响草莓产量和质量。草莓浆果的果皮细胞壁薄，果肉柔嫩，稍有不慎易产生人为损伤，采摘过程中必须轻采、轻拿和轻放，避免过多倒箱。每次采摘时，必须将适度成熟果全部采净。以免延至下次采收时，由于浆果过熟而造成腐烂现象。一个人工一天可采收30～40 kg鲜果，盛果期最高可采收50～70 kg鲜果。

第二节　草莓果实包装与运输

一、包装

草莓为高档果品，又是浆果，所以必须搞好包装工作。为了减少浆果破损，从采收到加工或销售地点，最好不倒箱。草莓的包装要以小包装为基础，大小包装配套，要注意包装质量。所用容器可因地制宜，如用木箱、纸箱、筐篓和果盘等。

露地采收的草莓，上市量大，售价低。可用纸盒或薄木片盒包装，每盒装 0.5 ~ 1 kg。包装可用透明塑料制成形似饭盒的有孔方盒，或用薄木片制成四面有孔的木盒，盒内可装果 250 ~ 500 g。盒内草莓按一定顺序、一定大小和方向，整齐地放置，不宜装得太满，顶部留 1 cm 左右空隙，装果后加盖。然后再把盒装入较大的塑料箱或纸箱，分层放置，箱内最多放置 4 层，一层最多放置 8 盒。每箱草莓重量以 5 kg 左右为宜，用塑料箱直接装运。这样能保持果品外观，便于出售和短时间保存。

保护地采收的草莓属于高档果品，对分级包装要求比较高。可选用精致包装，如小塑料盒规格为 120 mm×75 mm×25 mm，每盒装 150 g 左右，纸箱规格为 400 mm×300 mm×102 mm。每纸箱内装 32 个小塑料盒。

作为加工原料的草莓果实，一般用塑料果箱装运，果箱规格为 700 mm×400 mm×100 mm，每箱装果量不超过 10 kg，一般装果 4 ~ 5 层，并要求在浆果以上留 3 cm 空间，以免果箱叠放装运时压伤果实。（图 10-1、图 10-2）

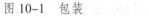

图 10-1　包装　　　　　　　　图 10-2　包装

二、运输

草莓运输要用小包装，再装入塑料箱运输，每箱草莓重量不超过 5 kg。运输要用冷藏车或带篷卡车，途中要防日晒。行驶速度要慢，遇到沙石路或土路，尽量降低车速，减少颠簸。有的加工厂规定汽车在不

同路面上的时速为 5 ～ 20 km。用带篷卡车运输，以清晨或晚间气温较低时上路运行为宜。

第三节　草莓果实贮藏技术

一、低温贮藏

草莓是一种难贮藏的水果。据估计，草莓采收后，果实的腐烂率可以达 10% 以上。这些腐烂的果实绝大多数是由病菌引起的，还有一部分是由机械损伤造成的。采收后在室温下一般只能存放 1 ～ 2 d。更长时间的贮藏，可根据具体情况选用不同的方法。

低温保存食品是最古老也是目前应用最广泛的一种方法。如果应用适当、合理，低温保存草莓是最好的贮藏方法，其他保存方法可以与之配合使用。在大多数情况下，病菌的生长速度和产生孢子的数量随温度的升高而加快。在 0℃ 下保存草莓贮藏期较长；在 10℃ 下保存草莓，可表现出明显的病斑，但病斑的发展较慢；在 20℃ 下保存草莓，由于病菌的侵染，48 h 内草莓即全部腐烂。据研究，在 12.8℃ 下保存草莓比在 1.1℃ 时保存草莓，果实腐烂率增加 1 倍；在 21.1℃ 下保存草莓，腐烂率增加 3 倍。低温贮藏、运输和出售草莓，既可以抑制病原菌生长及孢子的产生，又可以抑制草莓本身的呼吸作用，减少养分消耗，降低腐烂率。

草莓需随采随销。临时运不出去的，可将包装好的草莓放在通风凉爽的库房中，包装箱摆放在货架上，切勿随地堆放。这样临时贮放 1 ～ 2 d，不会影响果实的品质。据研究，贮运草莓的最适温度是 0 ～ 0.5℃，允许最高温是 4.4℃，但持续时间不能超过 48 h。同时空气湿度要保持在 80% ～ 90%。草莓较长时间贮藏，需在冷库中进行。草莓采收后，要快速而均匀地预冷，然后低温贮藏。库内贮放果箱需留有空隙，便于空气交换。库温维持在 0 ~ 2℃恒温，可贮放 7 ~ 10 d。但冷藏时间不能过长，否则果实的风味品质会逐渐下降。如果冷库温度在 12℃左右，可贮藏 3 d；库温在 8℃以下，能贮放 4 d。

二、气调贮藏

气调贮藏是在草莓贮藏中，人为调整和控制食品储藏环境中气体的成分和比例，以及环境的温度和湿度来延长食品的储藏寿命，以达到贮藏保鲜的目的。通常是降低氧气的浓度，增加二氧化碳或氮气的浓度。气调贮藏的原理是，采收后的草莓果实虽然脱离了植株母体，但仍然是个生命活体，还在不断进行生理呼吸，吸收氧气，释放出二氧化碳。利用果实本身释放出的二氧化碳，快速降低氧气的含量，使果实处于低氧高二氧化碳的环境中。或通过人为地调节气体成分，使果实内部的代谢过程发生变化，呼吸作用以及其他新陈代谢减弱，成熟过程延迟，从而达到延长果实寿命的目的。这对草莓的果实及其他水果都是一样的，但对草莓尤为重要。大量草莓短期贮藏多采用气调法贮藏，即用厚 0.2 mm 的聚乙烯做成帐，形成一个相对密闭的贮藏环境。草莓浆果气调贮藏的适宜的气体成分为：CO 23% ~ 6%、O 23%、N 91% ~ 94%。贮藏时间为 10 ~ 15 d，如将气调与低温冷藏相结合，贮藏期会明显延长。气调贮藏时对二氧化碳的浓度要适当控制，如果高到 10% 时，果实会出现生理障碍，果实软化，风味差，并带有酒味。

三、辐射贮藏

辐射贮藏是利用同位素钴 -60 放出的 γ 射线辐射草莓浆果，杀伤果实表面所带的微生物，以减少各种病害的感染，达到贮藏保鲜的目的。应用离子辐射保藏食品技术已受到国内外广泛重视。用 15 ~ 20 万拉德剂量的 γ 射线辐照的浆果，无论在室温或冷藏条件下，贮藏期都比未处理的延长 2 ~ 3 倍。国内有报道，用 20 万拉德 γ 射线照射草莓，在

0～1℃下冷藏，贮藏期最长可达 40 d。引起草莓果实腐败的病原体一般有灰霉菌、根霉菌、毛霉菌和疫霉菌，用 20 万拉德剂量照射可显著降低果实的霉菌数量，约减少 90%，同时还消灭了其他革兰氏阴性杆菌。试验表明，辐射对草莓营养成分无影响。辐照前进行湿热处理，效果更好。处理温度因品种而异，平均为 41～50℃，辐照以 15 万拉德剂量较适宜。草莓不同品种所用照射量以及辐射效果也有差异。辐射贮藏的效果和传统的低温贮藏差不多，只是辐射贮藏所用的费用更高些，建立辐射源所需的条件也比较严格，且容易发生危险。但辐射食品对人类是无害的。

四、热处理贮藏

对草莓进行热处理是防止果实采后腐烂的一种有效、安全、简单、经济的方法。在空气湿度较高的情况下，草莓果实在 44℃下处理 40～60 min，可以使由灰霉病引起的采后果实腐烂率减少 50%。处理 40 min 时，果实的风味、香味、质地及外观品质不受影响。热处理与辐射处理一样，其本身没有保护作用，它可以钝化病原菌的生长发育，抑制其初期侵染，一旦处理结束就不再起作用。热处理的作用与空气的相对湿度关系密切，只有在高湿的情况下才能减少果实腐烂。例如，在 44.3℃下，空气相对湿度分别是 50%、60% 和 70% 时，对减少果实腐烂均没有作用。但在空气相对湿度为 90% 时，热处理 1 h；或空气相对湿度为 98% 时，热处理 0.5 h，果实腐烂率可以减少 65%。另外，热处理时要掌握适宜的温度，温度过低作用不明显；温度过高，会使果实造成创伤。一般在 44℃ 时，草莓果实就会受到一定程度的创伤，因此热处理的温度应低于 44℃。

五、速冻保鲜

速冻就是利用 –25℃以下的低温，使草莓在极短的时间内迅速冻结，从而达到保鲜的目的。草莓速冻后，可以保持果实的形状、新鲜度、自然色泽、风味和营养成分。而且工艺简单，清洁卫生。既能长期贮藏，又可远运外销。因此，速冻草莓是一种较好的保鲜方法。在美国的加利福尼亚州，大约有50%的草莓用于速冻。近年来，我国的速冻草莓已出口到日本及东南亚一些国家，也在国内销售，草莓的速冻保鲜技术日益引起重视。

（一）速冻保鲜的原理

1.速冻使草莓果实中的绝大部分水分形成冰晶，由于冻结快速，形成冰晶的速度大于水蒸气扩散的速度，浆果细胞内的水分来不及扩散便形成小冰晶，在细胞内和细胞间隙中均匀分布，使细胞免受机械损伤导致变形或破坏，从而能保证细胞的完整无损。

2.草莓汁液形成冰晶后，由于缺乏生存用水，沾染在浆果上的细菌、霉菌等微生物生命活动受到严重地抑制，生长和繁殖被迫停止。

3.低温抑制了浆果内部酶系统的活动，使其不能或很难起催化作用。所以速冻可以起长时间保鲜防腐作用。

（二）速冻草莓原料的要求

1. 品种

不同的草莓品种对速冻的适应性有差别，必须选择适于速冻的草莓品种作为原料。一般要求用果实品质优良、匀称整齐、果肉红色、硬度大、有香味和适宜的酸度，果萼易脱落的品种。

2. 成熟度

用于速冻的草莓成熟度必须一致。果实的成熟度为八成熟时，比较适合速冻，即果面80%着色，香味充分显示出来，速冻后色、香、味保持良好，无异味。而成熟度较差的果实，速冻后淡而无味，而且容易产生一种异味。过熟的果实，由于硬度低，在处理过程中损失较大，冻后风味变淡，色深，果形不完整。

3. 新鲜度

速冻草莓必须保持原料新鲜，采摘当天即应进行处理，以免腐烂，增加损失，影响质量。如果当天处理不完，应放在0～5℃的冷库内暂时保存，第二天尽快处理，以确保原料的新鲜度。远距离运输时，需用冷藏车，以防原料变质。

4. 果实大小

速冻要选用均匀一致的整齐果，单果重为7～12g，果实横径不小于2cm，过大过小均不合适。因此，大果形品种，一般应选用二级序果及三级序果进行速冻。最先成熟的一级序果往往较大，可用做供应鲜食市场。

5. 果实外观

选用果形端正完整、大小均匀，无任何损伤的果实。对病虫果、青头果、死头果、霉烂果、软烂果、畸形果、未熟果等均应检出，以确保原料的质量。

（三）速冻草莓生产工艺

速冻草莓生产的工艺流程为：验收→洗果→消毒→淋洗→除萼→选剔→水洗→控水→称重→加糖→摆盘→速冻→装袋→密封→装箱→冻藏。

1. 验收

按速冻草莓原料的要求进行检查验收。重点检查品种是否纯正，果实大小是否符合标准，果实成熟度是否符合要求。

2. 洗果

把浆果放在有出水口的水池中，用流动水洗果，并用圆角棒轻轻搅动，圆角棒不要伸到池底，以免将下沉的泥沙、杂物搅起。洗去杂质，使原料洁净。

3. 消毒

用 0.05% 的高锰酸钾水溶液浸洗 4 ~ 5 min，然后用水淋洗。

4. 除萼

人工将萼柄、萼片摘除干净。对除萼时易带出果肉的品种，可用薄刀片切除花萼。

5. 选剔

将不符合标准的果实及清洗中损伤的果实进一步剔除，并除去残留萼片萼柄。

6. 控水

最后一次清洗后，将浆果滤控 10 min 左右，控去浆果外多余的水分，以免速冻后表面带水发生粘连。要求冻品呈粒状时，控水时间宜长；要求冻品呈块状时，控水时间宜短。

7. 称重

作为出口用的速冻草莓，要求冻后呈块状，每块 5 kg。在 38 cm × 30 cm × 8 cm 的金属盘中，装 5 kg 草莓。为防止解冻时缺重，可加 2% ~ 3% 的水。这样实际每盘草莓的重量为 5.1 ~ 5.15 kg。

8. 加糖

按草莓重的 20% ~ 25% 加入白糖。甜味重的品种可加 20% 的糖，酸味重的品种可加 25% 的糖。加糖后搅拌均匀。作加工原料的冻品一般不加糖。

9. 摆盘

要求冻品呈块状时，盘内的草莓一般要摆放平整，紧实。要求冻品呈粒状时，摆放不必紧实，稍留空隙，以防止成块，不易分散。

10. 速冻

摆好盘后，立即进行速冻，温度保持在 –25 ~ –30℃，直到果心温

度达 –15℃时为止。为了保证快速冻结，保证冻品的质量，盘不宜重叠放置。如果盘不重叠，经 4 ~ 6 h，果心即可冻结，并达到所需低温。

11. 包装

将速冻后的草莓连盘拿到冷却间，冷却间温度保持在 0 ~ 5℃。呈块状的将整块从盘中倒出，装入备好的塑料袋中。要求呈粒状的，将个别结成小块的冻品逐个分开，然后根据包装大小，称重装入塑料袋中，用封口机密封后，放入硬纸箱中。在冷却间操作必须随取盘随包装，操作熟练迅速。

12. 冷藏

在冷却间装箱后，立即送入温度为 –18℃、湿度为 100% 的冷室中存放，贮藏期可达 18 个月。

（四）速冻草莓的运输和销售

速冻草莓既可生食，又可作加工原料。用作冷饮生食的，运输时必须用冷藏车、冷藏船，销售时须用冷藏柜，以防冻品在出售前融化。目前我国食品冷链行业发展迅速，冷链物流设备也随之发展，各大中型超市都有冷藏设施，均有利于速冻草莓的销售。

（五）速冻草莓解冻方法

速冻草莓如未解冻，吃起来肉硬如石，只有冰冷的感觉，品尝不出香甜味道，因此在食用前必须解冻。解冻的时间和程度要适宜，吃起来才能感觉凉爽柔软，香甜可口。速冻草莓有水浴解冻、空气解冻、微波解冻、超声波解冻等 4 种解冻方式。常用的解冻方法是水浴解冻，将速冻草莓放入容器中，将容器坐在温水中，解冻后立即食用。过早解冻，会使浆果软塌流汁，食用时淡而无味，甚至造成腐烂变质。解冻后要在短时间内食用完毕，不能再重新冷冻或长久放置。

沈阳农业大学食品学院刘雪梅等研究结果表明：在解冻时间方面，

4种解冻方法的解冻时间差异极为显著，微波解冻＜超声波解冻＜水浴解冻＜空气解冻。在物理特性方面，微波解冻后的草莓色泽及硬度保持最好、汁液流失率最低；超声波解冻仅次于微波解冻；空气解冻汁液流失率最大，硬度最小。在营养品质方面，微波解冻后草莓总酸含量显著高于其他3种解冻方法，还原糖含量、VC含量极显著高于其他3种解冻方法；超声波解冻草莓花色苷含量最高，说明在解冻过程中，超声波对花色苷的破坏作用最小；水浴解冻还原糖含量最低，空气解冻VC含量最低。综合分析，微波解冻法优于其他3种解冻方法。

第四节　草莓深加工技术

一、草莓酱加工技术

果酱是一种古老的保藏食品，果酱的色、香、味、形俱佳，营养丰富。草莓酱是果酱中的主要品种，可称果酱之王。日本的草莓酱约占果酱的60%～70%。草莓酱生产除供应市场外，还可解决果农在草莓淡、旺季价格不平衡和部分等外品销售无渠道的问题。既减少了原料损失，又保证了原料价格稳定及产品全年供应市场。因此，草莓酱是提高草莓附加值的一种重要产品。（图10-3、图10-4）

图10-3　加工产品　　　　　　图10-4　加工产品

（一）草莓原料要求

用于加工草莓酱的原料，要求成熟度高，果个大、果肉软、口味酸，容易除萼，可溶性固形物含量在 8% 左右。果实成熟度一般要求在九成熟或偏上的果品。既不能未熟，以避免制品的色泽不良及果肉萎缩变硬；又不能过熟，以防止果色太红引起制品色泽过深及果酱形态不良。果实色泽过深及过淡均不适合做果酱。为保证原料的均衡供应，国外多用速冻草莓做原料。

用于加工的砂糖纯度要在 99% 以上，不含有色物质和其他杂质，无异味，无污染。

（二）生产工艺

草莓酱的生产工艺流程为：原料选择→浸泡清洗→除去果梗、萼片、杂质→暂存→配料和溶化果胶→软化及浓缩→装罐、封口、杀菌→冷却→成品。

1. 原料选择

按以上原料要求验收原料，剔出不合格果如未成熟果、虫蛀果、霉烂果、疤痕果等。挑选工作应贯彻在整个处理过程中。

2. 浸泡清洗除萼

将选好的果实轻轻倒入水槽内，浸洗 3 ~ 5 min，使果实上的泥沙等软化洗掉。同时将上浮的萼片及杂质去除，摘掉果蒂。浸泡时间不要过长，以免果实颜色流失。水要保持清洁。在国外多采用喷射冲洗、水槽冲洗及旋转冲洗等机械法去萼，如日本长野罐头厂使用的美国品种"玛夏露"，采用机械除萼，除萼率达 90%。对于不易除萼的品种，只能采用人工除萼。洗果后再检查一次，以剔除萼片和不合格的果，然后控去水分。

3. 暂存

把草莓过称装入盒或桶内，每个容器装果 20 ～ 30 kg。为防止果实氧化，在果面上加果重 10% 的白砂糖。容器内果实常温放置，不超过 24 h。在 0℃冷库暂存，最多 3 d。

4. 配料

草莓和砂糖比例为 1 ∶ 1.4，柠檬酸加入量为成品的 0.25% ～ 0.4%，果胶为成品的 0.25%。

5. 溶化果胶

按果胶∶糖∶水 =1 ∶ 5 ∶ 25 的比例，在锅内搅拌加热，直到果胶全部溶化为止。也可用褐藻酸钠代替果胶充当酱体的增稠剂。

6. 软化及浓缩

加热软化的目的是破坏酶的活性，防止变色，软化果肉组织，便于浓缩时糖液渗透，促进果肉组织中的果胶溶出一部分，有利于凝胶的形成。通过加热蒸发一部分水分，缩短浓缩时间，除去原料组织中的气体，以使酱体无气泡。加热软化时，先把锅洗净，放入总糖水量 1/3 的糖水。糖水浓度为 75%，同时倒入草莓，快速升温，软化约 10 min，再分 2 次加入余下的糖水。待酱液沸腾后，控制压力在 1 ～ 2 kg/cm^2。同时不断搅拌，使上下层软化均匀，浓缩至可溶性固形物达 60% 以上时，加入溶化的果胶溶液和用水化开的柠檬酸，继续加热煮沸，同时不断搅拌，直至果酱呈紫红色或红褐色且具有光泽，颜色均匀一致时停止。如用褐藻酸钠溶液，应预先用 50℃，氢离子浓度为 1n mol/L 的温水将褐藻酸钠粉末调成胶状，加入后充分搅拌，浓缩 10 ～ 15 min，然后加入苯甲酸钠液，再熬煮 10 min 即可。出锅温度要求 90 ～ 92℃，含可溶性固形物 66% ～ 67%。

7. 装瓶及杀菌

草莓酱瓶装、罐装均可，空瓶消毒后，及时装入 85℃以上的果酱规定容量或重量，盖上用酒精消过毒的瓶盖，拧紧或用封罐机封罐。检查后放入 95℃的水内进行 5 ~ 10 min 灭菌，然后用喷淋水冷却至瓶中心温度 50℃以下。经检验合格即为成品。

(三)产品质量标准(轻工行业标准 QB/T1386-2017《果酱类罐头》)

1. 感官指标

色泽为红褐色，均匀一致；具有良好的草莓风味，无焦糊味及其他异味；果实去净果梗及萼片，煮制良好，保持部分果块，呈胶黏状，置入水面上允许徐徐流散，但不得分泌液汁，无糖的结晶；不允许存在杂质。组织形态：优级品和合格品分级表述?

2. 理化指标

总糖含量，以转化糖计，不低于 60%；可溶性固形物，按折光计，不低于 68%；重金属含量，锡小于或等于 200 mg/kg，铜小于或等于 10 mg/kg，铅小于或等于 3 mg/kg；产品净重有 312 g、600 g 和 700 g 三种，允许公差 ±3%，但每批产品平均不低于净重。

3. 微生物指标

无致病菌及因微生物作用所引起的腐败现象。

4. 罐型

采用国家规定的罐型。

二、草莓汁加工技术

草莓汁是草莓经过破碎、压榨和过滤等操作过程而得到的汁液。草莓汁无论在风味上，还是在营养上，特别是在维生素 C 的保存方面，都比其他草莓加工制品好，它是各种草莓加工品中最接近天然、新鲜果品的品种。草莓汁可以直接作为饮料，同时还是多种饮料和食品的原料。

用它配制成草莓果汁、草莓小香槟、草莓汽水、草莓果酒、草莓雪糕、草莓冰淇淋、草莓糖果等，既增加营养成分，又具有草莓的特殊香味。草莓浆果柔软多汁，易于取汁，对于不适于加工果酱的过熟果、畸形果、小粒果等均可加工成果汁。市场上的果汁有两种，一种是天然的，即利用新鲜草莓做原料，经加工制成。另一种是人工配制的，用糖、有机酸、食用香精、食用色素和水等，模拟天然果汁的成分和风味配制而成。

（一）草莓原料要求

选用含酸量高，色泽深红，耐贮运，可溶性固形物含量高的品种。如因都卡、宝交早生、戈雷拉、全明星等。浆果要求充分成熟，没有病虫污染、疤痕、腐烂和萎缩。采用色素含量较高、颜色比较稳定、酸度较高的品种如索非亚、丰惠、斯克脱等与香味浓郁、维生素 C 含量较高、酸度较低、色泽较浅的品种，如宝交早生、春香等混合制汁，可提高草莓汁的品质。

水质的好坏直接影响果汁的外观和风味。水的硬度是水质的重要指标，1 升水中含有 10 mg 氧化钙硬度为 1 度。加工果汁要求水的硬度小于 8 度。一般自来水基本符合草莓汁的加工要求。

（二）生产工艺

草莓汁的生产工艺流程为：原料选择→浸洗→摘果梗、萼片→再清洗→烫果→取汁→滤汁→调整成分→杀菌→成品装罐。

1. 原料选择

按以上原料要求验收浆果。

2. 洗涤和摘果梗

把草莓放在洗涤槽浸洗 1 ~ 2 min，除去泥沙和果面上的漂浮物。再在 0.03% 高锰酸钾溶液中消毒 1 min。然后用流水冲洗，或换水冲洗 2 ~ 3 次。摘除果梗和萼片后，再淋洗或浸洗一次，最后沥水待用。

3. 烫果

在不锈钢锅或搪瓷盆中，采用蒸汽或明火加热草莓，不能用铁锅。把沥去水的草莓倒入沸水锅里烫 30 s 至 1 min，使草莓中心的温度在 60 ~ 80℃即可。然后捞出放入盆中。果实受热后，可以减少胶质的黏性和破坏酶的活性，阻止维生素 C 的氧化损失，还有利于色素的析出，提高出汁率。锅内的烫果水，可加到榨汁工序中去。

4. 榨汁

压榨取汁采用各种压榨机，也可用离心甩干机或不锈钢搅肉机来破碎草莓，然后放在滤布袋内，在离心甩干机内分离出热敏性凝固物质，由出水口收集果汁。三次压榨出的果汁混合在一起，出汁率可达到 75%。

5. 果汁澄清过滤

榨出草莓汁时，为防止升温变质，常添加 0.05% 的苯甲酸钠作防腐剂。榨出的草莓汁在密闭的容器内放置 3 ~ 4 d 即可澄清。低温澄清速度更快。然后用孔径为 0.3 ~ 1 mm 刮板过滤机或内衬 80 目绢布的离心机对果汁进行细滤澄清。过滤的速度随着滤面上沉积层的加厚而减慢。可对果汁过滤桶加压或减压，使滤面上下产生压力差，以加速过滤。

6. 调整成分

调整成分的目的是使产品标准化，增进风味，控制糖度和酸度。草莓汁的糖度一般在 7% ~ 13%，酸度不低于 0.7% ~ 1.3%，可溶性固形物和糖酸比为 20 ∶ 1 ~ 25 ∶ 1。作为原果汁调整后的糖度要求为 45%，酸度为 0.5% ~ 0.6%。

7. 杀菌

主要杀死果汁中的酵母菌和霉菌。一般采用加热杀菌，加热到 80 ~ 85℃，保持 20 min 即可。对混浊果汁加热时间过长，会影响风味，所以应采用高温短时杀菌法，加热到 85 ~ 90 ℃，保持 3 ~ 5 min 或 95 ℃保持 1 ~ 2 min。如采用超高温瞬时灭菌法，即升温到 135 ℃维持数秒钟。

8. 成品保存

果汁灭菌后趁热装入洗净消毒的瓶中，立即封口，再放入 80 ℃左右的热水中灭菌 20 min，取出后自然冷却，在低温下存放，一般应在 5 ℃左右冷库中贮存。

三、草莓罐头加工技术

罐头是草莓加工中的一种好方法。草莓罐头具有草莓原有的风味，营养丰富，清洁卫生，稳定性好，贮藏期较长，运输携带方便。草莓罐头每 100 g 维生素 C 含量为 27.6 ~ 49.1 mg，比梨、桃等罐头高出 10 ~ 30 倍。

（一）罐头加工的原理

草莓果实中营养物质丰富，水分也多，容易被微生物侵染。果实采收后，由于本身衰老或机械损伤，微生物很容易乘虚而入，造成果实腐烂。另外，果实在其内部的酶系统的作用下，营养物质也会逐渐分解，以致腐败变质。但是，无论微生物还是酶系统，它们对温度都有一定的适应范围，如果加温到一定程度，微生物和酶系统都会受到破坏。草莓罐头就是利用这个原理，将经过一系列处理后的草莓装入特制的容器中，经过抽气，密封，隔绝外界的空气和微生物，最后再经过加热杀菌，从而使草莓具有较长时间保存期。

（二）草莓原料要求

1. 品种

一般应选择果实颜色深红，硬度较大，种子少而小，大小均匀，香味浓郁的品种。这样制成的罐头，果实红色，果形完整，具韧性，汁液

鲜红透明，原果风味浓，甜酸适宜。草莓不同品种间加工适应性差异较大。试验认为，因都卡、早红光、莱斯特、梯旦等是较好的制作罐头品种，全明星次之。宝交早生和阿特拉斯制作罐头后果色浅，感官欠佳。鸡心品种不宜制作罐头。

2. 成熟度

制作糖水草莓罐头以浆果八成至九成熟为宜，因须经加热处理，故不能过于成熟，但成熟度太差又影响食品风味。

3. 新鲜度

要求果实新鲜完整，因为原料越新鲜完整，其营养成分保存的越多，产品的质量就越好。采后不宜积压，要及时加工。剔除未熟果、过熟果、病虫果、腐烂果。

罐藏容器应具备能够完全密封，耐高温高压，耐腐蚀，不与内容物发生化学反应，质轻价廉，便于制作和开启等特点。国内目前使用的主要有镀锡薄板罐（俗称马口铁罐）和玻璃罐两种，近来又发展了少量的铝罐。国外还盛行一种用复合塑料薄膜制作的包装。随着人们对生活质量和食品安全要求的不断提高，对食品包装的功能性提出了越来越高的标准和要求，推动了食品包装行业的创新发展，以最大限度地满足规范化、标准化、安全化、功能化和个性化需求。

做罐头的糖要求比较严格，要求选用的糖纯净，不含有色物质和其他杂质，无色、透明，易溶于水，无异味、无污染。

（三）生产工艺

草莓罐头生产工艺流程为：原料选择→除去果梗、萼片→清洗→烫漂→装罐→排气封罐→杀菌冷却→成品检验。

1. 原料选择

按以上原料要求验收浆果。

2. 除去果梗、萼片。

3. 清洗烫漂

将果实用流动的清水冲洗，沥干，然后立即放入沸水中烫漂 1～2 min，以果实稍软而不烂为度。烫漂时间长短视品种及成熟度而异。烫漂液要连续使用，以减少果实可溶性固形物的损失。

4. 装罐

烫漂后，将果实捞出沥干，装入罐内，随即注入28%～30%的热糖液。事先经检查合格的空罐要用热水冲洗干净或蒸汽消毒后备用，或者放入40～45℃的稀漂白粉溶液中浸泡，浸泡的时间根据污染的程度而定，然后用清水冲洗干净备用。装罐的数量和质量要符合规格要求，在色泽、外形、成熟度等方面要保持同一罐或同一批一致。要保持一定的顶隙，即食物表面包括汁液与罐盖之间保持一定距离，通常掌握在 6.35～9.6 mm 之间。装罐的温度要高，严防混入杂物。

5. 排气封罐

适度的真空是罐藏的基本条件。装后排气的方法有两种，第一种是加热排气法，它是借热气或蒸汽的作用进行排气，至罐中心温度为 70～80℃，保持 5～10 min 立即封罐。四旋式或螺旋式的玻璃瓶罐，可直接用手工封盖。除此之外都必须用封罐机封罐。第二种是真空抽气法，它是用真空泵抽去罐头顶部的空气。这种方法必须使抽气与封罐密切结合，现在一般采用真空封罐机。

6. 杀菌冷却

在沸水浴中杀菌 10～20 min，然后冷却至 38～40℃，镀锡薄板罐可以直接投入冷水中，待罐温降至 38～40℃时取出。玻璃罐头实行分段冷却，使其逐步降温，一般分三段进行，每段温差 20℃。最后经保温处理，检验合格即为成品。

7. 成品检验

产品的糖水浓度达到 12% ~ 16%，固形物为净重的 55% ~ 60%，感官、理化和卫生等各项指标都应达到行业标准规定的质量标准。

为了解决草莓制罐后果实褪色、瘫软的问题，吉林农业大学采用把抽空的草莓果实 300 g，注入含糖 30%，沸腾的黑穗醋栗天然果汁作填充液和抽空液。这样制出的草莓罐头，经贮存后，色泽艳丽，果实饱满，不碎，不瘫软，外观良好，具有独特芳香味，甜酸适口，口感极佳。

四、草莓的其他加工技术

草莓是浆果，不便运输，难贮藏。因此，将它开发加工成草莓食品，不仅可缓解鲜销和贮藏压力，又能满足不同层次消费需求，从而提高产品附加值。除以上三种草莓加工技术外，市场上还有草莓干、草莓脯、草莓蜜饯、五味莓、草莓果茶、草莓露、草莓醋、草莓酒等深加工技术产品。另外，用草莓汁为原料，制成的各种高级美容膏，有滋润和营养皮肤的功效，对缓解皮肤皱纹的出现有显著效果。